森と草原の歴史

―― 日本の植生景観はどのように移り変わってきたのか ――

小椋 純一 著

古今書院

History of Radically Changed Vegetation of Japan

Jun-ichi OGURA

Kokon-Shoin, Publisher, Tokyo, 2012

はじめに

　筆者が植生景観の変遷についての研究を始めてから，早いもので 30 年あまりになる。ここでは，まず，本書の内容とも大きくかかわるので，この研究の始まりから本書に至る経緯について簡単に述べておきたい。
　このような研究を始めることになったわけを振り返って考えてみると，その一つの背景として，筆者が小学生の頃から大学を卒業する頃までの間に郷里で見てきた山の景観の変化があったように思う。本書の第 1 章でも述べるように，その岡山県北の地の植生景観は，その十数年ほどの間にも，人々の植生へのかかわり方の変化により，草原が大幅に減少する一方でスギやヒノキの人工林が大幅に拡大するなど大きく変化した。そのため，子どもの頃は冬の積雪時にはスキーで自由に滑れた山の斜面が大幅に減ったことを残念に思ったりもしたが，比較的短期間における大きな植生景観の変化を身近に見てきたことにより，各地域の植生景観がどのように変化してきたのかについて関心を懐くことになった。
　しかし，そうした研究を始めることになる直接のきっかけは，筆者が大学の学部を卒業してすぐに勤めた短大の研究室の主任教授の勧めで，そのころ財団法人日本緑化センターが行っていた「都市周辺林整備計画」に専門調査員として加わったことであった。筆者は，その調査で京都周辺の森林の変遷を調べることになり，なんとか簡単な調査報告書を作成した[1]。そこで主に行ったのは，明治中期に京阪神地方の主要部を測図した仮製地形図から読み取れるマツ林や竹林などの分布を，『京都府植生図』（京都府教育委員会 1974）と比較することを中心にまとめるというものであった。筆者の執筆部分は簡単なもので，今見直すと少し気恥ずかしく感じられるようなものではあるが，その調査に加わったことにより，大学や研究者も多い京都ですら，その周辺の植生景観の変遷についてあまり研究されていないことを知ることになった。
　その後，なんとか論文と呼べるようなもので最初にまとめたものは，幕末の京都の名所図会をもとに，当時の京都周辺の植生について考えたものであった[2]。

本書第 3 章でも少し例を挙げているが，その後も続けることになる絵図類からの考察の最初のものである。「絵空事」という言葉があるように，事実が描かれていないことも多い絵図類を主要な資料とする考察ということもあってか，研究室の主任教授は，勤務先の紀要にそのようなものが掲載されてよいかを心配し，同じ短大の美術史の大先生に筆者の論文に問題がないか確認してもらったりもしておられた。

そのときに資料とした名所図会は，『再撰花洛名勝図会』(元治元〈1864〉年) で，幕末の京都東山方面の名所などを 8 冊の和本にまとめたものである。それには名所の背景などとして同じ山並みが描かれた挿図がいくつもあり，それらを互いに比較検討して図の資料性を確認し，その時代の植生景観を明らかにするという内容のものであった。江戸時代の頃の植生景観を，文献から明らかにすることは容易ではなさそうであったため，絵図類の利用を考えたものであった。景観復元のために絵図類を資料として扱う限界を考えることが残された研究テーマの一つであることは，ハゲ山の研究などで知られる故・千葉徳爾氏の著書[3]にも書かれており，それもそうした研究を行ううえでの支えとなった。

その後，いくつかの絵図類をもとにした京都近郊の植生景観変遷についての考察を行い，それらをまとめて学位論文[4]とすることができた。京都近郊の山々などを描いた近世から中世後期の絵図類は比較的多く，京都はそうした研究を行ううえで有利であった。その学位論文の研究成果を公表するために，その論文を中心にまとめた単著[5]も運良く出していただけることになった。その本には，絵図類からの考察結果をサポートする目的で，仮製地形図の不明な植生記号概念などを同時代の文献や写真をもとに明らかにすることを中心にして，明治中期における京阪神地方の植生景観について考えた論考も加えた。そのようなことをすることになったのは，絵図類の考察から見える江戸時代末期の植生景観が，近年とはあまりにも大きく異なるためであった。

しかし，それにより明治期の植生景観を明らかにすることの重要性を認識し，明治 10 年代に作成された関東地方の地形図である迅速図などにも関心を持つことになった。迅速図については，やはりその不明な植生記号概念などを同時代の文献やその原図などから明らかにすることを中心に，当時の関東地方の植生景観について考察した。関東地方の明治前期の植生景観の考察では，迅速図の測図と同時に記された『偵察録』もきわめて有用な資料であり，それを中心的資料とし

た考察も行うことになった（これらの考察の要点の一部は，本書第 2 章と第 5 章でも記している）。さらに，それらの考察に加え，幕末から明治期の写真をもとにした考察や，明治中期における箱根・伊豆地方の植生景観に関する考察，また京都の消えた送り火と植生との関係について考えた論文などをまとめて，2 冊目の単著[6]とすることができた。

その後，英国での在外研究（1996～1997）を経て，研究方向が大きく変わることになった。英国では，その地の植生の現状や歴史などを学び大いに勉強になったが，併せて考古学における炭の重要性なども知ることができた。ちょうどその頃，国内では土壌中の微粒炭に着目した黒色土の成因に関する論文（山野井 1996）[7]が出，また，その後間もなく国外では微粒炭の起源植物に関する論文（Umbanhowar et al. 1998）[8]も出て注目することになった。というのも，関東地方や箱根・伊豆地方の植生景観の歴史についての考察を進めていた頃から，日本の植生景観の変遷を考えるうえで，火との関係が深い草原の重要性を強く意識するようになっていたからである。

1990 年代中頃までの研究などから，現在は大部分が森林で覆われている日本の山々も，明治期には草原のところも少なくなかったこと，また関西などでは草木がほとんどないハゲ山の見られるところさえもあったことは明らかであった。そのような状況は，京都近郊の例などから，江戸時代の頃にもあったところが多いと思われ，また，その起源はだいぶ時代を遡る可能性もあるように思われた。それがどこまで遡るかを考えるうえで，草原は繰り返し入る火によって維持されてきたところが多いことから，土壌や泥炭中に含まれる微粒炭は大きな手がかりになると考えられた。

その微粒炭からの考察については第 4 章で述べるが，1990 年代の末頃から筆者はその関係の研究に費やす時間の割合が多くなった。しかし，その基礎研究は今も不充分な段階で，そうした基礎研究もしながら，応用的な研究もぼちぼちと進めるという状況が続いている。

その一方で，1990 年代中頃までの業績から，国立歴史民俗博物館などの研究会等に参加することになり，以前の研究の延長線上の仕事も併せて少しずつ行ってきた。また，勤務先の大学のゼミでは，以前の研究結果が正しいかどうかを確認する意味もあり，近くの山林で枯れたアカマツ古木の樹幹解析を何年か続けて

行ったりもしていた。

　国立歴史民俗博物館の研究会については，1998年以降，研究会のテーマや研究代表者が通常3年ごとに変わりながらも，引き続き共同研究員にしていただいており，同館の研究報告に掲載されたそれらの共同研究でのまとめの論文も，2011年末までに3編になった。それらの研究会に参加し，2冊目の単著まではあまり考えたり書いたりすることができなかった植生景観変化の背景や神社林の変遷，また高度経済成長期以降における植生景観の変遷などについてまとめることができた。また，同館の研究会に参加した関係で，出雲大社やその周辺地域の植生景観の変遷を考えることにもなっていった。

　そうこうしているうちに，費やす時間の割にまとまった成果の出ないものもあるとはいえ，博物館の研究報告や大学紀要などに書いたものがしだいにたまってきた。そのようななか，勤務先の大学の出版助成費が得られることになり，主に先の単著以降にまとめた論文を軸に一冊の本にまとめることになった。

　少し長くなったが，本書に至る経緯はおおよそ以上の通りであり，本書は主にここ10年あまりの間に筆者がまとめた論文を中心に構成されている。ただ，テーマとの関係などから，先の単著に記したことの要点を一部含めた部分もある。このような流れから，本書では，筆者が1990年代中期までに扱ってきた資料（絵図類，旧版地形図，古写真，文献類）をもとにした従来の手法による考察もあるが，ここ10年あまりの間に新たに行ってきた手法による考察も多く含まれている。

　樹木の幹を一定間隔で切ってその成長を調べる樹幹解析や土壌や泥炭中に存在する微粒炭を調べる微粒炭分析からの考察も，そうした新しい手法によるものである。また，とくべつ珍しい手法というものではないが，筆者が先の2冊の単著までは使わなかった手法もいくつか採り入れている。たとえば，第二次世界大戦後の高度経済成長期頃より急激に変化してきた日本の植生景観変化については，その前の時代ではできなかった空中写真の利用や古老への聞き取りなどをもとに考えたりもした。あるいは，日本の草原の歴史を考える一環として，明治以降の国の統計を参考にしたりもした。また，夏目漱石や三島由紀夫の小説や，その取材メモを参考にした部分もある。

　こうして，本書は単著本であるにもかかわらず，内容が文理混合で，単著としてはだいぶ変わった内容の本になってしまったかもしれない。もし，筆者が

1990年代中頃までに行っていた手法を用いた新たな考察だけをまとめたものであれば，ずっと落ち着いた内容の著書になったことであろう．しかし，多面的なアプローチが必要である植生景観の歴史研究において，新たな方法からの研究の必要性を感じながら，そうした研究に着手している人がいなかったり，きわめて少なかったりしたという状況があった．また，筆者の出身が文理混合の学部である農学部であるため，たとえば樹幹解析は学生のときに実習で行ったこともあったし，花粉分析[9]を行っていた大学院生に付いてその見習いをした時期もあった．そのようなこともあり，さまざまなアプローチからの考察を自ら行うことになってしまった．

いずれにしても，本書では，日本の植生景観の変遷を，これまでとは違う方法で考えている部分が少なからずある．また，従来の方法で考えている部分でも，たとえば絵図からの考察では，鎌倉時代の絵図も主要な資料として扱っている．筆者がこれまで扱った絵図類の古いものは室町後期のものであったが，それよりも時代が230〜300年ほど遡る資料である．なお，その絵図の制作年代から考えて，これまで室町後期や江戸初期の絵図類で主に用いた方法で，それを検討することになるのではないかと当初予測していたが，結果としては，意外にも江戸中期以降の写実性の高い絵図類を検討する手法を中心に考えることになった．

ところで，本書では，5つの章を第I部と第II部の2つの部に分けている．ともに植生景観の変遷についての内容ということには変わりないが，第I部では，一部に新しい手法による考察も加えながら，おおむね筆者の1990年代中頃までの考察を補足したり，対象とする時代を少し前後に伸ばしたりしたような内容のものをまとめている．一方，第II部では，植生史に関する近年の研究動向も踏まえながら，とくに強調したいことを2つの章に分けて述べている．その強調したいことというのは，日本の植生の歴史に関する常識が，近年大きく変わりつつあることである．

その変わりつつある常識の一つは，草原に関することである．日本は全般に比較的温暖で降水量も多いことから，森林が容易に成立する自然条件があるため，農地や都市などとなっていない丘陵や山地は，今はその大部分が森林で覆われている．そして，国土に占める森林の割合は，じつに7割近くにもなる．そうした森林は，昔は原生的なものがもっと広がっていたであろうと単純に思われること

もよくあることであるが，多くの専門家も含め，日本の丘陵や山地の植生は昔から森林が基本と考えてきた。しかし，各地の植生景観の変遷が少しずつ解明され，かつては多くの地域で草原も重要な植生の要素であり，地域によっては森林よりも草原が多いところも少なくなかったことがしだいに明らかになってきている。

これについては，近年，さまざまな分野の研究者による著作[10)11)12)13)14)]などで取り上げられるようになり，また多くの研究者による学際的研究の成果[15)]も出されている。こうして，かつての日本の植生における草原の重要性が，近年分野を超えて広く意識されるようになってきている。

本書第Ⅱ部では，その草原のことに関して，明治以降の国の統計や微粒炭分析などをもとに，日本の草原の歴史や，かつての草原の広がりについて考えている。そのうち，微粒炭分析からのアプローチは，まだ研究途上のものではあるが，それにより縄文時代より日本の植生に占める草原の割合は，近年考えられてきている以上に大きかった可能性が高いことが見えてきつつある。

もう一つの大きく変わりつつある常識は，神社の植生についてである。関東地方や関西地方の低地部を含む現在の日本南部の神社林にはクスノキやシイやカシなどの常緑広葉樹が目立つところが多いが，そうした神社林の植生は古くから同様なものであったと考えられることが少なくなかった。しかし，多くの神社の例を調べてみると，その大部分は明治の頃まではマツやスギなどの針葉樹が中心の植生であったところが多く，それがしだいに常緑広葉樹中心の植生へと変わったところが多いことがわかる。

そのことに関する本や論文は少ないが，筆者のもの以外にも，そのことについて論じたり触れたりしているものもある[16)17)]など。それらの情報だけでも，これまで常識のようにいわれてきたことは必ずしも正確でないことがわかる。本書第5章では，対象とする神社数を増やしたり，時代を遡り，室町時代後期の京都の主な神社の植生を対象として検討したりしたが，やはりこれまでの常識は，一部例外はあっても，基本的に正しくないものと考えられる。また，神社林が大きく変化して今日に至っている理由についても，文献から考えてみた。

この神社林の変遷については，国立歴史民俗博物館の神社に関する研究を通してより明らかになり，一部のメディアでは報道もなされ，またいくつか講演などで話をする機会もあったが，筆者らの考察への論理的な異論は皆無であるため，この神社林に関して存在した常識は，一部の例外はあるとしても，基本的に間違っ

ていたことが明らかになったと考えている。しかし，それがまだ学会や世間に充分広まっているとは思われないので，本書により，より広く知られることになればと思う。

なお，神社林は，日本の自然植生を考えるうえで大いに参考にされてきたこともあり，この常識の変化により，日本の自然植生についての見方も，今後ある程度変わってくることになるものと考えられる。

最後に，植生景観は，それぞれの時代の社会状況や人々のくらしを映す鏡のようなものでもあることから，植生景観の歴史や現状をより正しく認識することは，単に自然の移り変わりや現状などを正しく捉えることになるだけでなく，各時代の人々のくらしや社会の有りようなどをより正しく理解することにもつながるものである。そのようなこともあり，本書が，さまざまな関心を持つ方々に，いろいろと参考にしていただければ幸いである。

註
1) 日本緑化センター『都市周辺林整備計画 Ⅷ京都市』日本緑化センター，1981 所収
2) 小椋純一「名所図会に見た江戸後期の京都周辺林」『京都芸術短期大学紀要』第 5 号，18-40，1983
3) 千葉徳爾『はげ山の文化』学生社，1973
4) 小椋純一「歴史的植生景観の研究」京都大学博士学位論文，1992
5) 小椋純一『絵図から読み解く人と景観の歴史』雄山閣出版，1992
6) 小椋純一『植生からよむ日本人のくらし』雄山閣出版，1996
7) 山野井徹「黒色土の成因に関する地質学的検討」『地質学雑誌』102（6），526-544，1996
8) Umbanhowar, C.E., Jr and McGrath, M.J.「Experimental production and analysis of microscopic charcoal from wood, leavesand grasses」『The Holocene』8, 341-346, 1998
9) 湖沼の泥炭中などに含まれる花粉から植生の歴史を考える手法で，試料の処理過程など，微粒炭分析と似たところも少なくない。
10) 水本邦彦『草山の語る近世』山川出版社，2003
11) 湯本貴和・須賀丈 編『信州の草原 その歴史をさぐる』ほおずき書籍，2011
12) 盛本昌広『草と木が語る日本の中世』岩波書店，2012
13) 須賀丈・岡本透・丑丸敦史『草地と日本人 日本列島草原 1 万年の旅』築地書館，2012
14) 佐竹昭『近世瀬戸内の環境史』吉川弘文館，2012
15) 湯本貴和 編，佐藤宏之・飯沼賢司 責任編集『野と原の環境史 日本列島の三万五千年―人と自然の環境史 2』文一総合出版，2011
16) 原田洋・磯谷達宏『マツとシイ』岩波書店，2000
17) 鳴海邦匡・小林茂「近世以降の神社林の景観変化」『歴史地理学』48（1），1-17，2006

目次

はじめに

第Ⅰ部　移り変わる植生景観

第1章　過去50年間における植生景観変化 ── 4

1.1　岡山県北部の中国山地（津山市阿波付近）の場合 ……… 4
1.1.1　写真に見る高度経済成長期前後の植生景観　5
1.1.2　植生景観の背景について　14
　1) 広大な草山の存在とその消滅の背景　15
　2) 人工林急増の背景　21
　3) その他　24

1.2　京都市北部郊外（左京区岩倉付近）の場合 …………… 25
1.2.1　写真に見る高度経済成長期とその前後の植生景観　25
1.2.2　文献や聞き取りからわかるかつての植生景観とその背景　30
　1) 文献類から　30
　2) 古老への聞き取りから　33

1.3　伊勢湾口の離島（神島）の場合 ……………………… 37
1.3.1　写真に見る高度経済成長期とその後の植生景観　38
　1) 空中写真　38
　2) 地上からの写真　42

1.3.2 かつての神島の植生とその背景　44

　　　1) 文献類から　44
　　　2) 古老への聞き取りから　47

1.4　総　括 ··· 51

第2章　明治〜昭和初期の植生景観 ──────── 56

2.1　古写真に見る明治〜昭和初期の植生景観 ··············· 56

2.1.1　戦前絵葉書に見る大正から昭和初期の植生景観　57

　　　1) 大正末期から昭和初期の比叡山　57
　　　2) 昭和初頭頃の嵐山　64
　　　3) 昭和初期頃の知恩院裏山　66
　　　4) 昭和初期頃の六甲山　68

2.1.2　明治後期における愛知県尾張地方の砂防工事写真　71

2.2　文献類に見る明治期の植生景観 ····················· 73

2.2.1　京都市北部岩倉周辺における明治期の植生景観　74
2.2.2　比叡山の明治期の植生景観　77

　　　1) 『虞美人草』に記された比叡山の植生景観　78
　　　2) 『京都府地誌』に記された比叡山の植生　81

2.2.3　【参考】比叡山の草原的植生の歴史　83
2.2.4　『偵察録』に見る明治前期における関東地方の植生景観　86

　　　1) 対象区域　87
　　　2) 広範に見られた低植生景観　87
　　　3) 明治前期における関東地方の森林景観　88

2.3　旧版地形図に見る明治前期の植生景観 ················· 93

2.3.1　仮製地形図からの考察　93

　　　　1）仮製地形図の植生記号概念　95
　　　　2）仮製地形図に見る明治22（1889）年における
　　　　　　京都周辺の植生景観　96
　　　　　　　①鞍馬から岩倉西部付近　97
　　　　　　　②比叡山から大文字山付近　98
　　　　　　　③大原野西部　100

　　2.3.2　迅速図からの考察　101
　　　　1）迅速図の植生記号概念の検討　102
　　　　2）迅速図に見る明治10年代の関東地方の植生景観　106
　　　　　　　①広く見られた低い植生景観　106　　②森林景観　111

2.4　樹幹解析からみた京都近郊の里山の歴史 ･･････････････ 113

　　2.4.1　京都近郊の里山に生育したアカマツ古木の成長履歴　114
　　　　1）調査地　114
　　　　2）方法　115
　　　　3）結果と考察　116

　　2.4.2　【参考】京都近郊におけるアカマツとコジイの近年の成長
　　　　　について－上記アカマツ古木との比較のために－　127
　　　　1）調査地　127
　　　　2）方法　129
　　　　3）結果と考察　130

2.5　明治期における京都府内の植生景観変化の背景 ･･････････ 139

　　2.5.1　『京都府百年の年表』に見られる明治期の植生景観変化に
　　　　　関係する事項　139

　　2.5.2　典拠文献等からわかる明治期における京都府内の
　　　　　植生景観変化の背景　142
　　　　1）砂防関係事項　143
　　　　2）山野への火入れ制限・禁止に関する事項　151
　　　　3）植林に関する事項　154
　　　　4）複合的事項　157

　　2.5.3　まとめ　160

第3章　近世から中世の植生景観 ― 絵図を主要史料として ―────── 164

3.1　絵図類の利用による植生景観史研究のための方法論 ……… 164

3.1.1　絵図にまつわる情報を可能な限り多くつかむ　165
3.1.2　他の絵図，文献との比較考察　165
3.1.3　山や谷などの地形描写の分析的考察　167
3.1.4　岩や滝などの特徴的なものの描写と現況との比較　169
3.1.5　絵図の彩色の検討　169
3.1.6　植生とは全く関係ない部分の景観描写についての考察　170
3.1.7　考察結果の総合的判断　170

3.2　「華洛一覧図」と「帝都雅景一覧」の考察からみた文化年間における京都近郊山地の植生景観 ……………… 170

3.2.1　「華洛一覧図」と「帝都雅景一覧」について　171
3.2.2　「華洛一覧図」と「帝都雅景一覧」の比較考察からみた
　　　　文化年間における京都東山中央部の植生景観　172
3.2.3　「華洛一覧図」と「帝都雅景一覧」の山地描写の分析的考察
　　　　からみた文化年間における京都近郊山地の植生景観　174
　　　1)　比叡山　174
　　　2)　松ヶ崎　176
　　　3)　山端　178
3.2.4　まとめ　179

3.3　「出雲大社幷神郷図」に見る鎌倉時代における出雲地方の植生景観 ……………………………… 180

3.3.1　「出雲大社幷神郷図」の成立と特徴　180
　　　1)　図の描写範囲と制作年代　180
　　　2)　図の特徴　180

3.3.2　図の写実性の考察　182
　　　1）日御碕付近　184
　　　2）八雲山付近　187
　　　3）鷺浦付近　189
　　　4）鵜峠付近　191
　　　5）弥山付近　193
3.3.3　むすび　194

第 II 部　変化する植生史の常識

第4章　草原の歴史 ──────────── 199

4.1　日本の草地面積の変遷 ……………………… 199

4.1.1　さまざまな草地的植生　200
4.1.2　統計からみた明治以降の草地面積の推移　201
4.1.3　統計値の問題点　203
4.1.4　北海道の明治中期の原野面積　207
4.1.5　江戸時代の草地需要　208
4.1.6　江戸時代の草地面積　209
4.1.7　むすびと補足　210

4.2　微粒炭分析に見る日本の植生の歴史 ……………………… 214

4.2.1　微粒炭分析のための基礎
　　　－微粒炭の形態と母材植物との関係－　214
　　　1）微粒炭の長短軸比と母材植物　215
　　　2）透過光および落射光による微粒炭の形態観察による
　　　　母材植物識別　220
　　　3）燃焼温度の違いによる微粒炭の形態変化　224
　　　4）まとめと補足　226

第Ⅰ部

移り変わる植生景観

森林や草原などの植生景観は，古くから同じように存在し，変化しにくいものであるように思われることも少なくないが，少し調べてみると，それも人間社会の有りようなどを反映して，これまでに大きく変化してきていることがわかる。そのことは，たとえば同じ場所を撮影した古い写真と近年の写真を比べてみても，簡単にわかることも多い。また，それは文献や古地図，あるいは江戸時代以前の絵図類の考察などからもわかる。
　この第Ⅰ部では，古写真，文献，古地図，絵図類のように従来使われてきた史資料に加え，京都近郊の里山に生育したアカマツ古木の樹幹解析からも植生景観の変遷を考えてみた。また，明治期以降については，文献や古老への聞き取りから，植生景観変化の背景についても考えてみた。
　まず第1章では，高度経済成長期を契機とする植生景観変化とその背景について，岡山県北部の中国山地，京都市北部郊外，伊勢湾口の離島の3つの地域を例に考察した。その結果，高度経済成長期以降における約半世紀の植生景観変化は，地域によりさまざまであるが，いずれの地域でも高度経済成長期における人々のくらしの激変や国の政策などが原因となり，人々の植生へのかかわり方が大きく変化し，それによって大きな植生景観の変化が生じたことがわかる。そのうち，岡山県北部の中国山地にかつて広く見られた草原は，縄文時代以降，過去数千年，あるいは1万年前後にわたり維持されていたものである可能性が高いが，それも高度経済成長期を契機として，短期間のうちにほとんどが消滅することになった。

次に第2章では，明治から昭和初期にかけての植生景観について，主に古写真，旧版地形図，文献類に加え，樹齢約120～130年のアカマツ古木の樹幹解析からも考えてみた。また，明治期における京都府内の植生景観変化の背景について，当時の行政文書などをもとに検討した。そのうち，古写真，旧版地形図，文献類をもとにした考察からは，戦前から明治の頃，関西でも関東でも樹高の低い森林が多かったことや，草原あるいは草原的な植生の割合が大きいところも多かったこと，あるいは京都近郊や東濃地方などでは，草木のないハゲ山が見られるところもあったことなどがわかる。一方，京都近郊に生育していた古木の樹幹解析からは，明治の頃など，樹木の成長が全般的にかなり遅かったことがわかる。また，明治期の行政文書などからは，その時期を契機とする植生景観変化の具体的な要因について知ることができる。

　最後に，第3章では，絵図類を主要な資料として，江戸時代の京都近郊山地の植生景観，また鎌倉時代における出雲大社周辺地域の植生景観について考察した。そのうち，鎌倉時代の図は，これまで筆者が扱った図では最も古いものであるが，その地形描写などから，その図には写実的に描かれている部分が多いことがわかる。そして，その図から，それが描かれた中世の頃，そこに描かれた出雲の山地には草地か草地的な低い植生の部分も少なからず存在していたと考えられる。また，海岸に近い陸地の一部などには，高木のマツがあまり密集せずに生えているところもあったと考えられる。

▶第1章

過去50年間における植生景観の変化

　日々のくらしのなかではさほど変化がないように見える植生景観も，数十年の単位で見ると，大きく変化してきていることが多い．明治維新以降，ここ百数十年間の日本の植生景観の変化は概してかなり大きなものがあるが，なかでも高度経済成長期から現在まで，とくに急激で大きな変化が見られるところが多いように思われる．

　この章では，高度経済成長が始まる少し前の頃，日本の植生景観はどのような状態であり，それがその時期を契機としてどのように変化してきたのかについて，3つの具体的な地域を例に考えてみたい．その具体的な地域として取り上げるのは，筆者の郷里である岡山県北部の中国山地（津山市阿波付近），筆者が大学時代以降居住する京都市の北部郊外（京都市左京区岩倉付近），それと三島由紀夫の小説『潮騒』の舞台にもなった伊勢湾口の離島（三重県鳥羽市神島）である．

　それら各地域の植生景観の変化とその背景について，主に昭和20年代（1940年代後半～1950年代前半）以降の写真，文献類，古老への聞き取りをもとにまとめてみたい．

1.1　岡山県北部の中国山地（津山市阿波付近）の場合

　筆者が生まれ育った岡山県北部の中国山地山間の村は，平成の大合併で2005年に津山市に編入され，津山市阿波となったが，それまでは阿波村という小さな村であった．筆者は，進学や就職に伴い，しだいにその村で過ごすことが少なくなっていったが，今もふつう季節に一度はそれぞれ何日か実家に帰り，実家の農作業などの手伝いとともに，春は山菜採り，夏は子どもと一緒に川での魚獲り，秋は山芋掘りなどをして過ごしている．

　その村の南部には，谷添いを中心に集落や田畑が主に南北に連なり，田畑もそれなりの面積があるが，そうした集落や田畑の周辺は概ね山地であり，今は主に

写真1 大ヶ山（1978年）
すでに草原への火入れはなくなっていたが，まだかつての草原の状態が広く残っている。

写真2 黒岩高原（1978年）
高度経済成長期よりも前から草原への火入れがなくなっていたところで，草原に樹木が侵入し森林化しつつあるところが多い。

何らかの森林で覆われている。しかし，かつては森林とともに草原も結構あり，筆者が小学校のある時期までは，そうした草原は毎年春に山焼きが行われ，そのようにして維持された草地は放牧や茅刈りなどの場として使われていた（写真1）。その後，そうしたことも行われなくなり，やがて草原は植林がなされるなどして急速に森林化していったところが多い（写真2）。

　ここでは，筆者が幼少期から今日まで見てきたその村について，高度経済成長期を契機に植生景観がどのように変化したのか，またその背景についてまとめてみたい。

1.1.1 写真に見る高度経済成長期前後の植生景観

　高度経済成長期の前後において旧阿波村付近の植生景観がどのように変化したのか，米軍と国土地理院が撮影した空中写真（航空写真）で確認したい。
　写真3は，昭和23（1948）年11月22日に米軍が撮影した旧阿波村付近の空

写真 3　昭和 23（1948）年 11 月 22 日撮影の空中写真（米軍撮影，旧阿波村付近）
本書掲載の米軍および国土地理院撮影の空中写真は，国土地理院の許可を得て掲載したものである。

中写真である．一方，写真 4 は，昭和 61（1986）年 5 月 10 日に国土地理院が撮影した旧阿波村付近の空中写真である．ともに 7000 m 近い高度からの撮影で，詳細は確認しにくいが，写真 3 では山の襞がたいへん細かく明瞭に見えるところが多いのに対し，写真 4 ではそうでないところが多いこと，あるいは，写真 3 では山地の部分に比較的薄い色調のところが多いのに対し，写真 4 では，濃いとこ

第1章 過去50年間における植生景観の変化　　　7

写真4　昭和61（1986）年5月10日撮影の空中写真（国土地理院撮影，旧阿波村付近）

ろの割合がかなり高いことなどがわかる。山の襞が明瞭に見えることは，植生が低いことを示すものであり，また，濃い色調のところは，日陰でそのように写っている部分を除けば，大部分が常緑針葉樹であるスギやヒノキの人工林である。

　なお，写真3で濃い色調のところには，山の北側斜面で日陰となってそのように見えているところも多く，色調の濃淡が必ずしも植生を反映しているわけではない。また，写真4では道路やグランドなどが白く見えるが，山地部でまとまっ

て白く見えているところの大部分はススキの草原である。写真のコントラストなどの関係で白くなってはいるが，写真の撮影日から考えると，雪が残っていてそのように写っているのではないと思われる。

　ちなみに，写真5は，昭和23（1948）年1月21日に米軍により撮影された空中写真である。写真3と同じ年に撮影されたもので，北側（上部）の一部は写真3と対比できないが，雪のある時期に撮影されており，この写真から低い植生の部分を知ることができる。旧阿波村付近の積雪は低地では多くても数十cm，山の上部では多くても1～2m程度であるため，谷筋の農地や宅地の部分を除く山地部で，真白あるいはそれに近いところのほとんどは草原であると思われる。そのかつての草原の分布は筆者が子どもの頃の記憶と矛盾するものではなく，写真

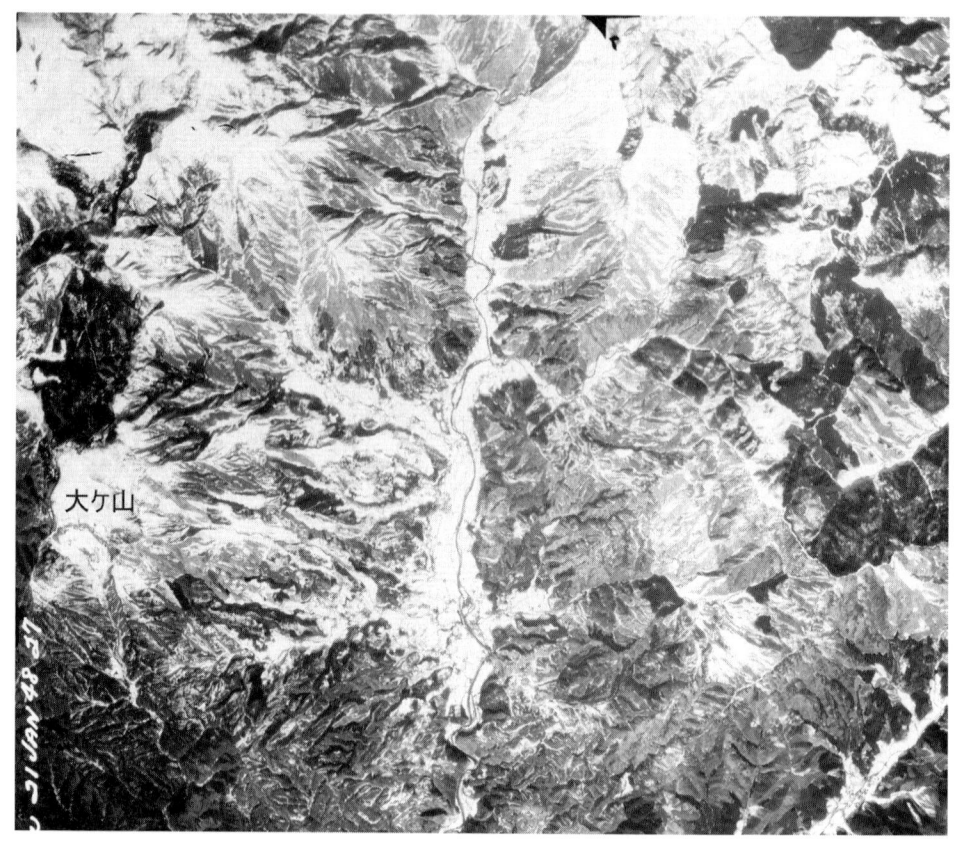

写真5　昭和23（1948）年1月21日撮影の空中写真（米軍撮影，旧阿波村付近）

5の右上部（北東），左上部（北西），左やや下部（西）を中心に，高度経済成長期より前の頃，かなりの草地があったものと考えられる。それに比べ，写真4からわかる高度経済成長期の後の草地の面積は，かなり少なくなっている。

　なお，写真3，写真4は広範囲を撮影したもので細部が見にくいため，それらの一部を部分的に拡大してみたい。たとえば，写真6は，写真3の黒岩高原の南西に隣接した大杉地区の牧場（写真6中央よりもやや右手のあたり）や同地区の集落や農地の一部（写真6の左方中央から下方にやや曲がりながら長く伸びる）付近を拡大したものである（図1のAの部分）。その1948年の写真のほぼ中央部を斜めに走るラインは樹木の列で，そこは放牧のための柵があったところである。放牧は，その右手（東方）の山の斜面で行われていた。写真で見ると，牧場の下部を中心に灌木や低木がやや多いところも結構あったことがわかるが，高木といえるほどの樹木はなく概して草原的な植生が広がっていたことがわかる。その牧場の右手上方（北東）には鋭角に尖った形をした部分があるが，その付近は

写真6　大杉地区の牧場など（1948年11月22日）

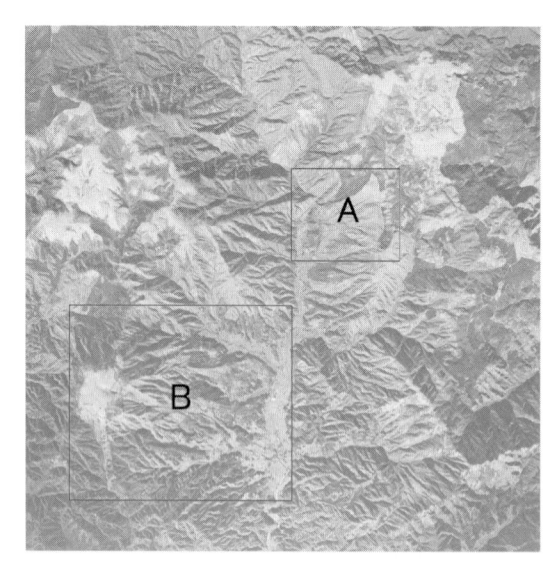

図1　旧阿波村の拡大部分位置（ベースの写真は写真3）

写真7　大杉地区の牧場など（1986年5月10日）

民家の屋根を葺く茅を採取したところで，写真では牧場と同じような植生に見えるが，牛が入らないようにされていたところで，よく見るとそこには灌木や低木は全く確認できない。この茅刈り場と牧場には，高度経済成長期の途中まで，毎年春に火入れがされていた。

一方，写真中央の放牧柵の左手（西方）や下方（南）には，やや大きな木が確認できるところもあるが，そのあたりにも草地が少なからず見られる。地元の古老によると，そこは牛の餌や肥料用の採草地として利用され，薪の採取もなされていたという。また大杉地区の集落の上方（北側）にも，草地か低木の雑木林と見られる植生部分がかなり広く見られる。

牧場や茅刈り場の上方（北側）や右手（東方）には，スギやヒノキの人工林がまとまって見られるところがある。そのうち，右手の人工林の部分には，やや斜め左右方向にやや細長く伸びた草地的なところ（色の薄いところ）が多く見られるが，その部分はやや急斜面のため，春先に発生する雪崩によって植林がうまくいかなかったところである。集落の近くにも，スギやヒノキの人工林と思われる樹林地が一部に見られる。

写真7は写真4の一部で，写真6と同じ区域の昭和61（1986）年5月の状況である。かつての牧場の部分は，南側は人工林化されているところがかなり見られ，その他のところも樹木が成長し，全般的に森林化が進んでいる。かつての茅刈り場の一部も人工林となっているところもあるが，まだ草地として残っているところがかなり見られる。写真では，濃い色調のところが広く見られるが，それらはスギやヒノキの人工林であり，樹冠の大きさからさまざまな林齢のものがあることがわかる。牧場や茅刈り場の右手（東方）にあった人工林の大部分は伐採されて間もないように見えるが，そこも再造林がなされている[1]。このように，高度経済成長期の後では，人工林の割合がたいへん大きくなっている。一方，雑木林（人工林に比べると色調が薄い）の樹木は，成長してだいぶ大きくなっているところが多い。

なお，かつての茅刈り場付近も，近年では森林化やササ原化の進行が顕著である。写真8は，2006年5月5日にその西方の山から撮ったそのあたりの写真であるが，もとはきれいな草地であったところもササ原化や樹林化が目立つようになってきていることがよくわかる（白っぽく見えるところが元の草地の状態に近いところで，写真中央付近にはササ原が広がっている）。

写真 8　大杉地区の旧茅刈り場付近（2006 年 5 月 5 日）

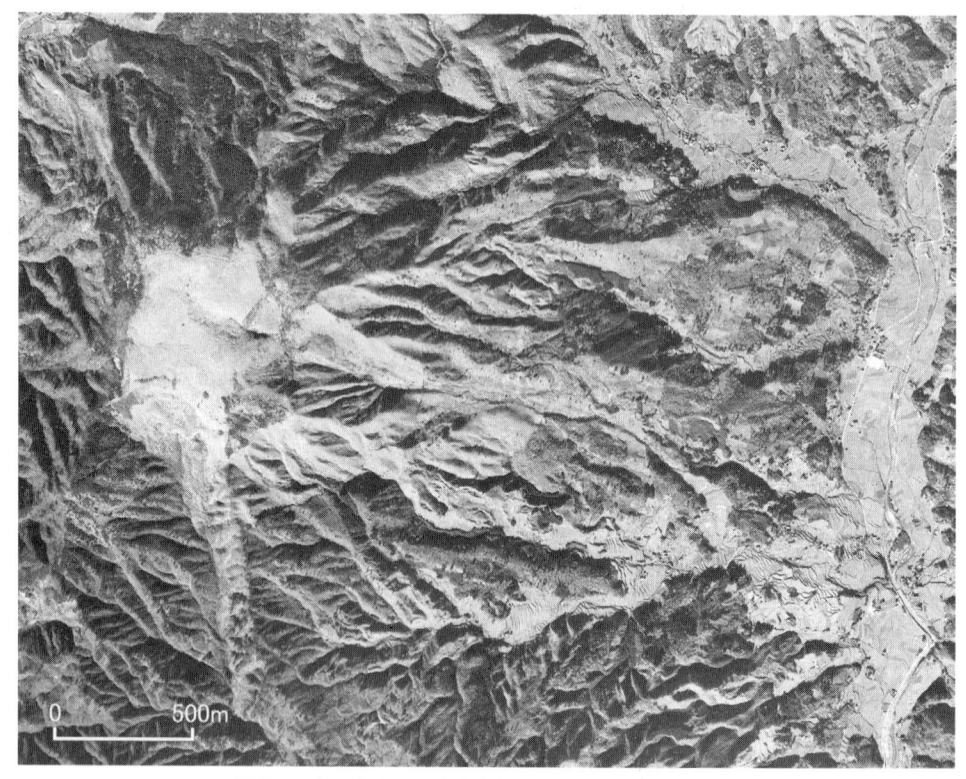

写真 9　大ヶ山山頂から東方付近（1948 年 11 月 22 日）

第 1 章 過去 50 ヶ年間における植生景観の変化

次に，写真 9 は，1948 年の大ヶ山からその東方部分を拡大したものである（図 1 の B）。写真の左手中央に見える比較的平坦なところが広がる大ヶ山の山頂のあたりは，茅刈り場として使われたところで，たいへんきれいな草地が広がっている。その右手（東方）にも，きれいな草地がかなり広く見られる。その一部は，かつてスキー場として使われていたところで，山頂から下方に競技スキー用の良いコースができるので，岡山県の県大会などがよく行われていたところである。その他にも，集落の近くなど，草地が一部見られるところがある。

その写真の右手上方（北東）のあたりなどには，やや高木の雑木林と見られる植生の部分もあるが，雑木林の樹木は，さほど大きくないところが多いように見える。スギ，ヒノキの人工林は，大ヶ山の頂上の上方（北側）から右手上方（北東）にかけてまとまって見られる部分があるが，他に確認できるところは少ない。

一方，写真 10 は，2005 年 5 月 17 日に国土地理院が撮影した空中写真の一部で，

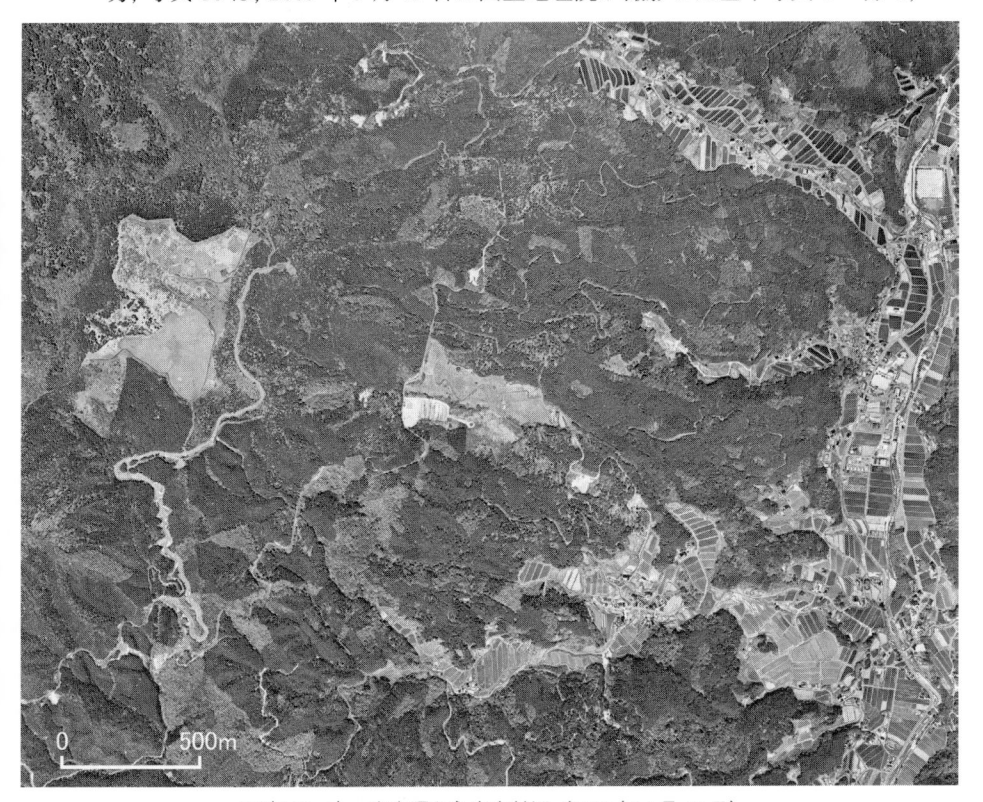

写真 10　大ヶ山山頂から東方付近（**2005 年 5 月 17 日**）

写真11　大杉地区集落から，かつての牧場，茅刈り場方面を望む（2004年1月1日）

区域は先の写真9とほぼ同じところである。大ヶ山の頂上付近には，まだかつての草地の名残が残っているところも少なくないが，その他に見える草地は，その右手（東方）やや下方の現在もスキー場や放牧地として使われているところ（やや斜めに長く伸びる草地）くらいしかない。農地や集落の周辺には，一部に高木化した雑木林のあるところもあるが，その大部分はスギやヒノキの人工林となっている。なお，農地は耕地整理がなされ，かつて見られた等高線に添ったきれいな棚田は，全く消えてしまっている。

　以上のように，高度経済成長期の前には，旧阿波村付近では草原が多く，また樹林地でも低い植生のところが多かったが，高度経済成長期の後では，そうした草原の面積は大幅に減少し，また森林の樹高は全般にかなり高くなってきている。また，森林は，かつては雑木林が多かったのに対し，高度経済成長期の後ではスギやヒノキの人工林の割合がかなり大きくなってきている。写真11は，2004年1月1日に，大杉地区の一角から，旧牧場方面を撮影したものであるが，雪で白く見える旧牧場と茅刈り場の一部を除き，山の部分のほとんどがスギやヒノキの人工林となっており，この写真も近年の旧阿波村の植生景観の状況をよく示している。

1.1.2　植生景観の背景について

　植生景観は，自然的要因とともに，人為的要因がそれを大きく変化させることが多い。旧阿波村の植生景観とその変化の背景について，ここでは『阿波・梶並の民俗』（1971）[2]，『阿波村誌』（1993）[3]，また『阿波村誌』を中心になって編集，

執筆した小椋繁述氏の回顧録[4]を中心に考えてみたい。なお，それらの文献類の記述引用に際して，明らかな誤字については，修正をして記した。

1）広大な草山の存在とその消滅の背景

かつて草山が広く存在した背景としては，民家の屋根材料の茅[5]の確保，牛馬の飼料としての草の確保，放牧地の確保，肥料としての草の確保などがあったものと考えられる。それについて，『阿波・梶並の民俗』では次のように記載されている。

> 村有林が各部落に貸与され，各部落は茅刈り山，草刈り山（採草地），マキバに分けている。茅刈り山にはよい茅を生やすため春3月末頃に「山焼き」（火入れ）をする。西谷（にしだに）では4月に火入れをしている。かつては山焼きには部落の全戸から出ていた（中土居（なかどい），大杉）。竹之下（たけのした）では瓦葺の人は茅はいらないが春の山焼きには出ている。瓦葺の人は1戸から1人，茅屋根の人は2人出ている。大高下（おおこうげ）では刈りたい人だけが火入れをしている。
>
> 茅刈りは雪が降る前の新10月末〜11月初めが多いが，西谷では11月20日〜25日の間に「茅の口あけ」というて刈り始め日を決めるのである。口あけをしたら2日でも3日でも自由に刈れる。尾所では部落総出で刈りに出る。大体1日刈ればよいところは刈ってしまう。大杉では昭和15（1940）年頃までは「ヨリアイ刈り」といって1戸から2人出て刈りにいった。昔は茅山をAは1号，Bは2号，Cは3号というように現場を分けていた。いまは刈りたい人が刈り，人手のない家では人を頼んで刈ってもらい夜御馳走を出している。刈り取った茅は茅グロ（西谷）とか茅立て（大高下）とかいって茅山に立てておく。　　　　　　　　　　　　　　　　(p.30)

また，田植えに関して，次のような記載もある。

> 肥を入れてすきこむのであるが以前は雑草（ぞうくさ）を入れないと稲ができないといって山の青柴草をすきこんだ。田植までには腐ってしまう。　　(p.12)

これらの記述からは，草山は村から各集落に貸与されたもので，各集落はそれ

を茅刈り山，採草地，放牧地に分けていたこと，茅刈り山にはよい茅を生やすため春3月末から4月にかけて火入れをしたこと，茅刈りは10月末〜11月下旬にされたこと，また雑草が刈敷として利用されていたことなどがわかる。茅刈り山で刈り取られた茅は雪が消えた後，草山に火入れがなされる前に家まで運搬し，カドヤ（離れ）の天井裏などに貯蔵されたという[6]。

一方，『阿波村誌』では，かつての茅刈り山について，次のように記されている。

> 昭和の初期まではほとんどの家は茅葺きであった。このため各地区には村有地に共同の茅刈場が設けられており，茅の生育を良くし，雑草木の繁茂を押えるために毎年春先に地区の全戸が出役して火入れをし焼き払っていた。茅は細めの方が固くて耐久力があるし，薪炭林や植林地として不適地な高所や痩せ地が茅刈場に選ばれていた。大ヶ山の頂上や尾所滝谷頭，大杉牧場上みの段などいずれも高所にあった。秋，すすきの穂が枯れる頃になると茅刈りが始まるが，大ヶ山（西谷，中土居，大畑三地区の刈場）のように日を決めて（口あけといった）一斉に思い思いの場所に入って刈る方法や，棒を立てて境界を作り，各戸に刈る場所を指定する方法（大杉地区など）があった。刈った茅は低地まで引きずり下ろし，そこから背負って帰るわけで一度には運べないので何日もかかって運んでいたし，一部はそのまま山に立てておいて翌年春先火入れが行われるまでに運んでいた。運んで帰った茅は屋根裏や納屋の隅，軒下などに保管する。こうして毎年刈り貯めておいて何年か一度に屋根を葺き替えるときに出して使ったり，近隣で貸し借りもした。 (p.81)

この記述から新たにわかることとしては，茅は細めの方が固くて耐久力があることもあり，茅刈場は薪炭林や植林地として不適な高所や痩せ地があえて選ばれていたこと，刈った茅は，秋のうちに家まで運ばれたものも少なくなかったことなどがある。

なお，上記引用部分では，『阿波・梶並の民俗』，『阿波村誌』ともに，"茅刈り山"によい茅を生やすため，火入れをしたことが記されているが，毎年火入れがなされたのは茅刈り山だけではなく，放牧地も同様であった。それについて，『阿波村誌』では，村内には昭和30年代まで5箇所に放牧場があり，明治35（1902）

第 1 章 過去 50 年間における植生景観の変化

年に肥料の刈り採りに必要な箇所を除いて防火線が設けられ，放牧場の区域に限定して火入れが行われるようになったことが記されている (p.188)。その放牧地の火入れについて，『阿波村誌』には次のような記載がある。

> 四月に入ると放牧場は各地区ごとに火を放って枯草が焼き払われるが，あらかじめ周囲に設けてある防火線を掃除しておき，これに杉の青葉のたっぷりついた生枝の火たたきを持った要員を配置して場外延焼の警戒にあたり，火付け役が次々と火をつけて行く。防火線のあたりを先に燃やしておき，その後で下方から火をつけるので火が一斉に上方に燃え上って行くさまは壮観であった。あとには黒々とした牧場が広がるが，煙の中で延焼を警戒する者にとっては，熱気と煙で苦しんだものである。無事山焼きが終ってホッとするのは毎年のことであった。 (p.189-191)

防火線を設けての火入れは，薪炭林の育成と造林地の保護の必要が生じてきたためとされ[7]，それ以前は，古老の話などから，より大規模な火入れが行われていたものと考えられている[8]。『阿波村誌』には，明治 31 (1898) 年測図の地形図をもとにして作成された当時の草山の広がりを示す図 (図 2 の上図) が掲載されているが，それによると深山（みやま）と呼ばれる村の奥地 (北部) と人里のすぐ近くを除く村の大部分が雑草地，茅山などの荒地[9]となっており，当時はより広大な草地が存在したことがわかる。一方，『阿波村誌』に掲載された昭和 50 年代の同村植生図 (図 2 の下図)[10]から，高度経済成長期の終わりから 10 年前後ほど後でも，草山がかなり少なくなっていることがわかる。また，今では，先に写真でも見たように，そうした草山はいよいよ少なくなってきている。

高度経済成長期の直前の頃は，明治期に比べると草山の面積はだいぶ減っていたと考えられるが，それでも放牧地を中心に，まだかなりの草地が存在した。そして，そこには多くの牛が放牧されていた。それについて，『阿波村誌』には「放牧と飼育管理」に関する項目のなかで，次のように記されている。

> 農家は春 6 月に田植えが終ると放牧し，草木の成長した 7 月の半ばともなると連れ戻して厩に入れ，草を刈り込んで敷き，飼料とし，踏ませて堆肥としていた。夏厩は厩肥を生産するだけではなく，盛夏から牛を休養さ

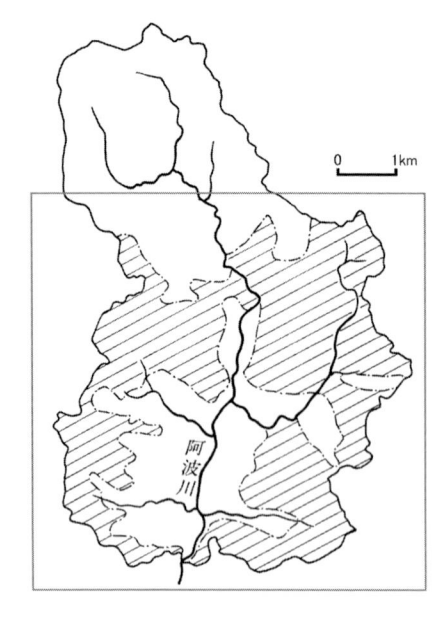

明治31(1898)年測図の旧版地形図を
もとに作成した当時の草地の分布

○斜線部分は雑草地、萱山などの荒地
○白地部分は濶葉樹林、農用地など

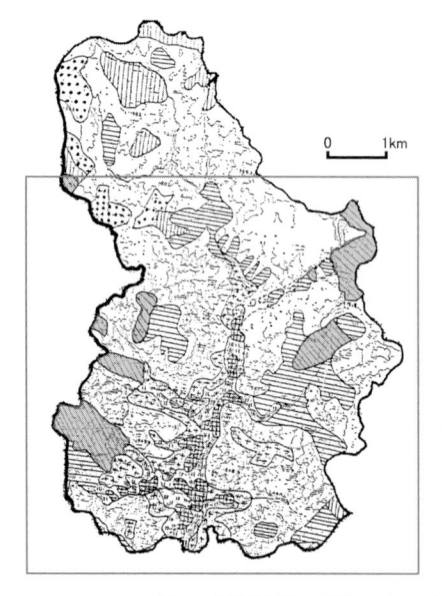

自然植生	自然度
チシマザサ―ブナ群団	9
代償植生	
ブナ―ミズナラ群落	8
クリ―ミズナラ群落	7
コナラ群落	7
アカマツ群落	7
ササ―ススキ草原	5
植林地・耕作地	
スギ・ヒノキ植林地	6
畑地・樹園地	2・3
竹林	7
水田	2
その他	
住宅地・造成地	1
水流・池・湿地	

阿波村植生図(昭和50年代)
〈灰色の斜線部が草地〉

図2　旧阿波村の明治31(1898)年と昭和50年代の植生図
『阿波村誌』掲載の図を一部改変。四角の枠は写真3,写真4のおおよその範囲を示す。

せる目的もあった。草刈りは朝薄暗いうちから起きて，素足に草履をはき，朝露を踏みながらブト（ブヨ）除けのカッコウ（乾草を細長くまるめて火をつけたもの）をぶら下げて山に登る。それぞれ定められた採草地や牧場が草刈り場で，男はさし棒に前後に一束ずつ又は二束ずつ担ぐとか，牛を追い，その背の左右に三束ずつ計六束を負わせて帰っていた。女は主に負い子で三束ぐらい背負っていた。大量に草を刈り込んで牛に踏ませ，これを牛舎から引き出して大きな堆肥の山を作ることが自慢でもあった。9月ごろになると牧場の草も枯れるようになる11月半ばごろまで再び放牧していた。
(p.188-189)

このように，放牧地への牛の放牧は田植えが終る6月から7月の半ば，また9月頃から11月半ば頃までの年2回なされていた。7月の半ばから9月の暑い頃は，牛を厩に入れ牛を休養させながら，厩に毎日大量の草を刈り込んできて敷き，飼料とするとともに，それを踏ませて厩肥を生産したという。

なお，『阿波・梶並の民俗』では，春と秋の2回の放牧期間について，春は八十八夜頃から6月15日頃，または7月15日頃まで，秋は9月初旬または9月20日頃から降雪をみるまでの期間とある[11]。また，ずっと以前には，牛を牧場へ放しっぱなしではなくて，朝牧場連れて行き，夕方には連れて帰るという放牧の仕方であったという[12]。

肥料生産にとっても重要であった牛が農耕のためにも重要であったことはいうまでもない。そのため，農耕が機械化されていない時代，農家には牛1頭は必ず必要であり，数頭いる場合も少なくなかった[13]。また，そうした牛を周辺地域に農耕用に貸す一方，周辺地域の牛を飼育などのために預かることもあった。『阿波・梶並の民俗』には，それらのことについて，下記のような記載がある。

山村であるから田植えが早かったので，田植えの少しおそい津山盆地や鳥取平野の農家へ5月に牛を貸して田植え準備の牛耕をさせた。これを「鞍下牛(くらしたうし)」という。津山盆地がすめば鳥取平野へ出すというのもあって，借りる方では2〜3軒の共同で借りたから，Aの家がすめばBの家へ，Bの家がすめばCの家へと牛はわたっていったので，1町歩以上耕して1箇月ぐらいこき使われたから，帰るときには牛の働き料・使役料として米1俵ぐ

らい背負って帰るのであった（後には現金をもらうようになった）が，めっきりやせていた。秋には再び麦田の鞍下に出していた。一方夏季には津山盆地やその周辺（勝央町勝間田など），鳥取平野の牛飼育の農家では草不足により飼育しにくいから草の多い阿波村の農家に夏季だけコットイ（牡牛）を預けて飼育してもらう「預け牛」慣行があった。田上りといって田植えがすんだ頃から秋の彼岸頃まで預かり，このコットイに草を背負わせて運搬するのに使役した。そこで夏季には大抵の家に1頭はコットイの預り牛，1頭は自家もちのコットイ，1頭はオナメと3頭飼い，それに子牛がいれば4頭5頭と飼っていたのである。預って飼育するのであるけれども預り賃，飼育料はもらわないのであって，その間幾ら草負いに使ってもかまわないのであった。しかしときに縞反を1反ほどもらうことがあった。　(p.42-43)

　『阿波村誌』に掲載されている明治32（1899）年以降の牛馬飼育状況表[14]によると，その表でわかる明治32（1899）年から昭和45（1970）年の村内の牛馬飼育数は，大部分が牛で，百数十から200余りの農家で200頭余りから300頭余りの牛馬が飼われていたことになっているが，村内で実際に飼われていた牛の頭数は，それよりもだいぶ多かったということになる。なお，預かり牛は運搬用だけではなく，堆肥作りのためにも使われていた[15]。

　高度経済成長期の昭和30年代になると動力耕耘機が普及するようになり，それがしだいに改良されたものとなり，作業能率が格段に早いため急速に農家に普及してゆき，それとともに牛の役畜としての役割も終わることになった。また，牛が役畜として利用されなくなることによる子牛価額の低迷，また高度成長期に雇用が進み農家の兼業収入が増え，繁雑な牛の飼育が嫌われ牛を手離す農家が増えていった。そして，牛の減少により牧場は不要となり，長年続いた火入れや，牧柵修理も昭和30年代の終わりには姿を消すことになった[16]。

　なお，この旧阿波村付近の草山の歴史について微粒炭分析[17]により検討した結果，古ければ約9000年，少なくとも約6500年前から高度経済成長期の頃まで，植生に連続的に火が入ることにより草原が維持されていた可能性が高いと考えられる[18][19]。家畜が飼われるようになる前のそうした草原には，たとえば狩猟のためとか，害獣駆除のためとかというように，昭和前期の頃などとは全く別の意味があったものと思われるが，いずれにしても高度経済成長期を契機に急速にな

くなっていったその草原の歴史は，きわめて古い可能性が高い。

2) 人工林急増の背景

上述のように，同村ではかつて野火などによって無立木地が多かったが，治水と森林資源造成のための植樹奨励，公有林野造林奨励が，国や県の補助事業によって進められることになる。旧阿波村での本格的な植林は明治33（1900）年からで，同年春，計20町歩（約20 ha）の杉苗6万本が村有地に植栽されたことが村会会議録に残っている。明治30（1897）年に制定された森林法等による火入れに対する強い規制などもあり，その後も村有地を中心に植林が進められ，昭和10（1935）年度までに村有林の造林面積は303町歩（約300 ha）に達した[20]。一方，当時の民有林は，薪炭を採取するための雑木林が主で，スギやヒノキの植林の割合は少なく，植林地は雑木林がよく育たないところが中心であった[21]。

第二次世界大戦後しばらくは，私有林所有者にもしだいに植林に関心が高まるようになったが，当時，雑木林はまだ薪炭林としての役割が大きく[22]，植林の拡大速度はさほど大きくはなかったようである。一方，第二次世界大戦中の木材乱伐，戦後復旧需要による木材不足とともに，水源林造成の緊急性も重なり国土緑化の必要性が大きくなり，全国的に造林事業が推進されるようになった。旧阿波村では，明治，大正年間の植林政策が村財政を潤していたこと，また個人所有の木材が高値で取り引きされる状況のなかで植林熱が高まり，村有林の植林が昭和24（1949）年頃から本格的に開始されるようになった[23]。そうした造林事業は県の補助金などをもとに進められ，現金収入の乏しかった当時の村民に雇用の場を創出し，一日に百数十名がその作業に出役することもあり，一年に60数町歩（約60数ha）の植林が実施されたこともあった[24]。

なお，高度経済成長期の初期頃，木材価格は高い水準にあった。それと関連することとして，町村合併に関する話がある。旧阿波村では，昭和29（1954）年4月1日をもって近隣の町村と合併する話が進められていたが，合併反対派による村有林の調査が行われ，その結果，推定約6億円の可処分造林地があり，その後30年間は充分な自主財源を確保することができるなど，後顧の憂いはないということで合併は見送りになった[25]。

また，小椋繁述氏は，その頃の木材価格をめぐる状況について次のように記している。

太平洋戦争では山林の樹木を大量に伐採したし，都市は空襲で破壊され，終戦後はその復旧に木材は高値をつぎつぎに更新していった。杉，檜の価額差も殆どなく，10万円で売りたいと思っている山でも20万円で買ってくれる。同じぐらいの山を今度は20万円で売りたいと思っていると30万円で買ってくれるといったあんばいであり，一本，二本でも買ってくれた。このような状況であったから，売れる植林木を持っている者は現金収入の少ない当時において，不時収入を得て豊かであった。…（中略）…耕耘機，電気洗濯機，テレビ，脱穀機，籾摺機といった便利な機械や道具類がつぎつぎに登場してくるが，役場勤めの安月給ではなかなか買えないこれらの道具類を人にさきがけて買えたのも，先祖が植えていてくれた木のおかげであったと思っている。

　このような木材価格の状況とともに，上述の国の政策も加わり，高度経済成長期が始まる前から，人工林面積の拡大は進みつつあった。それに加え，先述の高度経済成長期における草山利用や薪炭需要の急激な減少などにより，スギ，ヒノキを中心とした人工林はいっそう増加してゆくことになった。それに関して，『阿波村誌』では，次のような記載がある。

　　燃料用の製薪，製炭も盛んであったが，石油の輸入による燃料革命は，昭和37（1962）年を境に一気に進み，廃業する者が続出した。耕耘機の普及もこのころから進み，農耕役牛の飼育も急減し，牧場も管理（火入れ，牧柵修理）の足並みの乱れにより遊休化し，そこへ植林が行われるようになったのもこのころからである。　　　　　　　　　　　　　　　　（p.450）

　　従来，牧場，茅山，採草地，薪炭林として，各部落に村有地の一定の区域を慣行的に貸与してきたが，これには一定の基準がなかった。植林地もしだいに拡大して行き，採草地，薪炭林の利用も生活近代化が進むにつれてしだいに遊休化しつつあったので，村有林の高度な活用—といっても当時としては時代の脚光を浴びたかの如き観のある「植林」ということであるが—を進めるため，これらの貸与地の公平化と，利用し易いように永久的に貸与することにして，これらを部落使用林と称して再配分を行うことになった。　（p.448）

なお，石油，ガス，電力が燃料として普及していなかった頃は，薪炭生産は村の産業の主要な地位を占め，石油が本格的に輸入され燃料などとして利用されるようになる昭和30年代半ば過ぎ頃までは，村民の多くが薪炭生産に携わり，その数は全村の戸数の半数以上に及んでいたこともあった[26]。

一方，昭和30年代後半からは木材の貿易自由化による外材の輸入増加によって木材価格が頭打ちになるなか，伐採や搬出などの生産にかかわる費用が増大し，村有林の売却による収益率がしだいに低下するようになった。また，賃金や物価上昇により，村の財源確保のために森林の伐採面積はしだいに増加し，その伐採面積の増加は再造林費用の増大にもつながって，さらに伐採面積を増やすといった結果になり，昭和40年代半ばには明治から大正にかけて植えられた木の大半が伐採されてしまった[27]。

その頃のことについて，小椋繁述氏は回顧録のなかで次のように記している。

　　　かつて町村合併の問題で紛糾したとき，合併反対派の提案で売却可能な村有林の調査が実施された。その額は6億円とされ，当時村の自主財源として必要とされていた二千万円程度は30年間は大丈夫だとされ，その後も当時進めていた拡大造林の木材が伐採できるので阿波村は無税村になるどころか，村民にお金が配れると合併反対派は大層な鼻息であった。しかし，その後，木材価額は下落するし，生産費は上昇する。人件費や物価，公共料金などあらゆる経費が上昇するので，村有林の伐採面積も年々増え，やがて十数年を数えるうちに，伐採可能なところは殆ど無くなってしまっていた。

スギの植林が大部分を占める村有林では，労働費など伐採搬出経費の増嵩により収益率が低下し，村有林の売却によって村の財源の多くを確保することは困難となっていったが，経済の高度成長に伴い，国からの地方交付税や財政投融資の拡大，補助金制度の充実により，村の財政をまかない公共事業を推進してゆくことができた[28]。

木材価格が低迷する昭和40年代からは，岡山県林業公社，日本森林開発公団などとの分収契約による造林に重点が移されるようになったが，造林の適地はほとんど植栽され，造林地は平成2（1990）年末で阿波村の全森林面積の約79パーセントに達した[29]。

3）その他

ここで参考にしたいくつかの資料には，上記以外の興味深い記述も見られた。たとえば，『阿波村誌』には，次のような記載がある。

> 焼畑は手軽な畑作方法で古くから行われていた。杉，檜の造林が行われるようになってからは，造林地の地拵えに焼き払った跡地も利用していた。雑木を切り，笹など支障になるものはすべて刈り払って乾かし焼き払う。火入れは草木の成長の盛んな盛夏のころに行われることが多かったので，まわりは緑に包まれ，水分も多く，類焼の恐れは少なかった。焼き払ったあとには大根，白菜，小豆，菜種油の種を採取する菜の花などの種を播いた。腐植した土と，焼灰が肥料になり，雑草もほとんど生えないので手間がからず，あとは収穫を待つだけであった。大根は甘味が強く，小豆はつる草が伸びない上，実の張りも良く，そのあとに植栽した杉，檜の成長も良くて一挙両得の野菜栽培であったわけで，柔らかい，土の深いところが主に利用されていた。
> (p.147-148)

旧阿波村における，昔の焼畑の実態については明らかでないが，高度経済成長期の頃までは，造林地の地拵えを兼ねた上記のような焼畑が一部で行われていた。また，『阿波村誌』には次のような記述もある。

> カマドでの煮物，イロリの焚火，風呂焚きにと，燃料の木寄せも大切な仕事であった。炭を焼く者は残り木を一定の長さに切り，束ねて山に積んでおき，春，軽くなってから背負い出す。山を持たない者の中には川辺の柳も焚き物にしたので，今のように川辺に柳が生い茂るようなことはなかった。洪水のあとで，川岸に引っ掛かっている流木（みながれといった）も拾って焚き物にした。家では暗い土間の隅や，木小屋に積み込んでおくが，焚き物をたくさん貯えている家は裕福であるとされていた。貧富の差が激しかったその昔は，竹ノ下地区の話として伝わっているところによると，一年中の食糧米と，春までの薪物を貯えていた家は，お寺と，庄屋であった寺坂家，その分家の三軒ぐらいであったという。
> (p.89-90)

旧阿波村は，大部分が山地で，そこにはかつては草原も多かったとはいえ，雑木林を中心とした森林も決して少なくはなかった。それにもかかわらず，『阿波村誌』に記されているように，人々のなかには燃料となる薪炭を確保する山を持たず，川辺の柳や流木を焚き物にしていた人々もあったようである。空中写真などではわかりにくいが，肥料や秣用の植生利用も相俟って，人里の川辺には大きな草木は少なく，流木もあまりなく，すっきりとした状態が見られたものと思われる。また，森林はあっても，生活の厳しさのためか，薪炭を充分確保することができない家も少なくなかったようである。

1.2　京都市北部郊外（左京区岩倉付近）の場合

　筆者が大学時代以降，京都市に居住してから30数年にもなる。京都市のなかでも，そのほとんどを北部郊外に居住し，そのうちの30年以上左京区岩倉（以下，岩倉と略す場合が多い）に住んでいる。また，現在勤務している大学は同じ岩倉にあり，その職場に移ってから，あと数年で30年になる。人生のなかで最も多い時間をその地で過ごしてきたことになる。

　現在，岩倉となっている地域は，昭和24（1949）年3月までは京都府愛宕郡岩倉村であったが，同年4月に京都市左京区に編入されたところである[30]。京都市の市街地に近く，今は宅地化が進んでいるが，元は京都郊外ののどかな農村であった。そこは小さな盆地状の地域で，地域の南東を除くほとんどを標高百数十mから500mあまりの山で囲まれている。

　その岩倉の山地部の植生景観の変化は，上記の岡山県北部の場合とは全く異なるものではあるが，筆者が知る期間のなかでもかなり大きく変化してきている。また，筆者が知らない高度成長期の頃，またそれよりも前の時代と比べると，よりいっそう大きな変化があるようである。ここでは，京都市左京区岩倉付近におけるそうした植生景観の変化やその背景についてまとめておきたい。

1.2.1　写真に見る高度経済成長期とその前後の植生景観

　ここでも，まず高度経済成長期の前と後の空中写真を見てみたい。写真12は，国土地理院の国土変遷アーカイブでも公開されているもので，昭和24（1949）年3月11日に米軍が現在の岩倉付近を高度約6700mから撮影した空中写真の一

部である。

　写真の範囲は，岩倉地域の北部と最南部の一部が切れている一方，右手（東方）には八瀬などの一部，また左手（西方）には市原などの一部が含まれている。写真中央付近を中心に広がる農地や集落の周辺の山地部には，さまざまな濃淡の植生がパッチ状に見えるところが多い。比較的濃く樹冠が明瞭に見えるところは，大きな樹木がまとまって存在しているところで，写真のやや左上方のあたりなど，そのようなところがやや広く見られるところがある。また，面積はさほど大きくはないが，いくつかある神社の近くなどにもそのような森林が見られる。

　写真上の植生の濃淡は，撮影時刻の関係か，写真の上部（北）の方が，下部（南）よりも全般にやや濃くなってはいるが，日陰の部分を除き，植生の高さや種類との相関が大きいと考えられる。すなわち，その色調が薄いほど，植生の高さが低

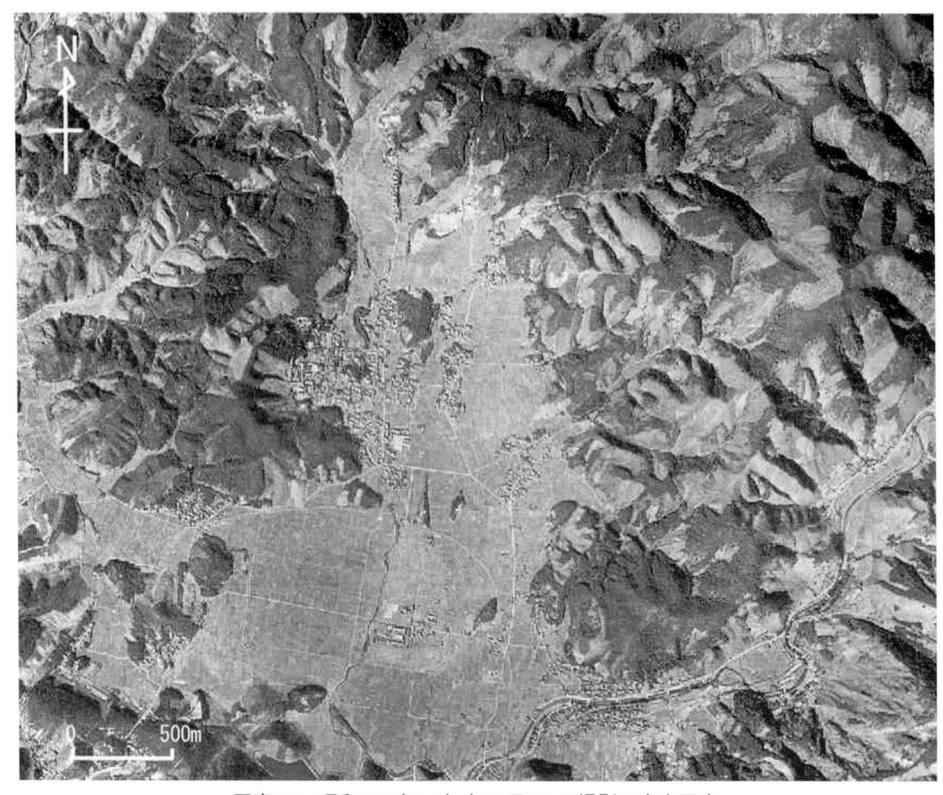

写真12　昭和23（1948）年3月30日撮影の空中写真
（米軍撮影，現京都市左京区岩倉付近）

いところが多く，とくに色調が薄いところは，草原的な植生で，草地か相当小さな樹木が生えているところ，あるいはそれらの中間的な植生と思われる。

それについては，岩倉付近に関する明治期以降の文献などから，岩倉付近にはかつて草地は少なかったと考えられる[31]ことから，そのように薄い色調のところの大部分は森林が伐採されて間もないところと思われる。そのようなところは，岩倉周辺の山地に広く見られるが，とくに写真の右手（東方）の山地に多く見られる。

それに対して，日陰の部分を除き，色調が濃く樹冠が明瞭に見えるところほど樹高が高いことを示していると考えられる。そうした高木の樹種は，岩倉付近に関する明治期以降の文献（後述：1.2.2）などから，主にアカマツと思われる。なお，写真の下部（南）などには，色調はさほど濃くないものの，樹冠の大きさから高木の森林の存在を知ることができるところがある。

一方，写真13も国土地理院の国土変遷アーカイブで公開されているもので，昭和38（1963）年5月7日に国土地理院が高度約4000mから撮影した空中写真

写真13　昭和38（1963）年5月7日撮影の空中写真
（国土地理院撮影，京都市左京区岩倉南東部）

の一部であり，写真 12 の中央よりも少し右下（南東）の部分をやや詳しく見たものである。この写真でも，山地の部分には，ほとんど真っ白で樹冠が全く確認できないところから，かなり濃く大きな樹冠がはっきりと見えるところまで，さまざまな植生がパッチ状になっていることが確認できる。この写真から，高度経済成長期の中頃，第二次世界大戦が終わって間もない頃に近い植生景観が，岩倉付近にはまだ残っていたことがわかる。

　次の写真 14 は，平成 15（2003）年 5 月 5 日に国土地理院が高度約 4700 m から撮影した空中写真である。写真の範囲は，上記の 1948 年の写真とほぼ同じところである。この 2003 年の写真でも，岩倉の東方（右手）の山地を中心に，濃淡がある程度見られるところもあるが，それは上記の 1948 年の写真に比べると，その

写真 14　平成 15（2003）年 5 月 5 日撮影の空中写真
（国土地理院撮影，京都市左京区岩倉付近）

写真 15 拡大するシイ林（岩倉西部，2005 年 5 月 20 日撮影）

濃淡の差は小さい。先の 1948 年の写真では，山地の濃淡の差は，植生の高さや樹木の大きさによるところが多いと考えられたが，この 2003 年の写真では，比較的薄い色調の部分でも大小の樹冠が見られるところが多い。山地の濃淡は，植生の大きさやタイプを反映している部分もあるが，写真の撮影時刻の関係か，比較的濃い色調の部分が北から東向きの山の斜面に多いことから，山の斜面の向きによるところが多いように見える。また，やはり撮影時刻の関係か，写真中央から左上方（北西）のあたりにかけての山地の色調が全般的にやや濃くなっている。

　山地の植生部分では，樹冠が認識できるところが多く，全般的に高木化した森林が多いことがわかる。森林の主な構成樹種はこの写真からは識別できないが，近年の岩倉付近の植生の実態から考えると，常緑樹中心の森林ではアカマツやヒノキやスギ，落葉広葉樹中心の森林ではコナラやアベマキなどが考えられる。

　写真 15 は，平成 17（2005）年 5 月 20 日に，岩倉北東の山上から西方を撮影したものである。遠方に見える最も高い山は，京都市の北西部にある愛宕山である。比較的近景の山の樹冠の大きさから，岩倉近辺の山地は概して高木の樹木で覆われていることがわかる。なお，写真中央付近よりも少し上を中心にとくに白っぽく見える森林の部分はシイ林である。この写真は，ちょうどシイの開花時期に撮影したもので，シイ林やシイの木の分布がよくわかる。かつて作成された植生図[32]などから，このシイ林は，高度経済成長期の直後の頃でも，あまり分布が広くなかったと考えられるが，近年，その分布域を急速に広げている。

　そのまとまったシイ林の下方などに見えるやや濃い植生の部分はヒノキやスギの植林地である。また，まとまったシイ林の上方の山の上部には，アカマツ林も見える。写真の最も右手上部の山のシイ林に近いあたりは，かつて京都大学の研究者

たちによりマツタケの研究がなされたところであり，アカマツ林が広く見られたところであるが，近年ではマツ枯れが進み，アカマツはかなり少なくなってきている。

1.2.2　文献や聞き取りからわかるかつての植生景観とその背景

　以上で述べてきたように，岩倉周辺の植生景観も，高度経済成長期の後，大きく変化しながら現在に至っており，その変化の契機は高度経済成長期の頃に溯るものと思われる。そうした植生景観のかつての状況やその変化の背景にあった人々のくらしなどについて，文献類や古老の証言をもとにまとめてみたい。

　1）文献類から

　京都周辺では，かつてマツ林が多かったことは，筆者の世代でも実際の状況を見て知っているところであるが，そうしたマツが多い時代は，少なくとも平安時代の頃まで溯るものと考えられる[33]。ただ，"マツが多い林"といっても，その状態は時代によりかなり異なっていたものと思われるが，ともかくマツが主体の植生が長く続いていた背景には，人間により繰り返される強度あるいは過度の植生の利用があった可能性が高い[34]。森林は，古くから燃料や用材の重要な供給源でもあったし，落ち葉や樹木の若枝や青草は田畑の肥料などとしても利用されてきた。岩倉は，長い歴史を持つ大都市京都の近郊に位置するため，その都市へ供給する燃料などもあり，その周辺山地には古くからさまざまな人為的影響があったものと思われる。あるいは，戦乱などにより，急激な影響を受けたことがあったかもしれない。

　そのことについて，岩倉の南西に隣接する上賀茂神社の記録や明治38（1905）年にまとめられた大阪営林局の旧上賀茂神社領に関する資料などからも，かつて少なくともその付近では，地上の落ち葉までも利用し尽くすような森林の酷使が広く行われていたものと考えられる。たとえば，明治38（1905）年における京都周辺の国有林の状況などについても記した『京都事業区施業按説明書』（大阪営林局，1905）[35]には，次のような記述がある。

　　　本山神山両国有林ハ加茂神社ノ北部ニ位スル丘陵トモ謂フベキニ小山林
　　　ニシテ　…（中略）…　地質ハ共ニ秩父古生層ヨリ成リ角岩硬砂岩硅質粘板
　　　岩等ヲ以テ基岩ヲ構成ス土壌ハ之等ノ分解ニヨリテ生ゼルモノニシテ所謂

第1章 過去50年間における植生景観の変化

砂質壌土ナルモ既ニ屡々下草ヲ採取シ又ハ林木ヲ伐採セルコト等アルニヨリテ腐植質ハ勿論其他ノ地被ヲ流出シ甚シキハ土壌ノ崩壊セルトコロアリ傾斜緩ナルニヨリ小局部ヲ除クノ外ハ一般ニ土壌浅カラザル如キモ地力甚シク減退シ其回復頗ル長時日ヲ要スベシ

神山本山安祥寺山ノ各国有林団地ハ従来頗ル濫伐等ノ難ニ遭遇セシガ如ク其地力何レモ瘠退シ大部ハ赤松ヲ存スルノミニシテ其溪谷其他ノ凹地ニ於テハ較々良好ナル生長ヲナスト雖トモ峯筋ニ於テハ土地甚ダシク乾燥瘠悪トナリ林木ノ生長非常ニ遅緩ニシテ到底建築用トシテ良用材ヲ得ルコト能ザルノミナラズ處々ニ土壌ノ崩壊シテ山骨ヲ露出セルトコロアリ

　岩倉に隣接したこれら本山，神山などの国有林では，同じ『京都事業区施業按説明書』から，明治38（1905）年当時は「地元細民ノ小柴又ハ枝條等ヲ窃取スルニ過ギズ其損害著シク大ナラザル」といった状況であったにもかかわらず，上記記述のように，それ以前の下草採取や樹木の伐採などによる過度の植生利用によって，「腐植質ハ勿論其他ノ地被ヲ流出シ甚シキハ土壌ノ崩壊セルトコロアリ」とか「處々ニ土壌ノ崩壊シテ山骨ヲ露出セルトコロアリ」といった山地の状況がその頃も見られたことがわかる。

　また，明治10年代に作成された『京都府地誌』[36]から，岩倉付近の山の植生の概要を知ることができるが，それによると，その当時の岩倉の具体的な山の植生として，「山中喬木ナシ唯柴茅ヲ生ス」（御所谷山），「全山喬木ナシ」（大谷山），「樹木稀少」（大谷山，小谷山），「矮松生ス」（長代山，明神山など）と記されたところがほとんどであり，樹木らしい木々がない山が多かったことがわかる。

　このように，明治期の頃，岩倉南西部付近に限らず，岩倉周辺の山地では，森林の樹高が低いところが多く，一部には草木のないハゲ山も見られたものと考えられるが，その後撮影された写真[37]などから，森林の樹高が高いところが増えるなど，植生景観はしだいに変わっていったものと思われる。しかし，森林を構成する主な樹種がアカマツであることは長く変わらなかった。そのことは，第二次大戦中にまとめられた『岩倉の実態』（京都府師範学校代用附属国民学校，1942）のなかで，その頃の岩倉付近における山地の植生について，「…全山殆んど松樹（約九〇％）をもつて覆はれ所々杉檜の植林が行はれ一部分楢や櫟木（くぬぎ）の

雑木雑生してゐる。」と記されていることからもわかる。

また，同資料の別の記載から，当時の岩倉周辺の山には，アカマツの他にスギやヒノキの植林地やコナラやクヌギの雑木林が所々にあったこと，また高木の樹種としては，アカマツの他には，コナラ，クヌギ，ザイフリボク，ウワミズザクラ，シイ，ケヤキなどが，低木の樹種としては，コバノミツバツツジ，モチツツジ，ヤマツツジ，シャシャンボ，ネジキ，ナツハゼ，イワナシなどのツツジ科の植物が多く，他にガマズミ属，ウツギ属の樹木もあったことがわかる。

その後，上記の写真からの考察でも述べたように，高度経済成長期を経て，岩倉周辺山地の植生景観は大きく変わることになるが，その背景には，人々のくらしの大きな変化があった[38]。とくに，かつては燃料の採取などで山と深いかかわりがあったものが，高度経済成長期の頃より，急激になくなってしまった。そのことにより，岩倉付近の植生は，その地域の潜在的な自然植生である照葉樹林へと向かう流れが進行しつつある。近年，アカマツ林が減少する一方でシイ林がしだいに増えている[39]状況は，そのことを象徴している。また，最近ナラ枯れが目立ってきたのも，山の植生が放置され，人手を加えられるところがほとんどなくなってきたためと考えられる[40]。

なお，昭和21（1946）年から，岩倉の尼吹山でマツタケの研究をしていた浜田稔氏は，昭和45（1970）年に岩倉の山と人とのかかわりなどについて次のように記している。

> 柴取りは村人の自由であったが戦後の数年などは山があまりにも荒れるので持主は他人が山に入るのをきらう程であった。しかし現今では燃料形態の変化により，山は雑木が茂り腐植もたまり放題である。そして，村人はたとえ柴が欲しくても山で柴をするのは恥かしいという。今後は山の原生林化が急激に進み，松茸は益々出なくなるであろう。[41]

これは，高度経済成長期の終わり頃の話であるが，その頃，すでに燃料採取などのために山が使われなくなって何年も経っていたようである。その後のアカマツやマツタケの減少，また森林の照葉樹林化を予測したこの一文には，昔ながらの山とのかかわりを恥かしいと感じるようになっていた高度経済成長期の終わり頃の村人の心境も記されており興味深い。

2）古老への聞き取りから
i 今井武雄さんの話

　今井武雄さんは大正14（1925）年1月に岩倉の長谷地区の農家に生まれ，戦後は長く京都大学の技官として勤務する傍ら，家の農作業なども続けてきた方である。定年退職後は，地元岩倉の自治連合会会長などもされ，地域の顔的存在であった。すでに亡くなられて何年にもなるが，以下は平成11（1999）年12月，今井さんが74歳のときに京都精華大学の筆者のゼミでお話いただいた内容のうち，岩倉のかつての植生景観やその背景にあった人々のくらしにかかわる部分である。

戦後間もない頃の燃料事情

　　戦後間もない頃，焚き物（燃料）が不足していた。今のようにガスも普及しておらず，油もなかった。そのため，日本中で薪炭が主な燃料として使われ，京都の島津製作所のような大きな工場でさえ薪を使った。また，うちの親戚が名古屋にあるが，そちらでは田んぼの下の耕土の下に泥炭があり，そのようなものを掘って，それが飛ぶように売れた。泥炭は，石炭のかなり程度の悪いようなものだが，それぐらい薪が不足していた。
　　また，スギやヒノキは，もともとは用材用の木で，柱や板を取るためにある程度の大きさになるまで利用しなかったが，今考えるともったいないことではあるが，それらもみな割木にして燃料とした。

燃料に適した樹種

　　落葉樹のクヌギは薪のなかでは一番上等だった。それはマツよりもヒノキよりも燃料としては格段に上で，煙の出方が少なかった。あるいは，焚いた後に残った"おき"が炭代わりにも使えた。一度燃えた後の残りが，上手に消したら炭代わりに使えたので，非常によかった。

山での燃料採取について

　　正月になれば，山のある家はもちろん，山を所有しない家でも，1月から3月は必ず薪つくりに山に入った。岩倉では山を所有しない家が7割ほどあり，そうした家の人たちは正月になると山持ちの家へ，どこどこの山で薪

を取らせてほしいと交渉に行った。薪を取らせてもらった人は，さほど多くではなかったが，肉体作業奉仕や物品などで何らかのお礼をした。

薪の運搬について

　今のようにトラックはなく，人間が大八車を引いた。うちの横の街道も，多くの人が大八車を引いて，どっどどっどと山へ行った。そうして自分たちの焚き物を作った。また，私たちのように，薪を都会で買ってもらい，それを収入にする者もあった。150束くらいの薪を大八車に積んで牛に引かせ，それを町中(なか)の寺町三条まで運んだ。わずか50年あまり前だったが，当時はそのようなことができた。市電や自動車が来たら怖がって暴れるような牛だったが，河原町通りをとっとっと行って，寺町で荷物を降ろして帰ってきた。

薪の価値について

　薪が不足していた戦後間もない頃，月給をもらってくる人の月給が仮に2200円とすると，割り木の一束が50円くらいだったので，その月給は割り木40束ほどのものだった。割り木の束はいくらゆっくり作ったとしても，一日に10束くらいは楽にできる。そのため，私が4日ほど山へ行って割り木を作ったら，月給取りが一箇月かけて稼ぐ額を稼ぐことができた。そのような状況だったので，勤めを辞めて山に入った人も少なくなかった。ともかく，薪が燃料としてものすごく値打ちあった。

山の景観の変化などについて

　毎日大きな牛車に山積みに割り木を積んで，どっどどっどと出ていった。工場やあらゆるところで薪が使われた。そのため，山は見る間に裸になっていった。山の木はかなり伐られてしまった。その後植えたのが今育っているが，その値が安くて売れない。世の中というのはおもしろいものだ。

ⅱ　松尾三郎さんの話

　岩倉の南西部に近いところに深泥池(みぞろがいけ)[42)]という古い池がある。最終氷期に遡る歴史をもつ池で，近畿地方では珍しく日本の亜寒帯地域でも見かけるミツガシワ

などが群生し，天然記念物にも指定されている。その深泥池の付近は，行政上は京都市北区になるが，岩倉と隣接したところで，その境のあたりには標高百数十m程度の森林で覆われた低い丘陵がある。

　大正4（1915）年2月生まれの松尾三郎さんは，深泥池の近くにお住まいで，幼少の頃から深泥池付近のことを見てきた方である。以下は，平成16（2004）年1月に，深泥池の保全を考えるための集まりにおいて，松尾さんからお聞きした話のうち，かつての深泥池付近の植生，またそれと人とのかかわりについての主な内容である。

山での燃料採取について

　深泥池付近の人々にとって，北西側の国有林（官林）を除けば，山の所有関係は明確ではなかった。そのため，国有林以外の山の柴や下枝は自由に採取していた。松ヶ崎山やケシ山などは，山主が誰かわからず，皆自分ところの家の柴を刈るような顔をして，柴刈りに出かけていた。ただし，割り木などを充分買うことができた一部の裕福な家では，そのような柴刈りをする必要はなかった。

　燃料の薪炭のうち，柴（鎌で刈れるような小さな雑木）はすべて近くの山から採っていた。晩秋から冬にかけての雪の降る頃には，深泥池周辺の山に村の多くの人達が行った。誰も皆鎌で柴を刈り，それを軒下などに積んで乾燥させた後に燃やした。柴刈りの道具は鎌だけで，鋸は使わず太い木は伐らなかった。ただ，太いマツの木の枝は，鎌を使って採取していた。また，山の太い木の枝葉については，山師が木を伐って割り木にして売った後に残ったものをもらうことができた。

　一方，国有林では柴などを自由に採取することはできなかったが，毎年決められた区域の下柴をもらうことができた。それは村中の共同作業で行われ，刈った柴は頭割りで持って帰った。柴は，一部に鋸で伐るようなものもあったが，ほとんどは鎌で刈れる程度のもので，ササなども刈った。

　採取した柴などは自家用分だけで，採取時期は1月半ば頃から3月半ば頃にかけてであった。その作業のために，市原のあたりまで行くこともあったという。それは，昭和30年頃まで続いた。

　なお，燃料を近くの山ですべて確保できたわけではなかった。火力があ

り火持ちのする燃料としてのマツやクヌギの割り木は，どれだけ家計が苦しくても仕入れて，3月に皆軒に積んだ。柴も，岩倉や八瀬などの山のものを買ったりもした。炭は，鞍馬から女の人が背中に2〜3俵負って年に一度売りにきた。戦時中から戦後にかけては，炭1俵と麦2升を交換していた。また，野菜と交換することもあった。炭を焼いていたのは，花背や百井で，鞍馬や静原では焼いていなかった。

柴以外の山の産物について

　付近の山から得られた柴以外の産物としては，マツ葉を中心とした落ち葉があった。それはコナハと呼ばれ，燃料にされた。それを熊手で集めるコナハ掻きも冬場の仕事で，昭和30年頃まで行われていた。
　マツタケはかつて多く採れたが，山で採ったマツタケを売ることはなかった。他にシメジなどのキノコも採れた。また，量的には少ないが，サカキやウラジロやマツなど，正月に自家用に使う植物の採取も行われた。そのために，朝から午後2時，3時頃まで山を歩き，サカキ，ウラジロ，ササやマツなどを採って正月の準備をした。サカキは，8組，16束を採った。静原(しずはら)からは，春と秋の彼岸とお盆の3回，仏様に供えるシキミを売りにきた。シキミは近くの山にはなかった。

林の様子について

　山にはマツが多かった。マツの木は，なかにはやや大きなのもあったが小さなものが多かった。クヌギもあったが，マツが三本あればクヌギが一本あるかないかといったところだった。マツは自生のもので，とくに大事に育てられたというものではなかった。山では人がよく柴を刈ったり，コナハを集めたりしたために，人が入りやすかった。ツツジが咲く頃には，花を切りに行く人もいた。

池の近辺などの野草の利用について

　マコモは道路の際にあり，それを刈って草履にした。その頃は，学校に行くのに，皆草履を履いていた。池の周辺の草で利用したのはマコモだけで，他には全くなかった。屋根の材料となるヨシ，その他肥料などにできるよ

うな草は池にはなかった。茅はなく，家の屋根葺きには，ムギ藁を使った。

<u>ⅲ　まとめと補足</u>

　以上，岩倉とそこから近いところに居住し，かつての植生やそれと人々とのかかわりを見てきたお二人の古老の方のお話の要点を紹介した。今井さんが知っていた岩倉付近の状況は，深泥池付近とは柴採取の許可の得方などに違いはあるが，共通点は多く，付近のその他の古老の方々のお話も総合すると，以上のお二人のお話に，高度経済成長期の前やその初期の頃までの岩倉周辺の山の植生やそれと人とのかかわりの状況がかなりまとめられていると考えられる。

　今井さんのお話にもあるように，かつて岩倉周辺の山では，さかんに燃料としての薪の採取が行われ，とくに戦後間もない頃の燃料不足の時代には用材用のスギやヒノキまでも燃料とされていた。松尾さんのお話に出てきたマツの落ち葉を燃料として集めるコナハ掻きが行われたのは，岩倉でも同様であった。

　山の柴や落ち葉や下草は，田畑の肥料にもなるが，上記のお二人への聞き取りなどから，昭和30年代まで，京都の町からはやや離れた岩倉付近でも，肥料は町からの下肥（人糞尿）が主体で，山の落ち葉や草などはほとんど利用されていなかったようである。

　なお，深泥池の村では，安土桃山時代の終わり頃，村から6km前後も離れた貴船山の柴草を採取していたことが古文書からわかる[43]が，古くから燃料としての柴や屋根葺きや肥料などとして使える草の確保には苦労していたものと考えられる。

1.3　伊勢湾口の離島（神島）の場合

　神島は，伊勢湾口に浮かぶ小さな離島である。行政上は三重県鳥羽市に属するが，鳥羽佐田浜港からは14kmほど離れているのに対し，愛知県の渥美半島の伊良湖岬からは3.5kmほどの近いところに位置する。島の面積は約0.8 km^2，人口は500人ほどの小さな島であるが，三島由紀夫の小説『潮騒』の舞台となったことでよく知られている。

　筆者は，国立歴史民俗博物館の展示プロジェクトにかかわった関係で2006年5月に2度その島に行く機会があり，島の植生などの現況を見るとともに，地元

の方から，かつての島の植生やそれと人々のくらしとの関係などについての話を聞くことができた。

その島は，上記の岡山県北部の中国山地や京都市北部とは全く異なった地理的環境にありながら，高度成長期の頃を契機として，植生景観はやはり大きく変化してきている。ここでは，神島におけるそうした植生景観の変化やその背景についてまとめておきたい。

1.3.1 写真に見る高度経済成長期とその後の植生景観

1) 空中写真

まず，高度経済成長期の最中とその後の空中写真を見てみたい。写真16の右側の写真は，昭和39 (1964) 年5月9日に国土地理院が高度3800 mから撮影したもので，左側の写真は，平成18 (2006) 年9月12日に同じく国土地理院が高度約3100 mから撮影したものである。

その2枚の写真を比べると，森林の樹冠の大きさなどからよくわかるように，近年は島の大部分が高木の森林で覆われているのに対し，高度経済成長期の頃は，島の北西にある集落の部分を除くと，その約半分が段々畑などの農地であった。とくに南向きの斜面では，段々畑になっているところの割合が大きかった。近年

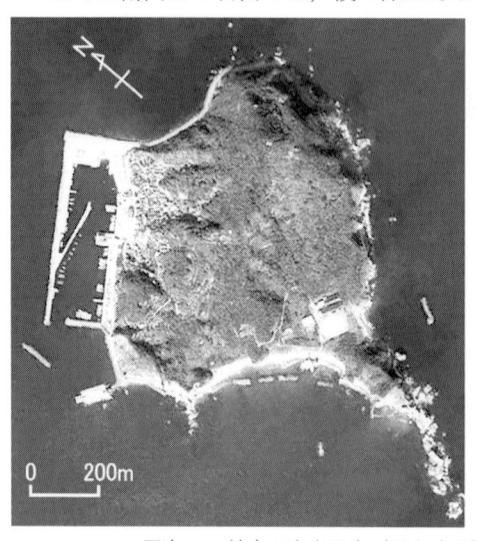

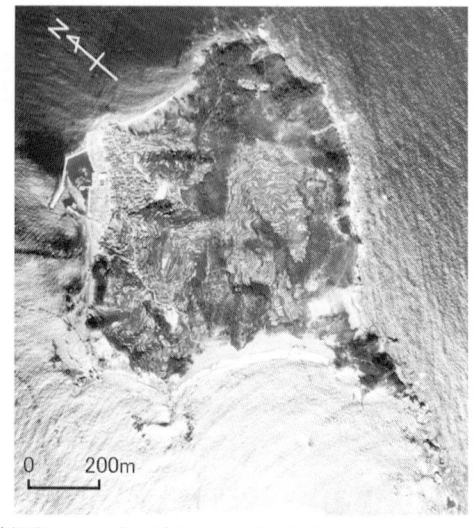

写真16　神島の空中写真（国土地理院撮影：2008年〈左〉，1969年〈右〉）

でも，まだわずかに段々畑の見られるところもあるが，集落から比較的近いところを中心に，ごくわずかしか残っていない。

　森林の主要な樹種は，後でも述べるように高度経済成長期の頃はマツが中心であったが，近年マツはマツ枯れで減少し，代わってヤブニッケイ，モチノキ，カクレミノ，ヤブツバキなどの常緑広葉樹の割合が大きくなってきているところが多い。

　写真16の高度経済成長期の頃の空中写真をもう少し拡大して詳しく見てみたい。写真17は，島の北東端部分（図3のA）で，写真中央よりも少し上のあたりに，灯台とその関係の建物などがやや斜め横方向に長く広がっている。その灯台の北（左上）側には，とくに密生した高木の林がまとまって見られる。また，灯台の南東（右手）にも，その北側のものに比べると面積は小さいが，高木の樹木が密生しているところがある。また，灯台の西（左下）側には，密度はやや低いが，やはり高木の樹木がだいぶ存在していることがわかる。

　一方，灯台の南西（下方）や東（右上）などには，樹冠の大きさや道の見え方などから，植生高がせいぜい2～3m程度までと思われるかなり低い植生の部分

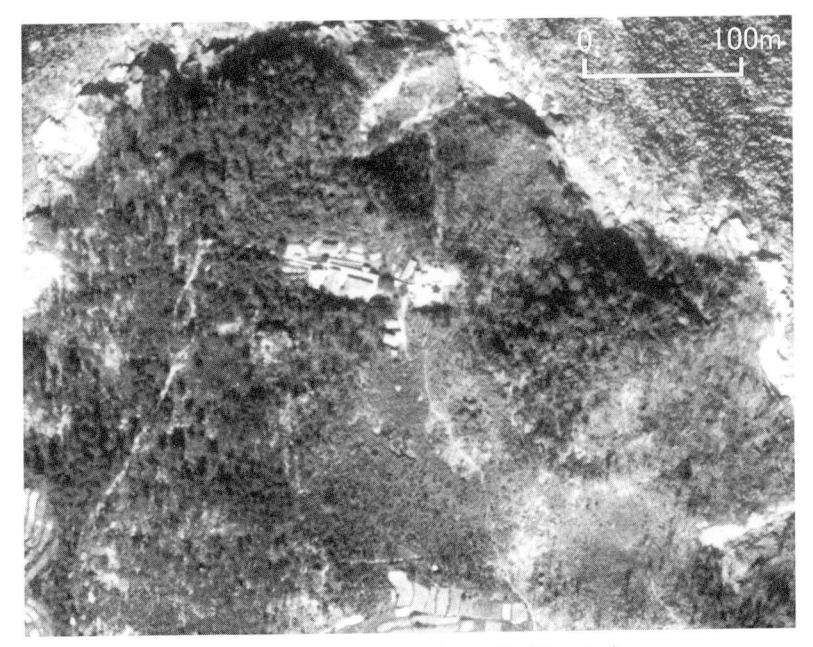

写真17　1969年の空中写真の一部（図3のA）

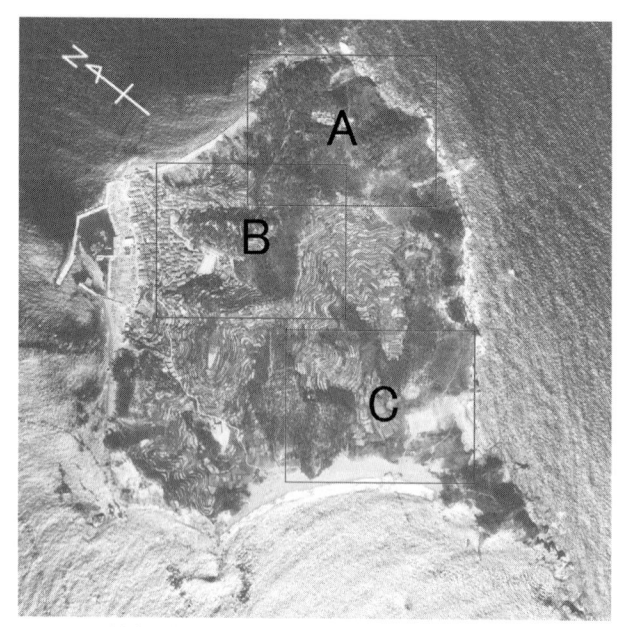

図3 神島の拡大部分位置（ベースの写真は写真16の右）

写真18 1969年の空中写真の一部（図3のB）

が広く存在していたことがわかる。

　次に，写真18は，一部写真17と重なるところがあるが，主に写真17の西方部分で，左側は集落の東部，その右側下方は島の中央部にあたる区域である（図3のB）。この区域の過半は，山の斜面を利用した段々畑と密集した集落であり，森林などの植生が見られるところはさほど多くはない。しかし，写真の中央部より少し上に八代神社があり，そのあたりから横方向に，幅はさほど広くないが，帯状に高木の密生した樹林が見えるところがある。また，写真右上の写真17と重なる部分には，ややまばらではあるが，高木の樹木が見えるところが少なくない。また，写真中央付近から下方にも，高木のややまとまった林が見られるところがある。その左下方，段々畑の先にも，一部密集したところもある高木の林が見られる。ただ，そうした高木の樹木の見られるところの割合はさほど大きくはなく，樹冠が確認しにくいような植生の部分が少なくない。その中間的なところもあるが，この写真の山地の農地以外のところでは，高木の樹林地とともに，比較的低い植生が見られるところが少なくなかったことがわかる。

　写真19は，写真18の南側の地域で，写真の下方や右手には海岸が見える（図3のC）。写真中央付近には，この島では珍しく，比較的広い区画の農地が連なっ

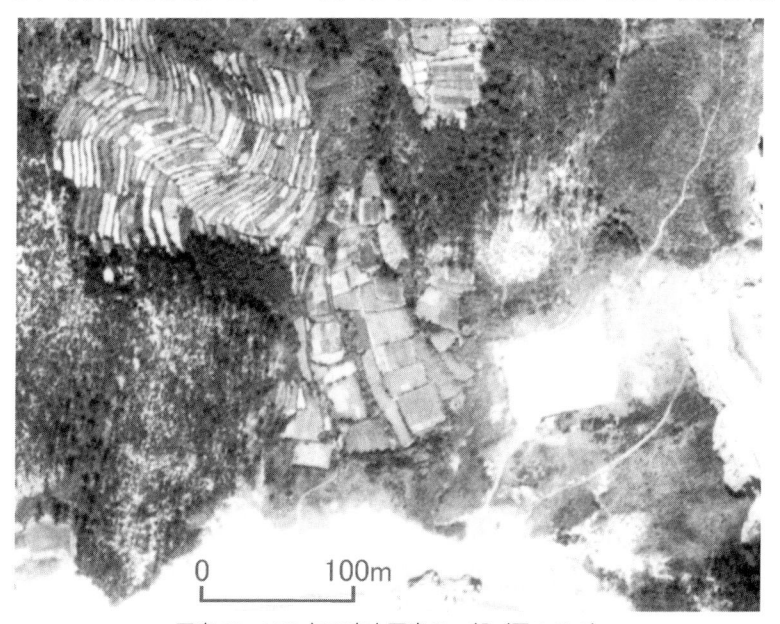

写真19　1969年の空中写真の一部（図3のC）

て見える。その左上方とやや右手上方には，山の斜面を利用した段々畑が広がっている。山地部分には，高木もある程度見られるところもあるが，密集して生えているところは少ない。写真の左下方や写真中央よりも少し右上方には，山地の地肌が白く見えているようなところが少なくない。そのうち写真の左下方部分の山地は，今も痩せ地のところが多く，クロマツの低木やハイネズやシャシャンボなど，乾燥した痩せ地に生える樹木が多く見られるが，この写真の状況などから，それらはだいぶ前からそのあたりの植生の主要構成樹種であったものと思われる。なお，写真中央よりも少し右上方の同様な部分は，今は学校の敷地に変わっている。

写真の右方には，狭い道がはっきりと見えるところが多く，そのあたりは低木や草が多いところと考えられる。また，写真右下端のあたりは，弁天山の登り口付近であり，黒っぽく見えているのは，後述の写真などから，さほど高くないクロマツの林と思われる。

2）地上からの写真

写真 20 は，昭和 39（1964）年にまとめられた冊子[44]の表紙の写真で，島の南端の弁天山を写したものである。写真には高木のマツもある程度見られるが，密集して生えているところは少なく，ややまばらに生えているところが多い。また，森林の下層の植生は乏しく，山のかなり上まで岩が露出しているように見えるところが少なくない。写真に見える高木の大部分は樹形などからマツと思われる。

写真 20 弁天山
神島青年団『神島』
1964 の表紙より。

写真21　弁天山
（2006年5月26日撮影）

　一方，写真21は近年の弁天山である．今では，マツは少なくなり，モチノキ，カクレミノ，ヤブツバキなどの常緑広葉樹中心の森林が地上部を広く覆っている．樹木は密集し，海岸のすぐ近くを除けば，岩が露出して見えるようなところはほとんどない．

　写真22は，神島小中学校の建物の一部とその裏山のあたりを写した近年の写真であるが，その裏山にかつてかなり広く見られた段々畑は見られず，全般的に森林化してきている．また，写真23は，写真19の左下方部分のあたりを北西側

写真22　神島小中学校の
建物とその裏山付近
（2006年5月26日撮影）

写真23　神島南東部
（2006年5月26日撮影）

から撮ったもので，左上方には弁天山も少しのぞいている。上述のように，そのあたりはだいぶ前から痩せ地であったと思われるところが多く，今も一部にクロマツやハイネズなどの樹木も見られるが，常緑や落葉の広葉樹林の森林となってきているところが多い。

1.3.2 かつての神島の植生とその背景

1) 文献類から

空中写真からは，樹種の特定は難しいが，神島のかつての植生については，高度経済成長が始まる前の昭和20年代中後期の調査結果がある[45]。それによると，島の大部分の植生は山地林で，クロマツが主要木であった。また，その山地林を構成するその他の樹種としては，ウバメガシ，スダジイ，シロダモ，ヒメユズリハ，モチノキ，サカキ，トベラ，カクレミノ，シャシャンボなど常緑広葉樹の割合が大きく，一部ネムノキなどの落葉広葉樹もあった。また，森林の下層の灌木としては，ヒサカキ，ハマヒサカキ，センリョウ，テリハノイバラ，カマツカ，アキグミ，モチツツジ，アリドウシ，ハイネズなどがあった。また，草本・シダ類としては，ヒトツバ，フモトシダ，コシダ，ウラジロ，ゼンマイなどのシダ類が多く，またツワブキ，ススキ，ツボクサ，ノカンゾウ，ヤブランなどがあった。一方，島の西南部の海浜には，ハマゴウを優占種とする草原があった。

かつてマツが主な樹木であったことは，神島を舞台とし，昭和29（1954）年に発表された三島由紀夫の小説『潮騒』にも反映されている。それには，たとえば次のような記述がある。

若者は松並木のあひだから，潮のとどろきの昇ってくる眼下の海をながめた。（第1章）

灯台のちかくへいつも焚付けの松葉をひろひに行くので，灯台長の奥さんと近づきになってゐた母親は，息子の卒業を引き延ばされては，生計が立ちゆかないと奥さんに愬へた。（第1章）

風がわたつて来て，松の梢々はさわいだ。（第3章）

灯台の裏手の松林の急斜面をのぼるうちに，新治は汗をかいた。（第4章）

やがて松林の砂地のかなたに，三階建の鉄筋コンクリートの観的哨が見えだした。（第4章）

若者は観的哨の一階をさしのぞいた。束ねられた枯松葉が山と積んである。（第4章）

なお，三島由紀夫は，『潮騒』執筆のために神島の取材を昭和28（1953）年3月と8月の終わりから9月のはじめにかけて二度行い，その取材内容を二冊の手帳に日記のかたちで日付順に記して残している[46]。それには，次のような記載がある。

松のいたゞきで，鶫（つぐみ）であらうか，小鳥がコチョコチョリール，コチョコチョヒイヨヒイヨヒイヨと歌ってゐた。（灯台付近）

アイガミ山や東山（灯台のある山）の老松も，村内の電線も風でうなり出す。（青年団機関誌「孤島の光」抜粋）

灯台に泊る。松葉を束ね，途中の道につみかさねあり。下の港にも松葉あり。炊料也。これから秋にかけて集める。荒れた日の朝は，村中一ヶ所に集まり行く。

秋―紅葉少し。松茸狩り，4，5ヶ所。しめぢ。炊き物に不自由故，女は「ゴ（落松葉）掻き」に，嵐のあとなど，けんめいせ。

三島の取材記録には，直接見聞したものだけではなく，神島に関する冊子の内容や地元の人々からの聞き取りも含まれ，神島の自然や文化，民俗などを幅広くとらえようとしていることがわかる。小説『潮騒』は，そうした取材をもとにしたもので，植生の描写については，基本的に神島の昭和20年代末期の状況をもとに記されているものと考えられる。それは，上記のようにマツに関する描写に

もよく表れている。

　一方，神島には，かつて低木や草が多い場所も少なくなかったことは空中写真からも確認できるところであるが，『潮騒』の次の記述は，灌木や草が多いそうした場所のことを記したものである。

　　若者は山に登った。ここは歌島[47]の最も高いところである。しかし榊，茱萸などの灌木や高草に囲まれて，視野は利かない。草木のあひだから潮騒がひびいてくるだけである。ここあたりから，南へ下りる道はほとんど灌木や草に侵され，観的哨跡へゆくまでは，可成な迂路を辿らなければならなかつた。（第4章）

　なお，昭和34（1959）年には，伊勢湾台風で多くの樹木が倒された[48]ため，上記の昭和39（1964）年の空中写真では，その前よりもいっそう草地的な植生部分が多くなっているものと思われる。
　ところで，三島由紀夫の小説やその取材ノートから，松葉が燃料として集められ，観的哨や道添いなどにその束が積み重ねられていたことがわかる。それは女性の仕事として夏の終わり頃から秋にかけて集められたようであるが，取材ノートの「炊き物に不自由故・・・嵐のあとなど，けんめい也。」の記述から，マツの落ち葉までも貴重な燃料として熱心に集められていた状況がよくわかる。それに関しては，『鳥羽市史 下巻』[49]に興味深い記述がある（下記）。

　　昭和30年ごろまではすべて一般家庭の燃料は柴，薪の天然材だった。堅神，加茂地区，鏡浦地区のように山を多く占める地域や，離島でも答志や菅島のように面積の広い島は生活用燃料を自給できたが，島の小さい坂手，神島や鳥羽町は確保に苦労した。
　　〈神島〉神島の生活用燃料は裏山の松葉や浜の流木，山の下草や根であった。明治十六年の地誌取調書写（明治三十六年）の民業の項に「女　四月ヨリ十月マデ蜑ヲ業トシ，十一月ヨリ三月迄ハ薪材ニ代用スヘキ草ヲ刈リ，或ハ草ノ根ヲ取ルヲ業トス」とあり，波風の強い冬場の女の仕事はもっぱら薪取りであった。そして山の松から落ちる枯枝や松葉だけでは足りない燃料は，草やその根までも使っていたことがわかり，鳥羽の村々の中では

坂手以上に，最も厳しい情況にあり，不足の場合は坂手と同様，浦村より購入することが多かった。

　生活用燃料として流木や草も利用されていたことは，後述の聞き取りからも確認できるが，この記述から，より古い時代には山の草の根までも利用されていたことがわかる。なお，明治16（1883）年の地誌取調書写については，その直接確認を試みたが，その所在がわからず，確認ができなかった。
　山の草木や落ち葉などを燃料とする島の生活が大きく変わる契機となったのは，プロパンガスの導入である。そのプロパンガスが島に導入されたのは，高度経済成長期の最中の昭和38（1963）年であった[50]。それにより，島の植生景観はやがて大きく変わることになった。
　なお，近年では森林的植生に変わってきているところが多いかつての農地で，かつて作られていた作物については，高度経済成長期の頃と，その頃から長年かけた調査のまとめから知ることができる[51,52]。それらによると，かつて島の段々畑を中心とした農地の主要な作物はムギとサツマイモであった。ムギはコムギよりもオオムギの割合が大きかった。また，アズキやダイズ，ダイコン，サトイモ，ジャガイモ，ハクサイ，ホウレンソウなど，さまざまな野菜が作られていた。ただ，昭和42〜43（1967〜1968）年頃になると，ムギを作る家もなくなってしまったという。オオムギは5月末頃までに収穫されたようで，昭和39（1964）年に撮影された空中写真（写真18や写真19など）には，ムギ畑が少しは写っているのではないかと思われる。

2）古老への聞き取りから
ⅰ　4名の古老への聞き取り
　ここでは，神島で長くくらしてきた池田利正さん（昭和3〈1928〉年生まれ）かよ子さん（昭和5〈1930〉年生まれ）夫妻，藤原喜代造さん（昭和11〈1936〉年生まれ），藤原コウさん（大正14〈1925〉年生まれ）より，平成18（2006）年5月にうかがった話の要点を紹介したい。なお，以下の各記述は，複数の方の聞き取り内容を互いに確認しながらまとめた部分が多いため，個人別の話の形にしていない。

山の植生について

　共有財産であったかつての山の主な樹木はマツであった。マツは主にクロマツだったが，アカマツもあった。マツタケ，ハツタケ，シメジなどたくさん採れた。弁天山など，伊勢湾台風前まで大きなマツがたくさんあったところがあるが，伊勢湾台風で被害を受け，またその後のマツ枯れでかなり少なくなった。

　神山（祠のある山）にはモチノキもあり，風の宮など太いものがたくさん生えているところもあった。弁天山には祠があった関係でモチノキもたくさんあった。通常は伐ることができなかったが，正月に祭りに使うために，毎年一本ずつ伐った。また，灯台の少し上には富士の宮という祠があり，そこには大きなモチノキが残っている。子どものころ，モチノキの皮をむいて，トリモチをつくった。

　山の下草は刈って薪にしたので，山には下草があまりなかった。ミソバ（カクレミノ？）は燃やさないので残っていた。ツツジやツバキなども少しあった。最近は，ミソバとヤシャブシが大きく成長して繁茂しているところが多い。

　生で食べられる木の実のなる木としてはグミやアケビなどがあった（アケビは少なかった）。現在，植えたヤマモモがあり少し前から実がなるようになってきているが，かつてはなかった。島には現在ゼンマイがたくさんあるところもあるが，かつてはゼンマイを食べなかった（よその土地からきた人のなかには，採って食べる人がいた）。

　土地がやせていて樹木の育ちが悪いところがあった。そういうところには，マツを植林した。しかし，植林してもなかなか根づかなかった。

植生にかかわる人々のくらし

　クロマツなどの樹木は，伐採はもちろん，枝を伐ることさえも通常は禁じられていた。ただし，正月に行われる祭りの松明を作るために，マツが

年に2本ほど伐られた。また，正月に各戸に配給される薪としてマツが伐られた時期があった。

　山の落ち葉を集める仕事は，村の女性の仕事だった。それは燃料のための松葉で，ゴクモと呼ばれた。10月頃，松葉がたくさん落ちた。松葉採取は自由にはできず，山の口開けによって，一斉に行われた。その口開けは，しけの後，まだ暗い朝の3時頃に鳴る鐘が合図だった。山には入りやすい場所もあったが，一方で岩場など危険な場所で作業をする人もいた。それぞれがいつも行く場所（得手）に行き，まず自分が掻こうと思うところをところどころ熊手で少し掻いて"バンドリ"をした。口開けの際には，枯れ枝や下草の採取も許されていたが，下草は少なかった。台風の時期など，当時はカッパがなかったが，雨に濡れてでも山に行った。蓑もなかった。また，倒木を伐り，それを隣組でみんなで運び，それを分けてくじ引きで使ったこともあった。畑のそばの茅も刈って燃料にした。

　流木も薪として重要だった。流木は強い東風の時に多く漂着し，人々は競ってそれを取りに行った。また，泳いでも取りにいったし，船でも取りにいった。流木があれば，漁はそっちのけであった。薪を売りに来る船もあったが，それを買うことはほとんどなかった。なお，ヤナギだけは"オリュウ"といって言い伝えにより燃料とはしなかった。

　神島において，燃料以外に利用された植物としては，祭りためのグミ（マルバグミ）やモチノキなどがある。グミの実は初夏の頃熟し，主に子どもたちが食用にした。食用にされた植物としては，他にもツワブキ，ミツバ，ヨメナ，ヨモギ，クワの実などがあった。

　神島には，島の南側および西側の低地に昭和初期まで水田があったが，昭和30年代にはそれは全くなく，農地は畑だけであった。農家1戸あたりの耕地面積は，ほとんどの家が1反（約 0.1 ha）に満たない小さなものであったが，そこでは重要な食糧となるムギやサツマイモなどが作られていた。畑作のための肥料として，各家々から出る人糞尿や魚類滓を野壺に貯めて

利用した。標高差の大きい島で，それらを専ら人力で運ぶのはたいへんな作業であった。ムギ藁などの作物の残渣も肥料として利用したが，山には肥料にするほどの草や落ち葉はなかった。干した魚をそのまま土のなかに入れて使うこともあった。12月から3月ごろまで，たくさん網にひっかかる鵜も使った。また，島の東側にある険しい岩場の断崖にはウミウの糞の採れるところがあり，それが良い肥料となった。それは，みんなが採ったのではなく，専門で採る60歳前後くらいのおばあさんたちが数人いて，その人たちから毎年買った。

ⅱ　まとめと補足

　以上の聞き取りからも，かつての神島の山の植生はマツが主体であり，それは主にクロマツであったことがわかる。一方，アカマツもある程度あったが多くはなかったようである。前記の三島由紀夫の『潮騒』創作ノートに，「秋—紅葉少なし。松茸狩り，4，5ヶ所。」と記されたところがあるが，マツタケはクロマツ林に出ることは希であるため，それもアカマツの林が所々にあったことを示唆している。また，聞き取りからは，山の落ち葉や下草までも燃料として利用され，山には落ち葉や下草が少なかったことがわかるが，それはアカマツのある林でマツタケが出る好条件であったと考えられる。

　一方，人口に対して燃料供給地である山林の面積が小さかった神島では，燃料の確保が非常に重要であったことが，この聞き取りからも確認できる。文献類からもわかるが，高度経済成長期のはじめの頃でも，木の枝の採取さえも自由にはできず，マツの落葉の他に草も燃料として利用されていた。また，浜などの流木は島の人々にとってかなり貴重なものであった。

　野山の草は肥料として使われることもあったが，神島の場合は，燃料としての利用が優先され，肥料としてはほとんど使われなかったようである。肥料は下肥の他に魚類や鵜の糞などが使われた。

　神島の人々は漁業や海運など，海との深いかかわりでくらしてきたが，その一方で，かつて神島の人々は山から日々の生活のための燃料を得，また山の南斜面を中心に，その山頂近くまで耕されていた段々畑で穀物や野菜を育てながらくらしていた。面積が1 km^{2}もない小さな島に，昭和30年代には1300人前後の人々が住んでいたため，燃料の確保や畑での作物生産はたいへんであったが，そこに

第1章 過去50年間における植生景観の変化　　　51

は島の人々の長年の知恵が生かされていた．

　なお，弁天山など祠のあるところ，あるいはかつてあったところには，モチノキがたくさんあるところがあった．モチノキは，トリモチ作りにも利用されたようであるが，正月の祭りには欠かせない木でもあった．

1.4　総括

　高度経済成長期を契機とする植生景観変化とその背景について，岡山県北部の中国山地（旧阿波村付近），京都市北部郊外（左京区岩倉付近），伊勢湾口の離島（神島）の3つの地域を例に，写真や文献類，また古老への聞き取りなどをもとに見てきた．その結果，地域により植生景観の変化のパターンはさまざまであるが，いずれの地域でも高度経済成長期の頃を境に，植生景観の大きな変化が起こったことが確認できる．

　すなわち，岡山県北部の中国山地の旧阿波村付近では，高度経済成長期の頃までは，広い草山が見られるところが何箇所もあったが，高度経済成長期を契機にして，牛の飼育がなくなることなどにより草原の必要性がなくなり，草山は急速に消滅していった．一方，スギやヒノキを中心とした人工林は，第二次世界大戦後から高度経済成長期の初期にかけて木材価格が高騰していたことに加え，草原の必要性がなくなっていったことや国の政策などもあり，高度経済成長期の頃を中心に急増し今日に至っている．また，かつて薪炭林として利用されていた雑木林は，スギやヒノキの人工林に変わったところも少なくないが，一方でそのまま残ったところでは，昭和30年代の半ば頃まではさかんに利用され比較的小さい樹木が多かったものがその後利用されることがなくなり，近年では樹木の高木化が進んでいるところが多い．

　また，京都市北部郊外，左京区岩倉付近の里山は，かつてはマツタケの産地でもあり，アカマツ林が広く見られたところであるが，高度経済成長期の頃を境に，燃料や生活の変化により，森林の利用がなくなっていった．それにより，林の変質化が始まり，近年ではアカマツ林はマツ枯れにより大幅に減少してきている．一方，森林が放置されることにより植生の遷移が進み，シイやカシなどの常緑広葉樹林の割合が増えてきている．また，岡山県北部の旧阿波村付近に比べるとささやかではあるが，高度経済成長期の頃にスギやヒノキなどの人工樹林化が進んだところも見られる．また，高度経済成長期の途中までは，森林がさかんに利用

されていたために，さまざまな林齢や樹高の森林がパッチ状に見られるところが多かったが，近年はほとんどのところが高木の森林となり，森林樹高の変化が全般に小さくなってきている。

　また，伊勢湾口の離島，神島の場合は，かつてはその山の植生はマツが主体であったが，高度経済成長期の途中からプロパンガスが各家庭に入るようになり，燃料としてさかんに利用されていた落ち葉や下草の利用もなくなり，ここでも森林の放置化によって植生の遷移が進み[53]，マツ林は大幅に減少してきている。そして，近年ではヤブニッケイやタブノキやカクレミノなどの常緑広葉樹主体の森林が増えてきている。一方，かつては山の南向きの斜面を中心に，段々畑が見られるところがかなりあったが，昭和40年代の初期には，そこでの主要作物であったムギも作られなくなるなど，やがて段々畑の放置化が進むところが多くなり，近年ではそのかなりの部分が自然に森林化しつつある。

　このように，ここで取り上げた3つの地域では，高度経済成長期以降の植生景観変化のパターンはそれぞれ大きく異なるが，いずれの地域でも高度経済成長期の頃のくらしの変化や国の政策などが大きな原因となり，人々の植生へのかかわり方が激変し，それによって大きな植生景観の変化が起きてきたという点は，どこも同じである。

　その変化には，人工林の増化など，高度経済成長期の間に明確に見られた部分もあるが，人間の植生へのかかわりがなくなり，樹木が年々成長したり，あるいは植生の遷移が進んだりする変化は，ふつう短期間では顕著ではない。しかし，高度経済成長期の終焉から40年近くを経た今，それはたいへん大きな変化となって顕在化してきているところが多い。そして，植生遷移の変化については，概してまだその過程にあるため，それは今後もまだ長く続くことになるであろう。

　ここで取りあげた例はわずか3例ではあるが，他の日本の地域でも，かつて人々の影響が植生にも大きく及んでいた地域では，植生景観の変化のパターンはそれぞれでも，やはり同様に高度経済成長期を契機として，大きな植生景観の変化が見られるところが多いものと思われる。日本の山地部などの植生は，ほとんどの地域で，かつては燃料や用材の確保や家畜飼育などのために非常に重要であったが，高度経済成長期の社会経済の大きな変化に伴い，植生に対する人々のかかわり方も急速に変わり，植生景観の大きな変化につながってきている。

　なお，高度経済成長期の頃まで見られた植生景観もそれぞれ歴史があり，その

前の数十年間ほどの間にも，かなり変化していたところも少なくない。たとえば，明治期の国の政策により，全国的に草原の面積はしだいに減少していっていたし（後述：4.1)，京都周辺などのように，ハゲ山が存在した地域では，その緑化が進んだりもした[54]。このように，それぞれの時代の社会や文化などを反映し，植生景観も変化してきた。

　とはいえ，高度経済成長期を契機とする植生景観の変化は，きわめて急激で特別なものである。高度経済成長期までの植生景観の変化は，ふつう何らかの人の植生利用のなかで起きたものであったのに対し，高度経済成長期を契機とする植生景観の変化には，人が植生にかかわることがなくなることによって起きた変化が少なくない。また，ここで取り上げた岡山県北部の旧阿波村付近の草原の例のように，縄文時代以降，過去数千年，あるいは 1 万年前後にわたり類似の植生景観が維持されていた可能性が高いところでも，高度経済成長期を契機に，短期間のうちにそうした植生景観が消滅していくことになった。こうして，長く続いた人々のくらし方などを劇的に変えた高度経済成長期は，植生景観のかつてない大きな変化を生む契機となった時代でもあるということができるであろう。

註
1) 再造林については，写真から充分確認しにくいところがあるが，現状の植生などからそのように考えられる。
2) 岡山県教育委員会『阿波・梶並の民俗』岡山県教育委員会，1971
　刊行は 1971 年であるが，1969 年度までの調査の成果がまとめられている。
3) 村制施行百周年記念事業実行委員会村誌編纂部会編『阿波村誌』阿波村，1993
4) 小椋繁述氏は，阿波村の収入役と助役を計 20 年以上勤めるなど，村政に深くかかわる一方，『阿波村誌』の編集，出版でも中心的な役割を果たした。この回顧録は『阿波村誌』刊行後の 1994 年から 1998 年頃にかけて記されたもので，幼少期以降の思い出や出来事，長年かかわってきた村政や村誌刊行の裏話などが A4 用紙 110 枚にワープロ打ちで綴られている。
5) 茅（萱）は，屋根を葺くために用いる草の総称で，具体的な植物種としてはススキやヨシなどがあるが，山地では茅といえばススキを指すことが多い。なお，本稿では萱の字を使わず，茅の字を用いる。
6) 『阿波村誌』p.30
7) 『阿波村誌』p.188
8) 『阿波村誌』p.14
9) たとえば，同時代の測量の教科書である『測図学教程』（教育総監部，1900))には，荒地は「荒蕪シタル土地ノ総称ニシテ雑草漫生シ往々榛莽繁茂スルコトアリ，荒地通過ノ難易ハ植物ノ種類及其疎密ニ関ス」とあり，雑草を中心とした草原的植生であることが確認できる。

10) 『阿波村誌』には，この植生図についての詳しい作成年代などについての記載はない。
11) 『阿波・梶並の民俗』p.43
12) 『阿波・梶並の民俗』p.43
13) 『阿波・梶並の民俗』p.43
14) 『阿波村誌』p.190
15) 『阿波村誌』p.189
16) 『阿波村誌』p.195
17) 土壌などの試料から微粒炭を抽出し，顕微鏡観察などを行うことにより，土壌等の深度による微粒炭の量的変化や，微粒炭の起源となった植物や植生について考える研究手法。第4章（4.2）参照。
18) 小椋純一「岡山県北部中国山地における微粒炭分析（1）」『日本植生史学会第22回大会講演要旨集』P-11，2007
19) 小椋純一「岡山県北部中国山地における微粒炭分析（2）」『日本第四紀学会講演要旨集』巻38，p.134-135，2008
20) 『阿波村誌』p.157
21) 小椋繁述氏回顧録より。
22) 『阿波村誌』p.159
23) 『阿波村誌』p.438
24) 『阿波村誌』p.438
25) 『阿波村誌』p.443
26) 『阿波村誌』p.169
27) 『阿波村誌』p.439-440
28) 『阿波村誌』p.440
29) 『阿波村誌』p.160
30) 京都市史編さん所『京都市域の町村合併』京都市史編さん所，1970年代
31) 小椋純一「うつりかわる岩倉の植生」『洛北岩倉誌』岩倉北小学校創立20周年記念事業委員会，p.306-385，1995
32) 京都市公害対策室『京都市植生図』京都市公害対策室，1979
33) 深泥池七人会編集部会編著『深泥池の自然と暮らし』サンライズ出版，2008には，佐々木，高原両氏によるコラムと筆者記述部分に，岩倉に近い深泥池付近でマツが増え始める年代について記されている。ともに炭素14の年代測定をもとにした記述であるが，両者の年代には少し相違がある。しかし，遅くとも平安時代には京都周辺でマツが目立つ存在になっていたことは確かと思われる。
34) マツは典型的な陽樹で，裸地があれば真っ先に侵入してくるような樹木であり，貧栄養の土壌を好む。そうしたマツが増える環境がつくられ，それが長期にわたり維持されるには，人為的な連続的かつ相当強度な植生の利用が必要と考えられる。
35) 明治38（1905）年に作成された計画説明書で，近畿中国森林管理局に所蔵されている。
36) 京都府立総合資料館蔵
37) 中村治『京都洛北の原風景』世界思想社，2000などに収められた写真から，大正時代以降の岩倉の植生景観を垣間見ることができる。
38) 中村治編『洛北岩倉誌』岩倉北小学校創立20周年記念事業委員会，1995など

39) 小椋純一「岩倉周辺のシイ林の分布とその拡大について」『洛北岩倉研究』第4号, p.42-49, 2000
40) 黒田慶子「樹木講座8：ナラ枯れと樹木の健康管理」『樹木医学研究』14（2）, p.60-66, 2010 など
41) 浜田稔『マツタケ日記』浜田稔先生定年退官記念事業会, 1974
42)「みどろがいけ」ともいう。かつては美土呂池, 御菩薩池などと記された。
43) 上賀茂神社の古文書『賀茂別雷神社文書　第一』所収の「御泥池里百姓中請文」(慶長4〈1599〉年による)
44) 小久保勝幸編『神島』神島青年団, 1964
45) 谷口森俊「神島の植物群落学的研究」『三重県立大学研究年報』Vol.2 No.1, p.51-69, 1955 本文から, 本調査は1949年と1954年に行われた調査のまとめであることがわかる。
46) 三島由紀夫の『潮騒』執筆のための取材内容は, "潮騒"創作ノート"として, その一部が『決定版　三島由紀夫全集』(新潮社, 2001) に収録されている。
47) 神島は『潮騒』の中では歌島という島名になっている。
48) 東京女子大学民俗調査団『神島の民俗誌』東京女子大学民俗調査団, 2005
49) 鳥羽市史編さん室『鳥羽市史　下巻』鳥羽市役所, 1991
50) 上記註48
51) 江沢寛, 今福敬明「島の農業」『専修大学地理学研究会紀要』(5), p.23-29, 1959
52) 田辺悟, 田辺弥栄子『潮騒の島　神島民俗誌』光書房, 1980
53) 古老への聞き取りのなかでは, マツ林減少の原因が酸性雨との話も聞かれた。しかし, マツは遷移の初期の樹木であるため, マツ林の利用がなくなれば, 植生の遷移が進み, やがてマツは枯れてゆく運命にある。神島のマツ枯れの原因として酸性雨の影響があった可能性は否定できないが, 神島に限らず高度経済成長期以降急増したマツ枯れの背景には, 森林の放置化, またそれによる遷移の進行が根底にあると考えられる。
54) 太田猛彦ほか編『全国植樹祭60周年記念写真集』国土緑化推進機構, 2009 など

▶第2章

明治～昭和初期の植生景観

　前章では，過去約半世紀間の植生景観の変化やその背景について考えたが，ここではさらに溯って明治期から昭和初期の植生景観について考えてみたい。過去約半世紀間の植生景観の変化はきわめて大きなものであったが，さらに数十年溯った時代の植生景観はどのようなものであったのだろうか。古写真や文献類や古い地形図，また百年以上を生きた樹木の年輪をもとに，そのことを考えてみたい。また，明治期における植生景観変化の背景についても考えてみたい。

　なお，筆者は，前にも古写真や文献類や古い地形図をもとにして主に明治期の植生景観を考察したことがある[1)2)]が，ここではその一部も紹介しつつ，主にその後収集したり検討したりした資料などをもとに述べる。

2.1　古写真に見る明治～昭和初期の植生景観

　過去の植生景観を考えるうえで，写真はたいへんよい資料となる。前章では，1940年代以降の空中写真を多く参考にしたが，ここではそれよりも前の時代に地上から撮影された写真から，当時の植生景観を考えてみたい。筆者は，かつて写真帳などに残された幕末から明治期の写真をもとにして当時の植生景観を考察したが，ここではその後収集した大正から昭和初期の絵葉書や明治末期の砂防関係の写真帳の写真をもとに述べる。

　写真技術が日本に入ってきた幕末より，撮影される写真の数はしだいに増えてゆくが，大正から昭和初期の頃でも，山野の植生景観までも広く明瞭に写し，今日見ることのできるものは決して多くはない。それは，その当時，写真機を使える人はまだ限られており，今日のように誰でも多くの写真を手軽に撮影できる状況ではなかったためであろう。また，写真が撮影されても，後に廃棄されたり，収納庫の奥などに眠っていたりしているものも少なくないと思われる。そのため，今日見ることのできるものは，かなり限られたものになる。

第 2 章 明治〜昭和初期の植生景観　　57

とはいえ，名所などを中心に植生景観までも写した風景写真もかつて少なからず撮影されていることから，場所は限られる傾向はあるが，よく探せば第二次世界大戦よりも前の古い風景写真も少なからず見つけることができる。1990 年代のはじめの頃，筆者がそのような写真を探していたときは，今日のようなインターネットの環境もなく，そうした写真を探すのに苦労したが，今では古写真のよいデータベースがいくつもネット上で公開されており[3]，そのような作業もずいぶん容易になってきている。また，ネットオークションサイトには，多数の戦前の絵葉書などが出品されており，そのなかには，かつての日本の植生景観を知ることのできるものも少なくない。ここでは，まず，そうした古い写真の絵葉書から，大正から昭和初期の植生景観を見てみたい。

2.1.1　戦前絵葉書に見る大正から昭和初期の植生景観
1）大正末期から昭和初期の比叡山

写真 1 は，戦前（昭和初期）に現在の京都市左京区修学院のあたりから撮影された比叡山の写真の絵葉書である。比叡山は，山の上部に天台宗総本山の延暦寺があることなどから，京都周辺の山のなかでも全国的に古くからよく知られた山であり，こうした古い絵葉書の数も多い。それらの絵葉書の写真を比較することにより，そこに写った植生の変化などから，写真が撮影された年代を推定できる。この写真は，後述の大正末期から昭和初頭の写真よりもやや新しく，昭和 10（1935）年前後に撮影されたものと思われる。

写真の手前の方の植生としては，右手に大きなマツが 1 本見える。また，写真中央よりやや左下方にも，少し大きなマツが見える。それら 2 本のマツの間の下

写真 1　昭和初期の比叡山

写真2　現在の比叡山

方には，小さな落葉した木々が多く見られ，その少し先には竹林と思われる植生が広がっている。一方，写真左端の少し下方のあたりには，やや高い落葉樹を中心とした林が見える。これらの植生の状態から，この写真は初冬から春先の頃に撮影されたものであることがわかる。

　写真がそのような季節に撮影されたものであることから，比叡山の中腹から上にかけて所々に白く見えている部分は雪で覆われているところである可能性が高い。もしそうであれば，比叡山での積雪は，筆者の知る限りでは1mに達することはふつうないことから，写真で白っぽく見える部分は，わずかな雪で植生がほとんど覆われてしまうような低い植生の部分であると思われる。また，仮にそれらの白っぽい部分が雪ではないとしても，雪のように見える写真の状況から，そこは植生がきわめて低いところであることは間違いない。あるいは，一部には植生自体が少ない裸地状のところも含まれているのかもしれない。近年では，比叡山にはそのようなところが少なく，写真1と近年の写真（写真2）を比べると，その違いは明白である。なお，写真1が降雪期のものであれば，比叡山の森林上に雪が見られないことから，写真は降雪間もない時期のものではないことになる。

　写真に見える植生の高さは，対象の遠近について充分考慮する必要があるが，それがかなり低い場合には，被写体のきめの細かさによってある程度推定することができる。写真1の比叡山の白っぽい部分の周辺などには，薄い灰色のきめの細かい部分が広く見られるが，そのような部分も植生がだいぶ低いと考えられるところである。また，その部分が，冬場に薄い灰色に見えていることから，そこは落葉樹が中心の灌木林あるいは低木林ではないかと思われる。一方，山の尾根筋などの一部には，きめが荒く樹冠などが確認できる部分がある。そうした部分

の多くは黒っぽく，冬でも葉を落としていない常緑の樹木であると考えられる。写真中央から少し右上方の山の尾根筋のあたりに見えているそうした黒っぽい植生の部分も，筆者が知る範囲の時代のその付近の植生状況などから，アカマツが中心の林と思われる。また，写真手前の竹林や雑木林と比叡山との間には，黒から濃い灰色のきめの荒い（樹冠が明瞭な）植生の部分が見えるが，そこもやや樹高のあるアカマツ林と思われる。一方，山の上部のあたりには，後述の写真などから，スギやヒノキの人工林となっているところも少なくないと思われる。

なお，高木の樹木の植生高について詳しく検討する場合には，パソコン上で現況地形モデルを作成し，そこに指標となる樹木モデルを挿入して写真の視点からどのように見えるかを検討することなどにより，樹木の大きさをより正確に知ることもできる。その詳しい方法については，拙著[4]に記している通りであり，本書でも同様な手法で絵図に描かれた樹木の大きさを検討している（後述：3.2.3）。

ところで，写真の山の白っぽい部分の周辺などに見られる薄い灰色のきめの細かい部分の植生高であるが，それは具体的にどの程度の高さなのだろうか。それを考える一つの手がかりとして，山道の見え方がある。たとえば，写真3は写真1の比叡山の上部を拡大したものであるが，それをよく見ると，写真中央のあたりを中心に，薄い灰色の部分に多くの山道が縦横に見えているところがある。そのあたりに，かつて大きな林道があった形跡などはなく，人が通れるほどの決して特別広くはない山道やその法面が見えているものと思われる。そのような状況は，植生の高さが2m前後かそれにも満たないほどの低いものであることをうかがわせる。なお，薄い灰色の部分がすべてそれと同程度の植生高かどうかは，もう少し慎重に検討する必要があるが，写真のきめの細かさからも，全般にさほど高い植生でないことは明らかである。

一方，尾根筋などのアカマツ林と思われるところほど濃くはないが，やや濃い灰色の部分が多い山頂付近にも，上下方向に山道が見えるところがある。その付

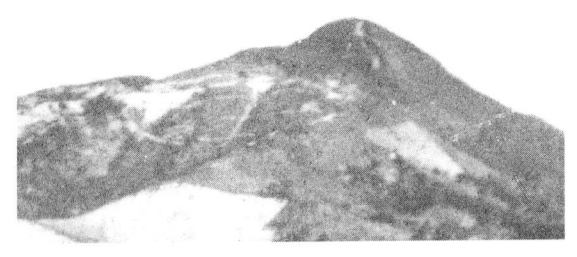

写真3　写真1の比叡山上部

近はヒノキなどが植林されてしばらく経ったところで、近くの薄い灰色のきめの細かい部分の植生よりも樹高が少し高くなっていると思われるところであるが、それでも樹冠が山道をまだあまり覆っていない程度の木の大きさであることがわかる。

写真4は、比叡山の京都側のケーブルカー完成間もない大正末期から昭和初頭に、比叡山の西側の山なみから撮影されたものである。冬枯れの樹木が多く見えることから、これも冬期に撮影されたものと思われる。この写真は、写真1の比叡山の左方に当たるところであるが、ケーブルカーの線路が通る谷状のところを中心に撮影されているため、写真1と共通に見えるところはほとんどない。

この写真の山の最下方(写真の手前)には、冬枯れの落葉した木々が多く見られるところがあり、それを取り巻くように常緑樹の多い林がある(写真では黒っ

写真4 大正末期頃の比叡山ケーブルカー路線付近 (1)

第 2 章 明治〜昭和初期の植生景観

ぽく写っている)。その常緑樹の高木は，樹形からマツが多いように見える。その樹高は，ケーブルカーの線路の軌間 (1.067 m)，ケーブルカーの高さ (3 m あまり)，線路横に点々と見える柱 (6 m あまりと考えられる) などとをもとに考えると，高いものは十数 m あることがわかる。一方，山の最下方の落葉樹は，樹高は高いものでも 10 m に達するものはなく，その樹形から台場クヌギ[5]，またはそれと同様な仕立て方をされたコナラやアベマキなどの落葉広葉樹が多いように見える。その林床が白っぽく見えるところは，きわめて低い草地で，拡大して詳しく見ると，その斜面上部のあたりに羊のような動物が多く集まっているように見えることもあり，また樹木密度も低いことから，林内放牧が行われていたところではないかと思われる。

常緑樹は，写真最下部付近の他に，谷の下部や山の中腹などに，ややまとまって，あるいは散在して見えるところがある。その樹高はさまざまで，樹種は樹形からアカマツと思われるものが少なくないが，谷筋などにはスギやヒノキの植林かと思われるところもある。写真をよく見ないとわからないが，写真左上の山の最上部のあたりには，常緑樹が植樹されて間もないと思われるところが少なからず見られる。

写真中央付近から少し下方および右手の部分には，一部に常緑樹も散在するものの，落葉樹を中心とした木々の林が広がっている。一見草原のように見えるかもしれないが，拡大して詳しく見ると，写真中央よりも少し下には地上部をほとんどすべてきれいに伐採されて間もないと思われるところがある。またそのすぐ左方や少し離れた右手には，台場クヌギ林と思われる林が見られる (写真 5 は，

写真 5　写真 4 の中央部付近

その付近を拡大したもの)。それらの台場クヌギ林は，写真最下部付近のものに比べると密度が高く，台木[6]上の若い樹木部分が伐られて間もないものも少なくないように見える。その台木周辺の植生は概して台木よりもかなり低い。台場クヌギの台木の高さは，この地域ではふつう数十cmから1m台であることから，その台場クヌギ林付近の植生高さは2mにも満たないところが多いものと思われる。一方，写真4の中央よりも少し上のあたりなどには，台場クヌギの台木の高さとの比較などから，高いものは5～6m前後と思われる落葉樹の林も見られる。写真では確認できないが，それらの林も台場クヌギ林である可能性がある。

写真4には，上記のような常緑樹および落葉樹の林も見られるが，ケーブルカーの線路添いや写真の右上方などには，草か灌木からなる低い植生のところが広く見られる。なお，線路添いのところで，とくに白っぽく見えるところの一部には，ケーブルカーが開通して間もない時期であることから，工事の関係で裸地化しているところもあるかもしれない。

写真6も，やはり比叡山の京都側のケーブルカー完成間もない大正末期から昭和初頭に撮影されたと思われるものである。ケーブルカーの離合所の近くから撮影されたもので，手前にはケーブルカーの路線付近の地表の状態が詳しく見える。そこには低い草などが見えるが，視界を遮るような高さの草木はない。また，写真右上には，写真のきめの細かさなどから，大部分の植生の高さがせいぜい2m前後しかないと思われる草地か灌木地のような植生が広がっている。

←写真6　大正末期頃の比叡山ケーブルカー路線付近 (2)

↓写真7　昭和初期の比叡山頂

第2章 明治〜昭和初期の植生景観

写真8 昭和初期の比叡山上部とそこからの眺め

　写真7と写真8も，昭和初頭頃に撮影されたと考えられる絵葉書の写真で，そこには比叡山上部の様子が詳しく写っている。そのうち，写真7は比叡山頂上の写真で，学校の生徒と思われる人物も多数写っているが，その付近の大部分はかなり丈の低い草本類で覆われているように見える。ただ，写真の手前右方に後ろ向きに立っている人物のあたりには，その人物の持つ杖よりもやや低いススキが少し見える。その付近の草丈はやや高く，高さが数十cmほどのところが多いように見える。また，その後ろ向きの人物の右手には，樹形や葉の形などからアカマツではないかと思われる低い樹木が少し見られる。また，写真の左端に近いところには，灌木らしき植生がややまとまって見られるところがある。

　一方，写真8は，比叡山の山頂から京都側に少し下った道沿いから，少女や少年らが景色を眺めているところが写っている。カメラと人物の間のあたりは，岩や山道の部分を除けば，さほど高くない草が地面を覆っているところが多い。一方，それらの人物の右手や左下方に見える山の稜線付近には，植樹後まだ数年しか経っていないと思われるヒノキらしき若木が多数見える。遠方の植生の状況はほとんどわからないが，写真の左端中央より少し下のあたりには，草木がほとんどないために山の尾根筋が白く見えているところが少しある。かつて比叡山南西の山の尾根筋付近には，ハゲ山が見られるところがかなりあり，その付近は比叡アルプスと呼ばれていたが，これはその一角と思われる。

　なお，後の旧版地形図や文献からの考察（2.2.2, 2.3.1）でも明らかなように，京都側から見える比叡山には，高木の樹木の少ない時代が長く続き，かつてそこには柴草地が広く存在していた。そうした植生景観は，絵図類の考察から，少な

くとも室町時代後期に遡るものと考えられる。昭和初頭は，そうしたかつての比叡山の植生景観の名残がまだ残っている時期ではあったが，スギやヒノキの植林がなされるところが増えてゆくなど，大きな変化が始まっている時期でもあったことが，こうした写真の考察からも確認できる。なお，写真には見えないが，比叡山上部の滋賀県側にある延暦寺周辺には，うっそうとしたスギ林のあるところもあった。

2) 昭和初期頃の嵐山

写真9は，戦前の絵葉書で，京都の嵐山とその麓を流れる桂川，またそこに架かる渡月橋を写したものである。写真の年代は，橋脚の状態から，橋が昭和9 (1934) 年に架け替えられる前のすべて木造のものと見られることなどから，昭和初頭頃に撮影されたものと考えられる。写真が撮影された季節は，手前のマツの枝の下などに見える嵐山に落葉の木々が多く見え，一部に白く咲いた花をたくさん付けているように見える木々があること，またその一方，川岸近くに浮かぶ筏に組まれた丸太や陸地などにうっすらと雪が積もっているように見えることから，まだ木々が芽吹く前の春のはじめの頃と思われる。

写真で，山にとくに白く写っているのはサクラかもしれないが，雪が見えるような時期であることから，それはサクラよりも早く開花するタムシバ（モクレン科）かもしれない。渡月橋の上方などに見える薄い灰色の木々は落葉樹で，写真ではその樹種までも詳しくわからないが，その当時はカエデやサクラがまだ多く見られたことが当時の調査記録からわかる[7]。一方，比較的黒っぽく見えるのは常緑樹で，やはり当時の記録などから，その樹種としてはアカマツが多かったも

写真9　昭和初期の嵐山

第 2 章 明治〜昭和初期の植生景観　　　　　　　　　65

写真 10　近年の嵐山

のと思われる。写真やや右上方、手前に見えているマツの幹と枝の間には、山の稜線付近にうっすらとマツの高木が連なっているのが見える。

　この写真からも、昭和初期頃、嵐山のあたりは全般にサクラやカエデなどの落葉広葉樹やアカマツなどの高木で覆われていたところが多かったものと思われるが、近年の写真（写真 10）と比べると、樹冠の大きさなどから、当時の嵐山の樹木は、近年の樹木よりも小さいものが多かったもと思われる。とくに、写真 9 でサクラかタムシバの花がまとまって見えるあたりの植生は、その付近の木々の樹冠の様子などから、樹高数 m 程度のさほど高くない木々が多いように見える。

　なお、写真 10 は、2003 年のサクラの花の時期に撮影したもので、山の下方や上部に少し見える白い部分はサクラの花である。近年では、川沿いの歩道のあたりなどを除き、嵐山にはサクラは少なくなっている。写真に見える山の樹木には落葉樹が多いが、そこにはケヤキやエノキなどニレ科の樹木が目立つ。

　写真 11 も戦前の絵葉書の写真で、渡月橋から上流にある大悲閣（千光寺）に至る嵐山山麓の川沿いの道のあたりを写したものである。左方、対岸には天龍寺

写真 11　嵐山山麓の遊歩道付近（戦前）

裏山の亀山の一部が見えていることから，だいぶ大悲閣寄りのところであることがわかる。写真右手には，人が立ち止まらずに行き交える程度の，さほど広くない道に一人の人物が両端に大きな籠をかけた天秤棒をかついでいる姿が写っている。また，その道沿いには，少し斜めに傾いたマツが数多く見える。それらの木々は人物から少し離れているため，人物との単純な比較はできないが，大きな木は胸高直径 60 ～ 70 cm 前後，樹高 20 m 前後はあるのではないかと思われる大きさに見える。また，対岸の急な斜面の上部にも，明るくて見にくいが，比較的大きなマツと思われる樹木が数多く見られる。

　京都周辺などでは，かつては名所や一般の里山にマツ林がよく見られたが，この嵐山の写真もそうした過去の植生の状況をよく示すものである。また，嵐山の場合は，一般の里山とは異なり，明治以降の森林保護政策により樹木が大切に扱われてきたこともあり[8]，この写真に見られるような大きな樹木の森林になっていったものと思われる。その一方で，手をあまり加えない形の森林保護により，植生の遷移が進み，この昭和初期にはマツ枯れなども顕在化してきていた。当時，嵐山を管轄していた大阪営林局が，減少しつつあったマツやサクラを守るためなどに，当時の嵐山の植生の現況などを調べ，『嵐山国有林風致計画』(1933) をまとめることになった背景には，そうした遷移の進行があった。

3) 昭和初期頃の知恩院裏山

　写真 12 は，京都市東山区にある浄土宗の総本山，知恩院の本堂のあたりを中心に写した戦前の絵葉書の写真である。この絵葉書は，島根県松江市から山梨県東山梨郡日下部村に送られたもので，1 銭 5 厘の切手（昭和 6 年までの郵便葉書送料）の上に昭和 5 (1930) 年 4 月 11 日と見える消印があることなどから，その撮影年代は大正末期から昭和初頭頃と考えられる。

　写真には，一部に葉を落とした木が見られることから，これも冬期に撮影されたものであると思われる。しかし，そうした落葉樹はほとんど見られないことから，そこに見える樹木の大部分は常緑樹と考えられる。一見するだけではわかりにくいが，よく見ると，写真の森林部分の中心からやや左方に，大きなマツの木が一本見える。写真 13 はそのあたりを拡大したものである。そのマツの木（円内）のすぐ右手には，そのマツよりも少し低いと思われるスギらしき大きな針葉樹（黒っぽいところが多い）が少しまとまって見える。山の稜線のあたりの樹木は，

第 2 章　明治〜昭和初期の植生景観

↑写真 12　大正末期から昭和初頭頃の知恩院裏山

→写真 13　写真 12 の森林の一部

写真 14　近年の知恩院裏山

樹形からほとんどが高木のマツと思われる。一方、山の中腹の大きなマツやスギと思われる木立の左方や下方には、常緑広葉樹と思われる高木が多く見られる。

それらの常緑広葉樹は、大阪営林局が昭和初期に行った調査記録[9]などから、シイが多く含まれているものと考えられる。この知恩院裏山のあたりも、上記の嵐山と同様、当時大阪営林局が管轄する国有林であった。そのため、やはり明治期から樹木の伐採などが厳しく制限され、樹木が高木化する一方、植生の遷移が早くから進行した。今日では裏山にはマツはなくなり、その大部分は大木のシイを中心とした森林に変わっている（写真 14）。

4）昭和初期頃の六甲山

　京都周辺の例ばかり見てきたので，違う場所の例を少し見てみたい。写真15〜18は戦前の絵葉書で，神戸の市街地の背後にある六甲の山並みの上部や，その山の上部からの眺めを撮影したものである。詳しい撮影年代の特定は難しいが，写真の説明の表記などから，すべて昭和初期頃のものと思われる。なお，六甲山地の最高峰は標高931 mの東六甲山であるが，大小の山からなる六甲山系の山並みを総称して六甲山と呼ばれることが多く，下記の絵葉書の写真でも特定の山塊を「六甲山」と称しているわけではない。

　ここで取り上げる写真のうち，写真15〜17は六甲の山並みの最上部のあたりを写したものである。写真15では，一人の中学生くらいの年齢かと思われる少年が山の上部に座り，遠くを眺めている様子が写っている。その少年が向いている方向（写真右手）には，鋭くとがった岩山が見える。そこにはさほど大きくないマツと思われる樹木が一部に列状，あるいは群状に見えるところもあるが，山

写真15　昭和初期頃の六甲山（1）

写真16　昭和初期頃の六甲山（2）

第 2 章 明治〜昭和初期の植生景観

写真 17 昭和初期頃の六甲山 (3)

の大部分にはそうした樹木はなく，地表を覆う植生は全体的に乏しいように見える。

　一方，その少年のすぐ左手には，数十年の樹齢かと思われるやや大きなマツの木が見える。その樹形から，だいぶ年月を経た木であると思われるが，少年から近いところにあると思われるその樹高は，根本が見えないものの，さほど高くはないように見える。そのマツの左手には，やや離れて冬枯れの樹木が見える。樹種の特定は難しいが，アカマツ林にも多いコナラなどの落葉樹と思われる。そのさらに左方にはマツの枝葉が見える。また，写真手前の地上部には，確認できる草木はわずかしかない。そこにはツツジ科の樹木かと思われる灌木も見えるが，冬枯れの時期で，やはり葉を落としている。

　写真 16 は，また別の六甲の山なみの上部を写したものである。写真には，一部にマツなどの植生も見えるが，ほとんど草木のない山の斜面が広く写っている。何らかの原因で崩落したように見えるその部分は急斜面の花崗岩地帯で，植生の定着が容易でないところのように思われる。写真中央付近に山上から斜めに伸びる植生の部分は，崩落を免れたところであろうか。その写真中央のあたりから下方では，樹高の低い樹木が群生しているように見える。また，写真の右手中央付近から下方にかけて，また写真下部中央のあたりにも，やはりさほど樹高が高くない樹木が群生しているところが見える。また，写真の左下端付近には，比較的近景のため，より大きく見えているようではあるが，やや樹高の高いマツを含む木立が見える。

　一方，写真上部に見える六甲の山並みの上部（裸地でないところ）には，低い

写真 18 昭和初期頃の六甲山からの眺め

マツらしき樹木がわずかに見えるところもあるが，山道の見え方などから，大部分は丈のかなり低い草で覆われているように見える。

　写真17は，「六甲山頂の雄姿ノ一」と題された絵葉書の写真であり，これもまた別の六甲の山並みの上部を写したものである。この写真の左下端のあたりなどには，低い草木が見えているところもわずかにあるが，写真は全体的には植生もまばらな岩の多いハゲ山を写したものとなっている。

　写真18は，その絵葉書のタイトルの通り，六甲山より大阪方面を遠望したものである。写真に見える山の地形や海岸線との関係から考えると，六甲山系の東部，その最高峰から北東へ400mほどの地点から撮影されたものであろう。その写真中央付近から左方にかけては，地肌がむきだしのところが多い山並みが目立つ。現在の芦屋市北部にあたるところである。また，同様な山地は，写真の右端中央のあたりにも少し見える。また，写真の手前に見える山地の斜面には，さほど大きくない樹木などの植生がそれなりにあるようではあるが，そこにも草木のない裸地が少なからず見える。前掲の六甲山の写真にも，岩や裸地と思われる部分が広く見られたが，この写真から，それは六甲の山並みの最上部付近に限ったことではなかったことがわかる。

　一方，写真中央よりも少し右下方のあたりには，なんらかの植生がほぼ全面的に山を覆っているところがある。東お多福山と思われるその部分の植生は，写真の撮影地点から1kmあまりしか離れていないにもかかわらず，樹木の樹冠などがほとんど確認できないため，草原的な植生のように見える。実際，その山には，かつてススキの優占するかなり広い草原があったことが，聞き取りや文献などからも確認されている[10][11]。それによると，戦後初期まで屋根葺き用材や肥料や飼料確保のため，そこでは毎年草の刈り取りが行われていたようである。

2.1.2 明治後期における愛知県尾張地方の砂防工事写真

　写真19～22は，『愛知県砂防工事写真帖』と題された写真帖に収められた写真の一部である。その写真帖は，筆者が偶然古書店で見つけたもので，明治44 (1911) 年頃にまとめられたものと思われる[12]。そこには愛知県東春日井郡と愛知郡における砂防工事の前後の写真が，計20枚収められている。どれも似たような写真で，今では見られないかつてのハゲ山と，その砂防工事後の写真である。

　写真19は，写真の説明によると，場所は尾張国東春日井郡旭村大字今字裏山で，その地の砂防工事着手前の状況を明治40 (1907) 年4月9日に撮影したものである。尾張国東春日井郡旭村は，今の愛知県尾張旭市で，名古屋市の北東に隣接する。

　写真には，小高い山の上に4人の人物が写っている。そのため，その辺りのスケールはよくわかるが，人物と比較できる植物は稀で，ほとんどが裸地状態である。人物の後方には，人物から数十mくらい離れたところであろうか，1本のやや大きいマツと思われる樹木が見えるが，はっきりと高木と認められるのは，そのマツだけである。写真の左上方や右端中央のあたりには，谷の下部にマツなどの常緑樹と思われる木々がややまとまって見られるところもあるが，その面積はわずかであり，またその植生の高さは概して低いように見える。

　写真20は，明治43 (1910) 年10月20日に，写真19と同じところをほぼ同じ視点から撮影したものである。3年前までは浸食が激しく植物の定着もままならなかった山の斜面を整地し，たいへん多くの樹木などが等高線状に植えられているのがわかる。写真19の人物をスケールにして見ると，植えられた木々で大きいものは人の背丈前後に達しているものと思われる。植栽から3年ほどを経て，

写真19　愛知県砂防工事写真
(旧尾張国東春日井郡旭村大字今字裏山，1907年)

写真20　愛知県砂防工事写真
（写真19の地の3年後）

概ね順調に緑化が進んでいるように見える。

　写真21〜22も，写真19〜20と同じく現在の愛知県尾張旭市の一角の写真で，写真21は砂防工事着手前の状況を明治40（1907）年4月19日に撮影したもの，写真22は，明治41（1908）年8月1日に，同じ所をほぼ同じ視点から撮影したものである。

　写真21には人物も写っておらず，樹木の大きさなどがわかりにくいが，写真22の植栽されて間もない草木の大きさから，さほど大きな樹木はないことが確認できる。写真21には，一部にそうした樹木が点々と，あるいはややまとまって生えているところが見えるが，山地の大部分はほとんど草木のない浸食の激しいハゲ山である。なお，一部に見える樹木は，4月中旬の撮影時期にかなり黒っぽく写っていることや樹形などから，マツなどの常緑樹が多いものと思われる。

　その1年後の写真22には，近景も詳しく見え，そこにはアカマツなどの樹木とともに，ススキと思われる草も等高線状に多く植えられていることがわかる。植えられた樹木などはまだ小さく植栽後間もないとはいえ，ここでも概ね順調に緑化が進んでいるように見える。

　以上，ここで少し紹介した明治後期の愛知県砂防工事写真に見られるようなハゲ山地帯は，かつて日本のどこにでも見られたというわけではないが，ここで取り上げた愛知県尾張地方の他に，近江（滋賀県）や山城（京都府南部）や上記の六甲山系を含む瀬戸内海沿岸地域などでは珍しくなかった。その様子は，全国植樹祭60周年を記念した写真集[13]などにも収められている。

第 2 章 明治〜昭和初期の植生景観　　　　　　　　　　73

写真 21　愛知県砂防工事写真
（旧尾張国東春日井郡旭村大字
今字裏山，1907 年）

写真 22　愛知県砂防工事写真
（写真 21 の地の 1 年後））

2.2　文献類に見る明治期の植生景観

　古い時代の文献類の記述から，過去の植生景観を明らかにすることはなかなか容易ではない。たとえば，古くは，魏志倭人伝には倭国の樹木などが十数種記されているが，そもそも記されている植物種の解釈も人によって異なるものが少なくない。また，そこに記された樹木などが，倭国のどの地域に，どれくらい，どのように存在したかも全くわからない。

　あるいは，残された文献類も多い江戸時代などについては，より簡単に分かりそうなものではあるが，ある場所に存在した樹種などがある程度わかったとしても，木々の大きさや種組成，あるいは木々の密度などまではなかなか知ることはできない。

　しかし，明治になると，山々の植生についても記した全国的な地誌が編纂され

たり，詳しい近代的地形図作成に伴って植生についても記録されたりするようになり，それまでよりも詳しく文献類から植生についての情報を得ることができるようになる。ここでは，そうした明治期の文献類からわかる当時の植生景観について，いくつかの例を紹介したい。

2.2.1 京都市北部岩倉周辺における明治期の植生景観

　京都市の北部郊外，左京区岩倉は，前章でも取り上げた地域である。そこは昭和24（1949）年3月までは京都府愛宕（おたぎ）郡岩倉村であったが，溯ると，それは明治22（1889）年に岩倉村，中村，長谷（ながたに）村，幡枝（はたえだ）村，花園村の5つの村が合併してできた村であった。岩倉は，京都市北部郊外の小さな盆地状の地域で，南東部を除くほとんどを標高180 m 前後〜530 m あまりの山で囲まれている。今では市街地化が進み，人口も増えてきているが，元はのどかな農村地域であった。

　その周辺山地の明治期の植生景観を知る文献資料として，『京都府地誌』[14]がある。それは，明治10年代の中頃に太政官の全国的な地誌編纂事業の一環としてすすめられていた『皇国地誌』の京都府部分の副本で，正本は関東大震災の際に焼失したが，京都府部分の副本はそのほとんどが残り，『京都府地誌』と名付けられている。それには，記述はさほど詳しくはないものの，たとえば，主な山についてはその植生の概要が，また森林については樹種や総樹木数やその高さが記されるなど，山や森林についての具体的な記述があり，それによってそれが記された明治10年代の岩倉の山の植生景観を考えることができる。表1は，その『京都府地誌』に記された岩倉の山と森林についての記述を抜粋してまとめたものである。

　そのうち，まず山についての記述を見てみたい。『京都府地誌』に記された岩倉の山の数は限られ，また，そこに記されている山には，今日のどの山を指しているかを特定しにくいものもあるとはいえ，そこに記された山の位置などの説明からすると，それらの山々は岩倉周辺の主なもので，『京都府地誌』に記された岩倉の山の記述は，全体ではかなり広範囲にわたる山地についての記述と考えられる。

　その具体的な山の植生についての記述のなかには，「樹木繁生ス」（岩倉村／岩倉山）と表現され，そこに高木が茂っている可能性を示唆する記述も1つ見られるが，その他の山については，「山中喬木ナシ唯柴茅ヲ生ス」（長谷村／御所谷山），

第2章 明治〜昭和初期の植生景観

表1 『京都府地誌』に記された岩倉の各村の山と森林

村名	山/森林	京都府地誌の記述
岩倉村	山	岩倉山：一名西谷山高サ六十間周囲凡二里村ノ北ニアリ嶺上ヨリ五分シ東ハ長谷村ニ属シ西ハ野中村市原村ニ属シ北ハ静原村ニ属シ南西ハ本村ニ属ス登路一條…(中略)…樹木繁生ス
	森林	智弁谷皆越林：官ニ属ス村ノ西南ニアリ…(中略)…三間半以下松杉檜樅樫及ヒ雑木六千四百七十六株
		実相院林：官ニ属ス村ノ北ニアリ…(中略)…三間以下松檜樫及ヒ雑木七百九十一株
長谷村	山	御所谷山：村ノ東北ニアリ高サクク周囲凡一里半全山ヲ三分シ西北ハ本村ニ属シ東ハ八瀬村ニ属シ南ハ花園村ニ属ス…(中略)…山中喬木ナシ唯炎茅ヲ生ス
		大谷山：一名具吹ケ嶽村ノ北ニアリ高サクク周囲凡三里嶺上ヨリ三分シ北ハ静原村ニ属シ東ハ岩倉村ニ属ス東南ハ本村ニ属ス…(中略)…全山喬木ナシ
	森林	丸丘林：村ノ西北ニアリ官ニ属ス以下同シ…(中略)…一間以下松雑木凡六百九十五樹
		虎杖谷林：…三間以下松雑木九百二十一株
		北蔵日向林：…二間以下松雑木凡四百八十三株
		小松原林：…二間以下松凡二万二百八十株
花園村	山	大谷山：高サ五十丈周囲一里村ノ東北ニアリ嶺上ヨリ三分シ東南ハ八瀬村ニ属シ西ハ本村ニ属シ北ハ長谷村ニ属ス…(中略)…樹木稀少
		小谷山：高サ七十丈周囲一里九町村ノ東北ニアリ嶺上ヨリ二分シ南ハ本村ニ属シ北ハ長谷村ニ属ス山脈長谷山ニ連ル樹木稀少
幡枝村	山	御所ケ谷山：高サ詳ナラス周囲十一町村ノ南稍東ニアリ…(中略)…矮松生ス
		此它下山(村ノ辰巳位ニアリ)、長代山(西北ニアリ)、明神山(西ニアリ)、大別当山(南ニアリ)：共ニ卑小ナレハ略ス亦矮松生ス

「全山喬木ナシ」（長谷村／大谷山），「樹木稀少」（花園村／大谷山，小谷山），「矮松生ス」（幡枝村／御所ケ谷山，此它下山，長代山，明神山，大別当山）と記され，それらの山には高木（喬木）はなかったか，たとえあったとしても，それはかなり稀であったことがわかる。

なお，「樹木繁生ス」と記されている岩倉山は，『京都府地誌』の記述から考えると，それは今では箕裏ヶ岳と呼ばれている山を指しているものと考えられる。『京都府地誌』から数年後に測図された地形図からの考察（後述：2.3.1）も含めて考えると，当時その山には比較的小さなマツが多かったと考えられることから，「樹木繁生ス」との記述は，高木が多く茂っていることを意味しているのではなく，高木はあったとしても少なく，高木ではない樹木が多く茂っていることを意味している可能性が高いように思われる。こうして，明治10年代の岩倉付近の山の植生は，矮松（おそらく人の背丈にも及ばないようなきわめて樹高の低い小さなマツ）や柴といった低木類や茅などの草の茂るところが多かったものと考えられる。

次に，『京都府地誌』の森林に関する記述から，明治10年代の岩倉の森林につ

いて考えてみたい。なお，そこに記されている森林（すべて官林）の面積については，表中では省略しているが，11町1反7畝歩（約11 ha）という岩倉村の智弁谷皆越林を除けば，他は1～3 ha程度の比較的小さなものであり，岩倉全体の山地のなかでそれらの森林の占める割合はかなり小さいということができる。

その森林についての具体的記述としては，「三間半以下松杉檜樅樫及ヒ雑木六千四百七十六株」（岩倉村／智弁谷皆越林），「三間以下松檜樫及ヒ雑木七百九十一株」（岩倉村／実相院林），「三間以下松雑木九百二十一株」（長谷村／虎杖谷林）というように"三間半（約6.3 m）以下"，あるいは"三間（約5.4 m）以下"の樹木からなる森林が比較的多いが，なかには「二間以下松雑木凡四百八十三株」（長谷村／北蔵日向林），「二間以下松凡二万二百八十株」（長谷村／小松原林）のように"二間（約3.6 m）以下"のものや，「一間以下松雑木凡六百九十五樹」（長谷村／丸丘林）のように"一間（約1.8 m）以下"といったものもある。また，その森林の樹種としては，マツが多く，他にはスギやヒノキやモミやカシなどがあったことがわかる。

なお，岩倉村の智弁谷皆越林と実相院林については，『愛宕郡社寺境内外区別取調帳』（明治16～18〈1883～1885〉年，京都府地理掛）[15]の実相院の山（同取調帳では「山岳」と記載されている）の項目のなかで，さらに詳しく記載されている（表2）。そこに記された智弁谷と皆越の森林と万年丘の森林の樹木の本数が，『京都府地誌』の智弁谷皆越林と実相院林の樹木数と一致していることから，それらの森林にあった樹木数についての『京都府地誌』の記載は，『愛宕郡社寺境内外区別取調帳』がもとになっていると考えられる。

『愛宕郡社寺境内外区別取調帳』では，智弁谷と皆越の森林も万年丘の森林もともに，"但目通1尺以上"（目の高さの木の周囲が1尺〈直径約10 cm〉以上）と記された比較的大きな樹木にはマツが多かったこと，智弁谷と皆越の森林ではマツ以外の比較的大きな樹木としてはスギが多かったこと，また，智弁谷と皆越の森林では，"但目通1尺以下"と記された比較的小さい樹木もマツの割合が大きかったが，万年丘の森林では，そのような樹木としてはヒノキの割合がかなり大きかったことなどがわかる。

一方，智弁谷と皆越の山の樹木数と万年丘のそれを比べると，面積が大きい智弁谷と皆越の山の方がその数ははるかに多いが，単位面積あたりの樹木数でみると，両者にはさほど大きな違いはないことがわかる。ただ，万年丘の森林では，"但

表 2 明治 10 年代における岩倉の主な森林

場所	智弁谷と皆越		万年丘	
面積	11町1反6畝歩		1町2反3畝26歩	
樹木総数	6476本		791本	
樹木の内訳	松 1600本	但目通1尺以上	松 55本	但目通1尺以上
	松 2900本	但目通1尺以下	松 109本	但目通1尺以下
	杉 76本	但目通1尺以上	杉 2本	但目通1尺以上
	杉 175本	但目通1尺以下	檜 22本	但目通1尺以上
	杉 508本	但目通1尺以上	檜 595本	但目通1尺以下
	杉 664本	但目通1尺以下	樫 3本	但目通1尺以下
	樅 19本	但目通1尺以上	雑木 5本	但目通1尺以上
	樫 14本	但目通1尺以上		
	樫 30本	但目通1尺以下		
	雑木 159本	但目通1尺以上		
	雑木 331本	但目通1尺以下		

『愛宕郡社寺境内外区別取調帳』より。

"目通1尺以上"と記された比較的大きな樹木の単位面積あたりの数は，智弁谷と皆越の山の森林の約3分の1しかない。また，万年丘の森林では，"但目通1尺以下"と記された比較的小さい樹木の単位面積あたりの数は，智弁谷と皆越の山の森林のそれと比べると約1.5倍多く，智弁谷と皆越の森林に比べると小さい樹木が全体的には多かったことがわかる。

以上の森林に関する記述から，明治10年代の頃の岩倉周辺の森林の主な樹種はマツであり，またスギやヒノキが多く見られるところもあったが，そこには今日の森林と比べると全般的にかなり小さい樹木が多かったことがわかる。そして，そうした森林が岩倉周辺の山地部に占める割合は小さかったことから，明治10年代の岩倉周辺の山々には，かなり低い木々や草の茂るところが多かったものと考えられる。

2.2.2 比叡山の明治期の植生景観

ここでは，先に古写真からの考察でも取り上げた京都の比叡山について，文献類からその明治期の植生を考えてみたい。京都東山の北方にある比叡山の標高は848 mで，高さでは西の愛宕山（924 m）に少し及ばないものの，京都の町からの距離が近いために愛宕山よりも高く大きく見えるところが多い。京都府と滋賀県にまたがるその山の上部には延暦寺があり，古くからその山に登る人が多かった山である。

先の古写真をもとにした考察からも明らかなように，その比叡山のかつての植

生は，今とはかなり異なり，高木の森林で覆われているところは少なかったが，今日ではそのほとんどが高い樹木から成る森林で覆われている。今日の森林の種類としては，コナラなどの落葉広葉樹を中心とした林もあれば，スギやヒノキの人工林もある。森林ではないところは，ケーブルカーの路線付近や，山の稜線部などを南北方向に走るドライブウェー，あるいはたまに伐採されるスギ・ヒノキの人工林跡地などの一部に過ぎない。そのため，いくつかある登山道の大部分も，そのほとんどが高い木々に覆われ，山登りの途中に京都の町などの展望を楽しむことはほとんどできない。また，山の下方などから，そうした登山道を見ることももちろんできない。

しかし，かつての比叡山の植生が今とは大きく違っていたことは，その登山経験をもとに書かれた明治後期の小説の描写からも知ることができる。

1）『虞美人草』に記された比叡山の植生景観

『虞美人草』（明治40〈1907〉年）は，夏目漱石が東京朝日新聞社に入社して最初に書いた新聞小説である。ここでは，その小説から，明治後期の比叡山の植生について少し考えてみたい。小説は絵画に似たところがあり，空想の世界も描けるものなので，一般的にはそれを文献的に扱うのは問題がある。しかし，扱う小説がその筆者が直接見た状況をもとに書かれている場合には，人の視点から見える植生の状況が詳しく，また生々しく描かれることも少なくないと思われる。

漱石は『虞美人草』を新聞に連載し始める二箇月余り前，明治40（1907）年4月9日に比叡山に登っている。その日の日記の冒頭部分には，「叡山上リ。高野より登る。轉法輪堂。叡山菫。草木採集。八瀬の女。…」とある[16]。「叡山」の名のつく叡山菫（エイザンスミレ）は，比叡山だけに見られるものではなく，本州以南の山地に広く自生するスミレではあるが，よくあるタチツボスミレなどとは異なり，葉がやや大きく，またその葉が細かく切れこむという特徴がある。植物に少し詳しい者であれば，その名の由来となった比叡山で，そのスミレを初めて見つければ，はっとして関心を寄せることになるのは容易に想像できる。また，漱石は草木の採集も行っていることから，比叡山の植物や植生に少なからず関心を持っていたことがわかる。これらのことから，『虞美人草』は小説ではあるが，それは，植物にも大いに興味を持っていた漱石が比叡山に登った体験をもとにして書かれているものであり，明治後期の比叡山の植生を考える一つの資料

第2章 明治～昭和初期の植生景観

となるものと考えられる。

そこで、『虞美人草』のなかで比叡山の植生に関係する記述を見てみたい。たとえば、その小説の冒頭の部分では、二人の男が比叡山に登る様子が描かれているが、そこには簡単ではあるが比叡山の植生の状態に関する描写がある。次はその小説の一節で、いよいよ比叡山の麓から山を登り始めるときの様子である。

　　「おおい」と後れた男は立ち留りながら、先きなる友を呼んだ。おおいと云う声が白く光る路を、春風に送られながら、のそり閑と行き尽して、萱ばかりなる突き当りの山にぶつかった時、一丁先きに動いていた四角な影ははたと留った。

ここでは、山を登り始める時に見える比叡山を「萱ばかりなる山」と表現している。萱（茅）とは屋根を葺く草の総称で、山地などに生えるススキや水辺に生えるヨシなどがあるが、ここで漱石が萱と表現したものは山地でよく見られるススキを指していると思われる。また、上記の一節の直後には「二人の影は、草山の草繁き中を・・・（中略）・・・小径のなかに隠れた。」とあり、二人の男が通った比叡山山麓の登り口付近は草山と表現されている。

次に、登りはじめてしばらくした山の中腹では、山麓に白く光り輝く高野川の両側に鮮やかに花を咲かせた菜の花畑が広がる様子などが次のように描かれている。

　　・・・甲野さんは細い山道に適当した細い体躯を真直に立てたまま、下を向いて「うん」と答えた。
　　「そろそろ降参しかけたな。弱い男だ。あの下を見たまえ」と例の桜の杖を左から右へかけて一振りに振り廻す。振り廻した杖の先の尽くる、遥か向うには、白銀の一筋に眼を射る高野川を閃めかして、左右は燃え崩るるまでに濃く咲いた菜の花をべったりと擦り着けた背景には薄紫の遠山を縹緲のあなたに描き出してある。
　　「なるほど好い景色だ」と甲野さんは例の長身を捩じ向けて、際どく六十度の勾配に擦り落ちもせず立ち留っている。・・・

この記述部分では，植生についての直接的な描写はないが，当時の比叡山中腹の山道付近に視界を遮るような高い樹木がなかったか少なかったこと反映した記述と思われる。これは，たまたま山に登るのに少し疲れて立ち止まった山の中腹でのことであるが，その少し後の記述では，大きな粗朶（柴）の大束を頭に載せた女が，生い茂る立ち枯れの萱をごそつかせながら山道を降りてくる様子や，その女の家かもしれない藁葺きの家が麓に見える光景が次のように描かれている。

　　百折れ千折れ，五間とは直に続かぬ坂道を，呑気な顔の女が，ごめんやす
　　と下りて来る。身の丈に余る粗朶の大束を，緑り洩る濃き髪の上に圧え付
　　けて，手も懸けずに戴きながら，宗近君の横を擦り抜ける。生い茂る立ち
　　枯れの萱をごそつかせた後ろ姿の眼につくは，目暗縞の黒きが中を斜に抜
　　けた赤襷である。一里を隔てても，そこと指す指の先に，引っ着いて見え
　　るほどの藁葺は，この女の家でもあろう。

　この一節などからも，登山道沿いはススキが茂るかなり明るい環境であり，大きな樹木がないか，あったとしても僅かであったものと思われる。ただ，女が身の丈に余る粗朶（柴）の大束を頭に載せて降りてきていることから，山の上方のどこかには，そうした丈のやや高い柴の茂る場所もあったと考えられる。なお，「生い茂る立ち枯れの萱」との記述は，漱石が比叡山に登った4月はじめの頃の，まだその年の草が伸びず，前年の立ち枯れたススキが残っている状態をよく表現している。
　また，山の頂上がだいぶ近くなってきたところでの休息の様子として，次のような記述もある。

　　「…ああ随分くたびれた。僕はここで休むよ」と甲野さんは，がさりと
　　音を立てて枯薄の中へ仰向けに倒れた。
　　「おやもう落第か。口でこそいろいろな雅号を唱えるが，山登りはから駄
　　目だね」と宗近君は例の桜の杖で，甲野さんの寝ている頭の先をこつこつ
　　敲く。敲くたびに杖の先が薄を薙ぎ倒してがさがさ音を立てる。

　この休息の様子を描いた部分でも，「がさりと音を立てて枯薄の中へ仰向けに

倒れた。」とか，「杖の先が薄を薙ぎ倒してがさがさ音を立てる。」といった表現が見られる。このように，この小説では比叡山の麓から山頂まで，その山道沿いはススキが多く，見晴らしのよい明るい環境として描かれている。大きな樹木はないか，あったとしても稀であったものと思われる。

『虞美人草』で，比叡山の植生として高木の樹木が記されるのは，山を登り詰めてからである。それについては，次のように描かれている。

> 草山を登り詰めて，雑木の間を四五段上ると，急に肩から暗くなって，踏む靴の底が，湿っぽく思われる。路は山の背を，西から東へ渡して，たちまちのうちに草を失するとすぐ森に移ったのである。

これは，比叡山を京都から滋賀県側（近江）に越えて延暦寺の森に入った様子を描いている箇所である。この延暦寺の森は，京都の町の側からは見ることができないところにあるが，そこは，それまでとは異なり，草はなくなり高いスギの木々に覆われていた。

以上のように，明治後期に書かれた『虞美人草』から，当時，草山あるいは草山的植生が多かった京都側の比叡山の様子が登山者の視点から見えてくる。ただ，『虞美人草』から直接的あるいは間接的に知ることのできる植生景観は，登山道沿いの部分が中心である。また，『虞美人草』は，その筆者の登山体験をもとにしたものとはいえ，あくまでも小説なので，そこに描かれた植生の状況は，ある程度脚色がある可能性は否定できない。そのため，『虞美人草』の記述は明治後期の比叡山の植生を考えるうえで参考になると思われるものではあるが，当時の比叡山全体の植生をしっかりと考えるには，先述の古写真や後述の旧版地形図などからの考察も含めて総合的に考える必要がある。

2）『京都府地誌』に記された比叡山の植生

『虞美人草』よりも二十数年溯るが，先にも取り上げた『京都府地誌』（明治14〈1881〉年〜明治17〈1884〉年）には，比叡山の植生の様子が簡単ではあるが記されている箇所がいくつかある。それには，比叡山の植生の様子として，次のような記述が見られる。

『全山巨樹森林ナシ只榛莽生ス』(愛宕郡),『山上榛荊ヲ生ス』(八瀬村),『山中巨樹少ナク唯榛荊ヲ生ス』(修学院村),『全山榛莽多シ松杉疎生ス』(一乗寺村)

比叡山は,京都府では旧愛宕郡(おたぎ)にあり,またその山がいくつかの村にまたがっていたために,上記のようないくつもの記載が見られるのである。これらの記述は,きわめて簡単なものではあるが,これらを総合すると,明治10年代中頃の比叡山には,一部にマツやスギなどの樹木がまばらに生えているところもあったようであるが,巨樹や森林と言えるようなものはほとんどなく,大部分が榛莽(しんぼう),あるいは榛荊(しんけい)と称されるような植生であったと考えられる。

榛莽の意味について,たとえば『広辞苑』では,「草木の乱れ茂ったところ。しんもう。」とある。榛莽について述べている他の国語辞典にも似たような説明が多く見られるが,それらの説明では,榛莽がどのような植生かを理解することは難しい。また,榛荊については,『広辞苑』では,「①いばら。荊棘。②いばらの生い茂った所。雑木林。」とあるが,これもいばらばかりの所なのか雑木林なのか理解することは難しい。しかし,榛莽とか榛荊という用語は,当時はもっと具体的な植生を意味していたものと考えられる。

たとえば,旧版地形図の明治33年式図式について解説している『地形測図法式』[17]という測量の教科書には,「榛莽地ハ矮小ナル雑樹ノ集合漫生スル土地ヲ云フ」との記述がある。その記述からは,榛莽はかなり丈の低いさまざまな木本植物の集合と理解することができる。一方,『漢字源』では,「榛」の意味として,「雑木や草の乱れのびるさま。また,そういう場所。」,「莽」の意味として「くさ。おおいかぶさる雑草。また,くさ深い野。」と説明されている。また,榛荊の「荊」の意味としては,「いばら。」(『漢字源』),「とげのある小木の総称。うばら。」(『広辞苑』)と記されている。また,前述の『虞美人草』からの考察なども含めて考えると,明治前期頃の榛莽とか榛荊と称された植生は,かなり丈の低い雑樹や雑草,あるいはイバラ類が生い茂る場所であったと考えられる。それをより簡単に表現すれば,「柴草地」ということになろう。その柴草地の柴と草の割合は,ほとんどが柴のところもあれば,草の割合が大きかったところもあるなど,さまざまであったと思われる。

なお,榛莽とか榛荊と称された植生に含まれる柴(低い樹木)の高さについては,

『京都府地誌』よりも数年後になるが，比叡山南方山中の山中村の人々が，比叡山上部の京都府と滋賀県の府県境の西方部分（現在の京都市左京区一乗寺の一部）の官林21町（約21 ha）余りの下柴の払い下げを大阪大林区署長に求めた関係の文書が参考になる。大阪大林区署は後の大阪営林局，現在の近畿中国森林管理局である。明治23（1890）年1月28日のその関連の文書には，次のような記述がある。

　字比叡山ノ内官林下柴ノ儀ハ，滋賀県部下ノ下柴ト同一視スルモノニ無之，該地ハ滋賀県部下ニ接続ノ地ト雖モ，□シテ有名ナル四明嶽ニ接シ，風雨激烈ニシテ，下柴等ノ類ハ発育充分ナラザルノミナラズ，小笹ト下柴トノ混生ニシテ品質良シカラズ，滋賀県部下ノ下柴払下高（箇）所ノ品質トハ其差異甚シク…（中略）…滋賀県ニ属スルノ部分ハ，柴ノ長サ四尺乃至五尺，該官林ノ部分ハ弐尺乃至三尺迄ニシテ，品質善良ナラズ

　この記述から，明治の中頃，比叡山上部の京都府側の柴草地は風雨激烈で下柴等の発育は充分ではなく，小さなササと柴との混生で，その高さは2尺から3尺（約60 cmから約90 cm）とかなり低い植生であったことがわかる。一方，京都府側とは品質が大きく異なる滋賀県側の柴の高さは，4尺から5尺（約120 cmから約150 cm）であった。ここで記されている箇所は，山の中腹の尾根筋付近が中心と思われるため，植物の生育がより悪かったのかもしれないが，これらの記述から，当時の比叡山の柴の高さは，高くても人の背丈にも及ばないほどものであったのではないかと思われる。

2.2.3 【参考】比叡山の草原的植生の歴史

　ここでは，主に明治期の植生景観について文献類をもとに考察しているが，比叡山の草原的な植生が，いつ頃の時代から見られたものなのかについて少し触れておきたい。古い文献に，それに関する直接的記述を見つけることは容易ではないが，そのことを考える手がかりはいろいろある。たとえば，山の呼称もその一つである。

　江戸時代の名所案内などによると，比叡山（日枝山）は当時「都の富士」とも呼ばれていた。たとえば，『都花月名所』では，比叡山について次のように記されている。

都富士　　　日枝山
　　　愛宕の鳥居又洛陽堀川一条より見れば駿河の富士にひとしとて都のふじと
　　　いふ

　『都花月名所』は，18世紀末の寛政年間における京都の名所案内であるが，そ
こでは上記のように比叡山は「都富士(みやこのふじ)」とされ，日枝山(ひのえやま)はその別名となっている。
この記述からもわかるように，その名は見る位置によっては山の形が富士山に似
ていることからつけられたものであることがわかる。
　しかし，比叡山が富士山のような形に見える場所はごく限られている。「都の
富士」と呼ばれたより大きな理由はもっと別にあったのではないかと思われる。
そのことを示唆する別の名所案内の記述例を次に二つ示してみたい。

　　　比叡の山は，本朝七高山の其ひとつにして，諸山のつかさなりといへり。
　　　殊には王城の丑寅にあたりて春猶雪を残す。依て都の富士といふ。
　　　　　　　　　　　　　　　　　（『名所都鳥』巻第一，17世紀末の元禄年間）

　　　比叡山　　春ニ及ヒテ残雪有リ。古ヨリ都ノ富士ト称ス。
　　　　　　（『擁州府志』巻一【元は漢文体】，17世紀後期の貞享年間）

　これらの記述からは，その山がかつて「都の富士」と呼ばれた大きな理由として，
春にその山の上部に残雪が残っていたためであることがわかる。もちろん，今で
も比叡山の上部には春先まで残雪があることが多いが，今ではその残雪は森林に
隠れて遠方からは見ることはできない。そのため，山の形としては富士山のよう
に見えるところからでも，山の上部などが雪ですっぽりと覆われた，あの典型的
な富士山のような姿を見ることはできない。このことから，おそらく，江戸時代
の頃も明治の頃と同様，比叡山の植生は今日とは大きく異なり，少なくともその
山の上部付近は低い植生のところが多く，残雪が遠くからもよく見えていたもの
と思われる。
　一方，比叡山中腹の植生については，京都側からの主要な登山道である雲母坂(きららざか)
についての名所案内の記述に参考になるものがある。たとえば，18世紀初頭の
宝永年間頃に記されたと考えられる『山州名跡志』巻之五には，その道について

第2章 明治〜昭和初期の植生景観

次のように記されている。

　　雲母坂　鷺杜ノ北ニ在リ。是ヨリ叡山ニ至ル。此ノ坂王城ニ向フ諸山ノ中第一ノ高山ニシテ旦夕雲覆ヘリ。京師ヨリ是レヲ見レバ，此ノ坂雲ヲ生スルニ似タリ。仍テ雲母坂トコフ也。【元は一部漢文体】

　この記述によると，比叡山には朝夕雲がかかり，京都の町からそれを見ると，その坂道が雲を生んでいるように見えるため，それが雲母坂と名づけられていたという。もしそれが事実であるならば，雲母坂は京都の町からよく見えていたことになる。そしてそれは，比叡山の山麓から中腹のあたりについても，その山道の付近の植生はきわめて低いものであった可能性が高いことを示している。
　また，18世紀末寛政年間の『都花月名所』には，雲母坂について，「京師より四明嶽及中堂へ登る一路なり。半途に水飲といふ所あり。此辺まで萩多し。」と記されている。この記述から，寛政年間の頃もその道の付近では中腹の水飲というところのあたりまではハギが多く，明るい草原的環境であったことがうかがわれる。なお，『都花月名所』では，とくにハギを重視して記しているため，それに関する記述が多いが，そこには明治の頃と同様にススキなども多かったものと思われる。
　以上のように，文献類の間接的および直接的記述から，京都側から見える比叡山は，江戸時代を通して草原的植生のところが多かった可能性が高いものと考えられる。また，そのことは，江戸初期から後期にかけての絵図類の考察[18]とも矛盾しない。また，室町後期の洛中洛外図の考察[19]でも，京都側から見える比叡山には高木の樹木は少なかったと考えられる。
　さらに，この原稿を執筆中に，龍谷大学の土屋和三氏より，平安時代の日記にも同様なことがうかがえる記述があることを教えていただいた[20]。その日記は，中御門右大臣藤原宗忠の中右記で，その嘉承3（1108）年3月30日の日記には，次のような記述が見られる[21]。

　　今夜山之大衆下京，挙火下従山間如星連，雖下集西坂下，如検非違使武士於河原相禦之間不入洛，但京中騒動，佛法王法破滅之時歟，人々多参院内，有小所労，従夕方不能出仕也，如武士馳満道路，誠以有恐

この最初の部分は，（強訴のため）比叡山の多くの衆徒が，夜間京の都に松明の火を掲げて下るのが星の連なりのように見えたことを記したもの，と考えられる。その解釈が正しければ，平安時代後期の頃も，江戸時代などと同様な植生景観が比叡山に見られたことになる。これらのことから，おそらく遅くとも平安時代の後期，12世紀前半には，比叡山に広く草原的な植生景観が見られるようになっていたものと思われる。

2.2.4 『偵察録』に見る明治前期における関東地方の植生景観

明治10年代から20年代初期にかけて，関東地方や東海地方などでは2万分の1の詳しい地形図が作成されたが，その測図と併せて，それを補完する目的で『偵察録』[22]も作成された。それには，ある測図地域の男女別人口やその地の人々のくらし，あるいは森林の樹高や伐期など，地形図では示すことができないものも記されている。

『偵察録』の記述の詳しさは測図区域により大きな違いがあるが，その初期の地形図である関東地方一円を測図した『迅速図』の測図に際しては，詳しく記された区域が多く，その記録から明治10年代の関東地方の植生についての情報も多く知ることができる。

なお，『偵察録』をもとにした植生についてのより詳しい考察は，かつて筆者がまとめたもの[23]にあるが，ここではその一部概要を記す。

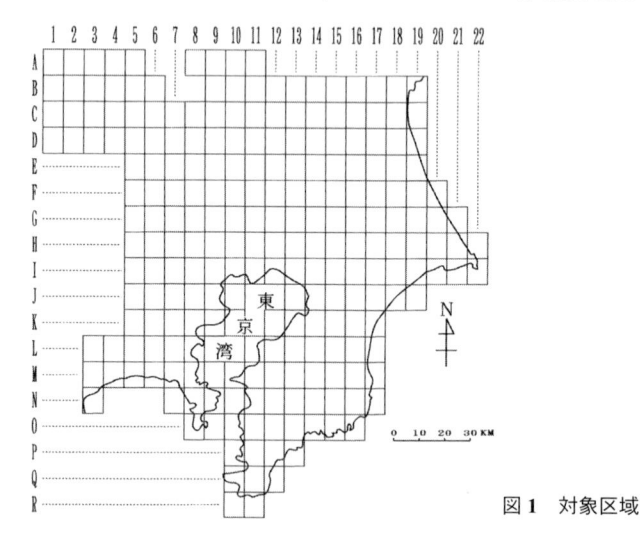

図1　対象区域

1) 対象区域

ここで対象とするのは，関東地方のうち，図1で示した縦長の方形の集合部分に含まれる区域である。これは，迅速図の測図区域であり，また『偵察録』が記録された区域でもある。図1中の小さな方形の一つ一つは，その測図・記録単位である。以下において，『偵察録』の記載箇所など，対象区域内の位置を示すときは，図1の方形の区域を単位として，《 》記号を用いる。たとえば，《1・A》は，対象区域の左上端の部分を示す。《 》内に《1・A，2・A》のように2つの測図区域があるのは，『偵察録』に2つの測図区域がまとめて述べられている場合である。

2) 広範に見られた低植生景観

『偵察録』には，「牧場或草地」，「荒蕪地」，「樸叢[24]」〔柴草地〕，「篠叢」，「灌木地」といった概して視界を遮ることのないような低い植生についての記述も見られる。その数は，森林についての記述に比べるとさほど多くはないが，後述の旧版地形図からの考察でも触れるように，そうした低植生地の面積は，丹沢山地や房総丘陵，あるいは筑波山付近などの丘陵・山地を中心に，当時の関東地方に結構広く存在していたことがわかる。

『偵察録』では，そうした低植生地について，たとえば「能満原ハ極メテ広ク満野皆草地ニシテ唯稀ニ小松林ノアルノミ故ニ遠ク之ヲ望メハ平坦渺漠トシテ涯ナク宛モ草海ヲ見ルカ如シ」（《14・K》，「牧場或草地」に関する記述），「三波川村ノニ連ナル山脈ハ樹木少ナク雑草多シ故ニ展望数里ニ達ス」（《1・D》，「荒蕪地」に関する記述），「草地樸叢地ナルモノハ殆ント不毛地ト云可キモノニシテ山頂ヨリ山頂ヲ越テ尚数百ノ渓谷ヲ展望ス可シ…」（《15・O》，「樸叢」に関する記述）といった記述が見られる。これらの記述から，そうした低植生地では，草原あるいは草原的植生が広く見られたことがわかる。なお，樸叢地は，迅速図で「樸叢」とされているところについての『偵察録』の記述，あるいは迅速図の製図法を記した『兵要測量軌典』[25]を検討することにより，柴草地を意味するものと考えられる。

低植生地が多かった背景

関東地方のように雨量が充分あり温暖な地では，人間や動物などによる何らかの圧力がない限り，一般に植生は樹高の高い森林へと遷移すると考えられるため，

明治前期に低い植生景観が広く見られた背景には，そうした遷移を阻止する人間などによる何らかの大きな圧力があったことが考えられる。

それに関して，『偵察録』では，迅速図で「荒蕪地」とされている山について「高津堂山・・・（中略）・・・近村ノ秣場タリ」《4・D》，また，「牧場或草地」や「樸叢」とされている山について「物見山・・・（中略）・・・近村ノ秣場ニシテ・・・」《5・F》と記されている。また，房総丘陵の一部については，「草地樸叢山ハ早春年々焼悉シ肥灰トナシ・・・」《15・O》との記述も見られる。また，『偵察録』とほぼ同時代の文献である『武蔵国郡村誌』[26]や『神奈川県皇国地誌残稿』[27]にも，迅速図で「牧場或草地」，「樸叢」，「荒蕪地」とされているところが，「秣山」とか「秣野」といった地名となっている例がいくつも見られる。また，下総台地や房総丘陵などにあった牧場については，家畜の圧力が草原の維持に大きく寄与していたであろうことは言うまでもない。これらのことからすると，丘陵や山地の場合，草や灌木の刈り取りや山焼き，あるいは放牧といった直接または間接の人為的圧力によって，草地や灌木地などの低い植生景観がつくられていた場合が多かったことが考えられる。

3）明治前期における関東地方の森林景観

明治10年代の関東地方には，草地や灌木地などの低植生地も少なくなかったが，農地以外の植生としては，森林が最も大きな割合を占めていた。ただ，『偵察録』の記述などから，その森林の状態は，今日とはかなり大きく異なるものであったことがわかる。

『偵察録』の森林に関する記述は少なくないとはいえ，上記の『京都府地誌』の記述と同様に比較的簡単なものが多い。しかし，それらを抽出し概観すると，官林や社寺周辺，あるいは民家周辺や路傍には，しばしば普通には見られない大きな樹木があったことがわかる。そのため，それらを一般の森林と分けて考えることにしたい。

i　一般の森林の景観

『偵察録』によると，官林などの一部の特別な森林を除く一般の森林には，「巨樹ノ森林蔭翳（いんえい）」《6・G》，「樹木（・・・）大小相半ス」《11・G》《12・H》，あるいは，「間々広闊ナル喬木林〔高木林〕アリ」《8・K》〔〔〕内は現代語訳；以下同様〕といった

第2章 明治～昭和初期の植生景観

ものも一部あったが,「小樹」《2・B》《5・I》《10・C》《13・P》《14・J》《14・K》,「樹木(···)小」《7・H》《11・H》《12・F》《13・F》《14・G》,「籬笆〔生け垣〕ノ大」《5・C》《10・B》,「喬木林 ··· ナシ（ナク）」《5・G》《6・H》《8・F》《12・F》,「薄弱小林」《7・G》《9・I》,「荊蕀林若クハ小材林」《9・F》《12・G》《12・H》,「大樹ナシ（ナク）」《10・C》《11・C》《11・L》《12・D》《14・F》《15・F》,「森林ノ称ヲ付スヘキ者ヲ見ズ」《7・G》,「森林ト称スベキ者一モ無シ」《10・H》などと表現されるものが多かったことがわかる。

また，その全体あるいは部分が「灌木」《6・G》《6・I》《6・J》《7・H》《8・H》《9・I》《10・H》《12・G》《12・H》《15・K》《15・M, 16・M》《16・L》《17・B》《18・C》《18・D》,「稚樹」《6・F》《8・H》《9・I》《10・M》《12・M》《13・I, 14・I》《14・L》,「荊藤林」《8・K》,「叢樹」《6・I》《9・H》,「矮樹」《11・H》と表現され，その樹高が概して相当低かったと思われるものも少なくない。『偵察録』の記述からすると，そうした森林は，対象区域の北東部や房総丘陵の一部などにも見られたが，武蔵野付近など，東京から比較的近いところでは，とくに多かったものと考えられる。

その具体的な樹木の大きさについて『偵察録』に記されているものとしては，ほとんどが「高五米〔m〕或ハ十米（松杉），高二米ヨリ四米（楢）」《4・M》〔（）内は対象となっている樹種；以下同様〕,「目通リ一尺乃至五尺許（杉），目通リ三尺許（松）」《8・A》,「見通一尺ヨリ二尺（松杉）」《8・H》,「高サ四ヨリ六米突（楢樽）」《8・I》,「目通リ一尺乃至三四尺許（楢椚松杉）」《10・A》,「目通リ二尺以下（松）」《10・D》,「目通リ一尺乃至三尺（松）」《10・E》,「大ハ平均壱丈乃至二丈小樹五尺乃至壱丈（松）」《11・F》,「樹高ハ大概四米突余ヲ過クルモノ稀（松）」《13・G》,「樹高ハ四米突ヲ過クモノナシ（松）」《13・J》,「丈ケ壱丈乃至壱丈五尺（松）」《14・F》,「丈ケ壱丈五六寸回リ一尺乃至 2 尺（松）」《14・F》,「樹高ハ皆四米突以上ノ大木少ナク···（松）」《14・J》,「大抵十米突以下（松）」《14・J》,「回リ壱尺乃至壱尺五寸丈ケ壱丈五尺乃至弐丈弐三尺（松），丈ケ七尺乃至五尺四五寸（楢椚）」《15・F》,「丈ケ三丈回リ壱尺七八寸（松），丈ケ壱丈弐三尺回リ八寸乃至壱尺壱弐寸（楢椚）」《15・F》,「目通リ三四尺（松）」《15・K》といったものがある。これらの記述から，官林や社寺林などを除く一般の森林の樹高は，ふつう高くても 10 m で，4 m 以下の森林も多かったものと考えられる。

なお，一般の森林の樹高として,「大ナルハ四十米突〔m〕小ナルハ三四米突（松杉樽楢）」《7・G》と巨木の存在を示すとも読み取れる記述が 1 箇所ある。その記述からは,「大ナルハ四十米突（大きなものは 40 m）···」と読み取ることもで

きるが，他の一般の森林についての記述から考えると「大ナルハ四～十米突（大きなものは 4 ～ 10 m）・・・」との意味である可能性が高いように思われる。

一方,「丈ケ七尺乃至五尺四五寸（楢椚）」《15・F》との記述が正しければ，ナラ・クヌギ林が七尺（約 2.1 m）から五尺四五寸（約 1.6 m）といった，かなり低い林が一般的であった地域があったことになる。なお,『偵察録』には，その大きさになるのにクヌギは植え付けから 13 から 14 年，ナラは 17 ～ 18 年と記されている。そのように，かなり樹高の低い森林は，上述のように,「灌木」あるいは「稚樹」などと表現される森林が少なくなかったことなどから，地域によってはさほど珍しいものではなかったのかもしれない。そして，そのような林は，ナラ・クヌギ林にはとくに多く見られたものと考えられる。

一般の森林の樹木の太さについては,「見通」,「目通リ」,「回リ」などと記されている"目通り"が,「三四尺」《15・K》といったものもあるが，ふつうマツで 1 尺から 2 尺，ナラ・クヌギではそれよりもさらに小さいことが多かったものと考えられる。なお，"目通り" とは，現在ではふつう「立木の，目の高さに相当する点の直径。」（『広辞苑』）との意味とされるが，『偵察録』では，樹高との関係や，それと同様な意として使われているように見える "回リ" や "囲" などの言葉からすると，それは目通り周囲を意味しているものと考えられる。

ところで,「松杉ハ長大ニシテ楢木ハ小ナリ」《5・F》,「松ハ稍々大樹アリ」《5・H》,「老松ノ楢中ニ散生」《6・G》などの記述から，マツやスギには比較的樹高の高いものがあった地域があったことがわかる。また,「樹木ハ松椚等ニテ大小相半ス」《11・G》,「松椚等混合林ニシテ樹木大小相半ス」《12・H》の記述についても，マツが大でクヌギが小であった可能性が大きいことが考えられ，対象区域の森林には，比較的低いナラ・クヌギの林に，比較的高いマツやスギが点々と，あるいはまとまって見られるような地域も珍しくなかったものと思われる。

以上のことを総合すると，明治前期における関東地方の一般の森林は，地域によりある程度異なっていたとはいえ，概してそこには低木がかなり多く，ナラ・クヌギ林の大部分はそうであり，また，マツ林にもそうしたものが少なくなかったものと考えられる。そうした低木の樹高は，ふつう 2 ～ 4 m 程度までのところが多く，また，地域によっては 2 m に満たないところもあった。また，低木の太さは "目通り" が 1 尺（直径約 10 cm）前後までのものが多かったものと考えられる。

一方，マツやスギにはしばしば高木のものもあり，それらが全般に低い林のな

第 2 章 明治～昭和初期の植生景観　　　　　　　　　　　　　　　91

かに点在したり，あるいは，まとまって存在したりしたところも少なくなかった。そうした樹木の太さは，"目通り"が 2 尺から 4 尺（直径約 20 cm から 40 cm）程度までのものが多かったが，その樹高が 10 m に至るものは少なかったものと考えられる。

　一般の森林景観の背景
　明治前期の関東地方の一般の森林の大部分は，大木が少なく，また地域によっては相当樹高の低い森林が広く存在するなど，今日のものとは大きく異なるものであったと考えられるが，そうした森林景観の背景についても，『偵察録』から読み取ることができる。
　たとえば，『偵察録』には，森林の用途について，簡単ではあるが多くの記載がある。そのなかには「築材ハ樅松槻アリ」《4・L》，あるいは「林内ニ生スル樹木ハ大概建築及薪炭ノ用ニ供ス」《10・D》というように，一般の森林に建築用材となる樹木があったことがわかるところも一部にはあるが，「雑林繁茂シアルモ主ニ薪用ニ供スル楢椚等ノ樹木タリ」《7・I，8・I》，「森林ハ波動地ヲ掩蔽シ概ネ薪炭用ノ松林」《14・F》など，森林が主として薪炭供給のために使われていたことを示す記述が対象区域のほぼ全域にわたって多く見られる。そのことから，明治 10 年代における関東地方の森林の主要な用途は，用材ではなく薪炭であったと考えることができる。
　また，『偵察録』には，「森林・・・（中略）・・・薪トナシ東京ニ輸出」《10・C》《11・C》など，薪炭が物産として出荷されていたことを示す記述が，対象区域のほぼ全域にわたって数多く見られるため，薪炭が不足しない地域では，それが東京や横浜などに売られていたところが多かったものと考えられる。
　森林の伐期は，『偵察録』によると，マツやスギなどでは，50 年から 100 年といった記述（《1・B》《13・E》《14・E》），あるいはそれに類したものもいくつか見られるが，それらは建材用などの特別なものである場合が多い。『偵察録』をもとに，明治前期における関東地方の一般の森林の伐期をまとめると，マツの場合，伐期が 20 年から 30 年程度のところが多いが，ナラ・クヌギ林では 15 年から 30 年程度のところもある一方で，4 年から 10 年とかなり短いところも少なくない。
　一方，「建築ニ用ユヘキ木材即チ松杉及ヒ竹類ハ多クハ居住地ノ周囲ニアルモノヲ用ユ然レトモ其不足ハ山林ヨリ之ヲ資リ故ニ山林中処々ニ斬伐セスシテ成長

セシムルモノ亦不尠」《12・L，12・K》，あるいは，「松樹・・・（中略）・・・素上ノ宜シキヲ見テ建築ノ用ニ供スル者隅々アリ」《13・D》といった『偵察録』の記述から，一般の森林中にマツやスギなどが選択的に建築用材として残される地域があったことがわかる。

ⅱ　官林の景観

　『偵察録』の官林についての記述を総合すると，その面積については，それが数里にわたるような広大なもの（《3・L》《14・N》《14・O》）や「其広サハ該地ノ過半ニシテ一千有余町」《13・N》といったものもなかにはあったが,「五反九畝余」《4・C》,「面積千四百十坪」《5・L》,「広袤大略一町許」《8・M》,「一丁歩余」《14・L》,「概ネ狭小ニシテ挙クルニ足ラス」《15・K》といった比較的小さなものが少なくなかった。そして，対象区域中で官林の占める割合は，一部の地域を除けば概して小さかったことがわかる。

　一方，その森林の樹木の大きさについては，たとえば，「枸栗〔ブナ〕其他樅ノ類老樹鬱密ニ繁蔚」《3・L》,「大松樹最モ多シ」《5・M》,「松杉ノ老木多シ」《8・M》,「大樹繁茂」《14・J》,「巨大ノ樹木多シ」《14・N》《14・O》などの記述から，官林には一般の森林にはない大木がしばしば多く存在したことがわかる。

　その樹種は，マツとスギが中心で，またヒノキが見られることも少なくなかった。その他の樹種で確認できるものとしては，「栗，ミヅ楢」《1・D》,「枸栗，樅」《3・L》,「槻，榎，椋」《5・L》,「樅，フナ〔ブナ〕」《13・C》,「樅」《13・N》《13・O》《14・N》《14・O》《15・N》がある。

　また，その樹木の樹齢としては，「七八十年生」《1・B》,「数百年ヲ経タルモノ」《3・L》,「凡ソ百年生」《4・A》,「凡百五十年ヲ経シ」《4・C》,「幾百年ヲ経過セシヤヲ知ルニ由ナキモノアリ」《13・N》,「百年生位」《17・M》といった数字が見られる。あるいは，そうした樹木の太さとしては，「大ナルモノ丈余小ナルモノ尺未満」《3・M》,「九尺前后ヨリ三尺前後」《5・L》,「一米突ヨリ四米突」《12・N》（いずれも目通り周囲と考えられる）という数字が見られる。

　このように，官林では，一般の森林には見られないブナやミズナラやモミやケヤキなどの大木が見られるところがあったことがわかる。また,『偵察録』の記述からは，社寺や民家の周辺，あるいは路傍にも，普通には見られない大きな樹木がしばしば見られたことがわかる（ここでは，それらについての詳しい説明は

略す)。しかし，同じ官林でも，その樹木が「建築ニ適スヘキハ僅ニ五分一」《11・M》,「樹木小ニシテ密」《13・F》,「或ハ樹木ヲ生シ或ハ荊棘等ヲ以テ成リ···」《15・L》といったところもあった。また，官有の山であっても樹木がなく,「山脈ノ顛頂一体ハ全ク雑草ノミヲ生茂」《8・A》といった状態のところも存在した。

そうした官林の管理・利用については,「伐採セス」《5・M》,あるいは「池水減少ヲ防クニ供スルノ林ナルヲ以テ伐木スルコトナシ」《7・I》といったところも見られるが，一方では「林内ハ年々下草ヲ芟除スルヲ以テ通過自在ナリトス」《4・A》,「年々之ヲ伐裁ス」《13・F》,あるいは「林空ニハ檜ノ苗木ヲ植付」《17・B》といったところも見られ，その形態は官林ごとに一様ではなかったようである。

2.3 旧版地形図に見る明治前期の植生景観

上述のように，古写真や明治期の文献類から，かつての植生について多くのことを知ることができる。しかし，たとえば明治の頃まで遡ると，植生景観までも広く知ることのできる写真はかなり少なく，もちろん飛行機から撮影した空中写真もない。また，文献類の記述から部分的な植生の状態はわかっても，その広がりなどまでも詳しくわからないことが多い。

しかし，明治前期には，植生についても詳しく記された地形図が作成されており，それは文献類の記述やわずかに残された写真からはわかりにくい当時の植生の状況を知る有力な資料となると思われる。ただ，その頃の地形図には，一見するだけではすぐにわかりにくい植生記号がいくつかあるため，そうした地形図から当時の里山などの植生景観をより詳しくとらえるためには，植生記号の不明な点を明らかにする必要がある。

ここでは，明治前期の頃に関西の主要部を測図した仮製地形図と，明治10年代の中頃を中心に作成された関東の迅速図を取り上げ，それらの植生記号についての不明な部分を明らかにした考察[28]の要点などを述べながら，地形図を中心に当時の関西や関東の植生景観について考えてみたい。

2.3.1 仮製地形図からの考察

明治17 (1884) 年から明治23 (1890) 年にかけて，大阪や京都や神戸などの近畿地方の主要部を測図した仮製地形図[29]は，明治期の近畿地方の植生景観を考

えるうえでの貴重な資料である。この地形図は，図幅の総数が94にも及ぶものであり，近畿地方を広範囲に測図した本格的な地形図としては最古のものである。

また，その記号数は293[30]にも及び，とくに植生については，森林をマツ林，スギ林，ヒノキ林，ナラ林・クヌギ林，雑樹林に分け，またその樹林の大小や正列か否かも区別され，これまで日本で作られてきた地形図のなかでは最も細かく分類されている。また，図中には0.1 haに満たない竹林や茶園も数多く記されるなど，仮製地形図には，植生図的な要素も多い。

しかし，仮製地形図には，記号表には見られない記号が見られる部分もあり，また，大小の森林の区別がどのようになされていたのかなど，植生記号に関して不明な部分がいくつかある（図2）。そのため，仮製地形図から当時の里山などの景観をより詳しくとらえるためには，そのような不明な点を明らかにする必要がある。

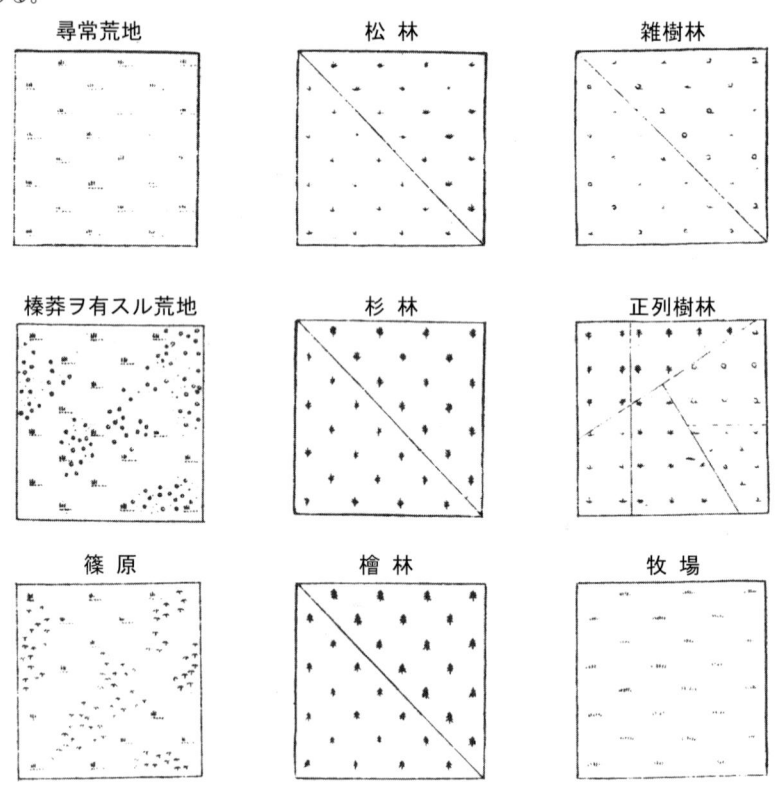

図2　仮製地形図の植生に関する記号の一部

1）仮製地形図の植生記号概念

　そのためには，たとえば先に取り上げた『京都府地誌』などの当時の文献に，不明な地形図の記載がある部分がどのように記述されているか，あるいは当時の写真の数はかなり限られてはいても，写真に写された場所が，地形図ではどのように表現されているかなどを考えることにより，そうした植生記号の概念や地形図上の植生記載の精度などを考えることができる。その考察の詳細はここでは省略するが，その植生記号についての主な考察結果は下記の通りである。

①仮製地形図において（以下では，この冒頭の言葉は省略する），「松林〈小〉」は，おおよそ3間（約5.4 m）または5 m 程度までのマツを主体とした林であるが，1間半（約2.7 m）程度以下の林も少なくなかった。また，そこには裸地などが見られることも珍しくなく，ハゲ山的な景観を呈していた所もあった。

②「松林〈大〉」は，おおよそ3間（約5.4 m）または5 m 以上のマツを主体とした林で，そこには他の樹種も含まれていることが普通であった。

③松林以外の森林においても，おおよそ3間（約5.4 m）または5 m 以上の森林は「某林〈大〉」とされ，それよりも低いものは「某林〈小〉」とされたものと考えられる。

④「土沙崩落山」の記号のあるところは，その記号がまばらな部分も含めて，概してハゲ山的な景観を呈していたところである。

⑤比叡山付近などに見られる仮製地形図の記号表にはない植生記号は，矮小な雑木を中心とした榛莽地であり，その高さはおおよそ5尺（約1.5 m）程度までのものであったと考えられる。

⑥「尋常荒地」の記号の部分は，人的管理の度合いの低い多様な雑草地であり，そこには矮小な樹木を混生することや裸地の見られることも珍しくなかったものと考えられる。ススキ草原[31]は，その一つの代表的な植生景観であった。

⑦「草地」の記号の部分は，人的管理の度合いの高い，概して均質かつ植生高のかなり低い草地と考えられる。シバ草原は，その一つの典型的な植生景観であったものと思われる。

⑧仮製地形図の植生の記載は，概して正確なものであるが，山地部の1 ha 程度以下の植生は省略されることが普通であった。

2) 仮製地形図に見る明治 22（1889）年における京都周辺の植生景観

これらの考察結果を踏まえながら仮製地形図を見ることにより，それが測図された明治 22（1889）年頃の京都周辺の植生景観は，かなり明らかなものとなる。

たとえば，図3は，仮製地形図の一部を拡大したもので，京都の北，岩倉西方の一部であるが，その山地の大部分には「松林〈小〉」の記号が見られ，「松林〈大〉」の記号となっているのは，岩倉村と記された左方（西方），図の中央付近の実相院などの寺社裏山のわずかな部分に過ぎない。このことから，当時その付近の山地には，マツ林が多く見られたが，そのマツ林の大部分は小さなマツを中心としたもので，その植生記号概念の考察から，その樹高は概して 5 m よりも低いものであったと思われる。

なお，先の文献からの考察では，仮製地形図よりもわずかに年代が早いが，明治 10 年代の半ば頃，岩倉周辺では矮松と称されるかなり低いマツが多く生えていたところが少なからずあり，またマツはあってもマツ林とは呼べないような低い植生のところが多かったと考えられる。そのため，岩倉付近で「松林〈小〉」の記号が見られるところのマツ林は，我々が今日「マツ林」という言葉から想像するものとは大きく異なり，かなり樹高の低いマツが多い植生であったものと考えられる。

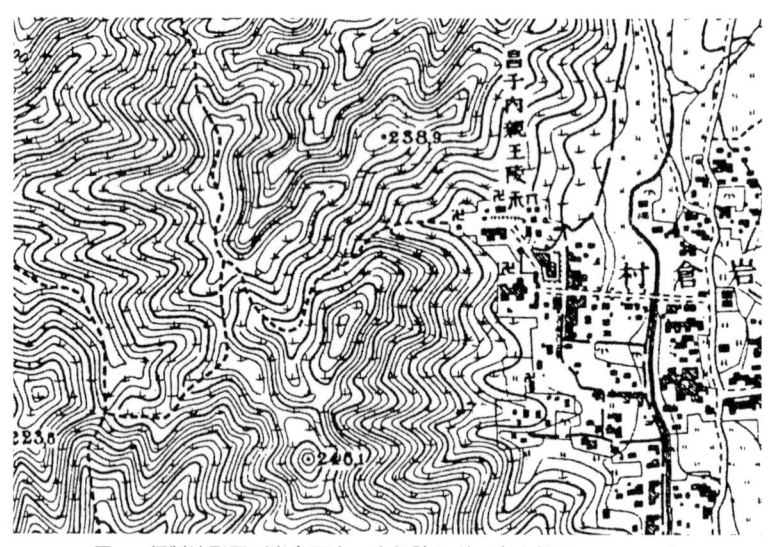

図3　仮製地形図（岩倉西方，実相院などの裏山付近，×152%）
本図は国土地理院の許可を得て複写掲載したものである。

第2章 明治〜昭和初期の植生景観

　図3に見える範囲は小さいが，このような仮製地形図の植生記載をもとに，当時の植生図を描くことができる。ここでは，仮製地形図の植生記号概念の考察結果を踏まえて作成した当時の京都周辺の植生図を少し紹介し，それぞれについて簡単に説明したい。なお，ここで紹介する京都周辺の仮製地形図は，すべて明治22（1889）年に測図されたものである。また，今回作成した植生図の凡例は，図4の右下の通りである。凡例では樹種名はカタカナとした。

①鞍馬から岩倉西部付近（図4）

　この図の北の端に近いところに鞍馬寺，図の南東端のあたりに岩倉村がある。上記の図3の範囲は，図4の右下端のあたりである。図4中央の付近を北から南に至る谷部には，仮製地形図には北から鞍馬村，二ノ瀬村，野中村，市原村の名

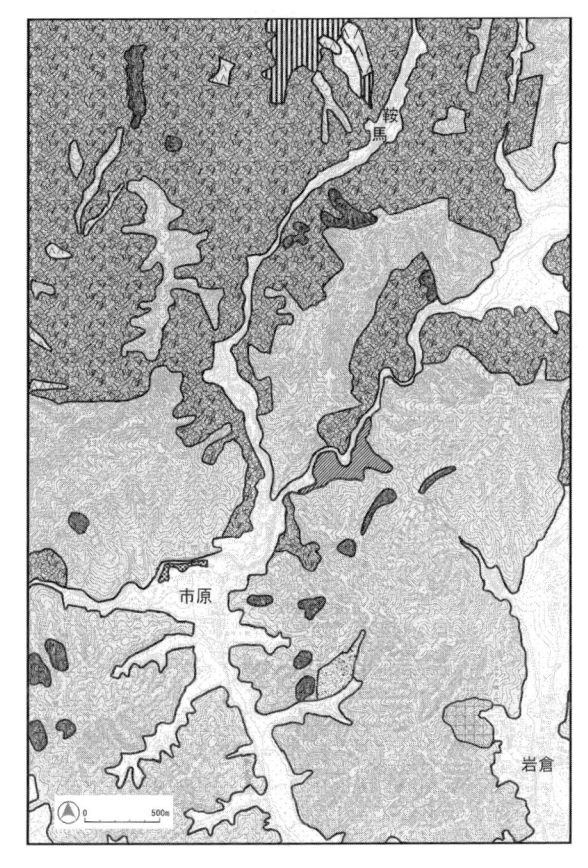

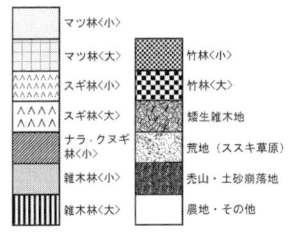

図4　明治中期の植生①
鞍馬から岩倉西部付近

が見える。また，名は見えないが，図の最南部中央のあたりは幡枝村，図の北東部に農地の広がる部分は静原村の一部である。この図全体の位置は，現在の京都市北部にあたる。

　この区域の植生は，中部から南ではマツ林〈小〉が図の大部分を占める。また，北部でも山の尾根筋のあたりなどにマツ林〈小〉の見えるところがある。そのうち二ノ瀬村と静原村の間の山地では，マツ林〈小〉の割合が比較的大きく，静原村の北側の山でもその割合の大きいところがある。マツ林〈大〉は，岩倉村の西方に1箇所見られるだけであり，その面積はさほど大きなものではない。その林は，実相院や大雲寺などの寺社の裏山で，それらの境内林と明治初期に上地された旧社寺林である。

　一方，図の北では鞍馬村の周辺などに矮生雑木地がかなり広範囲に見られる。鞍馬村では，村のすぐ近くはすべて矮生雑木地であり，二ノ瀬村（市原の北北東1 kmあまり），野中村（市原の北東約500 m），静原村（市原の北東約2.5 km）でも村の近くに矮生雑木地の見られるところが多い。

　鞍馬寺（鞍馬と記した左上方）の近くでは，上記のマツ林〈小〉の他に雑木林〈大〉，スギ林〈大〉，スギ林〈小〉の見られるところがある。スギ林〈小〉は，他にも数箇所，図4の北部の谷部に小面積のものが見られる。

　市原村の南東には，ススキ草原の可能性が大きいと思われる荒地が少し見られるところがある。また，市原村の北東に位置する野中村北東の山裾には，ナラ・クヌギ林〈小〉の見られるところがある。また，市原村には川沿いに帯状の竹林が見られるところがある。

　図の北部から南部にかけて，比較的小面積のハゲ山が十数箇所に見られる。

②比叡山から大文字山付近（図5）
　図5の北東端が比叡山の山頂近く，南西端が鹿谷町で，その北東約1 kmのところに大文字山がある。図の西側には，仮製地形図には北から高野村，修学院村，一乗寺村，白川村，浄土寺町などの名が見える。また，図の中央より少し東方に山中村がある。この図全体の位置は，現在の京都市北東部にあたる。山中村付近など，図の東方の一部は滋賀県に属する。

　この区域の植生としては，マツ林〈小〉が図の大部分を占める。山麓や山中村や町に近いところの山地部では，マツ林〈小〉のところがとくに多いように見え

る。ただ、山麓部の一部には、修学院村の東方や浄土寺町の東方など、5箇所にマツ林〈大〉が見られるが、その面積はいずれもさほど大きくはない。それらの林は、修学院離宮の裏山や銀閣寺や法然院の裏山などで、修学院離宮裏山の他は、いずれも社寺林および明治初期に上地された旧社寺林である。また、図の北北西、修学院の北にある高野村東方の山裾にはナラ・クヌギ林〈小〉が少し見られる。

一方、比叡山には、少し村から離れたところを中心に矮生雑木地がかなり広範囲に見られる。また、他にも比較的広い面積の矮生雑木地が、山中村の南側や図の南東端付近にも見られる。小面積の矮生雑木地は、他にも10箇所近く見られる。

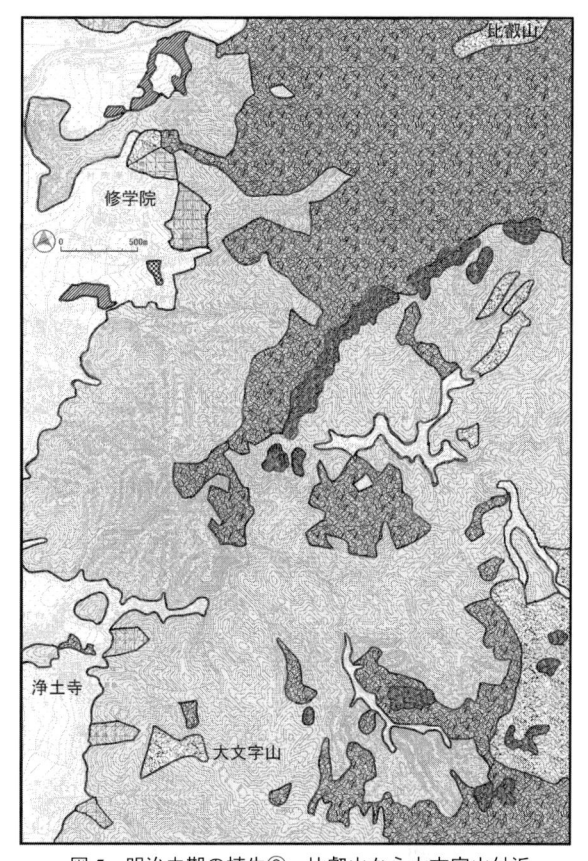

図5　明治中期の植生②　比叡山から大文字山付近

比叡山の最上部にはススキ草原の可能性が大きいと思われる荒地となっている。同様な荒地は、図の右下方に比較的広く見られるところがある。また小面積のものとしては、修学院村の北方、山中村の北東や東部、大文字山西側斜面に計数箇所見られる。そのうち、大文字山西側のものは、送り火の火床のあたりである。

比叡山中腹の尾根筋の一部（図の中央付近からその北東）には、斜めに長くハゲ山の見えるところがある。その近くには、他にも数箇所の小面積のハゲ山がある。また、小面積のハゲ山は、図の南東部にも数箇所見ることができる。

③大原野西部（図6）

この区域の東部には、農地や村落が多く見えるところがあり、図の北東端に近いところに沓掛村、その南に大原野村、小塩村などがある。この図全体の位置は、現在の京都市の南西部、洛西ニュータウンの西方にあたる区域である。

この区域ではやや複雑な植生のパターンが見られるが、最も大きな割合を占める植生は、ここでもマツ林〈小〉である。マツ林〈小〉は、図の北から南まで山地・丘陵部の大部分を占めるところが多い。なお、マツ林〈大〉は、里に近いところを中心に小さな面積のところも含め、計9箇所に見られる。そのなかには1 ha余りの小さなものも多いが、大原野村北西には約10 haと約30 haのマツ林〈大〉もある。また、その南西にもやや広い面積のマツ林〈大〉がある。それらの比較的大きな面積のマツ林〈大〉は、社寺林および明治初期に上地された旧社寺林である。

マツ林〈小〉に次いで山地で大きな割合を占める植生は、矮生雑木地である。矮生雑木地は里からやや離れたところに多く、とくにまとまった面積のものは大原野村の北西から南西にかけて、計十数箇所見られる。そのうちの4箇所は、それぞれ面積が20 haを上回るものである。また、他にススキ草原の可能性が大きいと思われる荒地も比較的多く、大原野村西方には、かなりまとまった面積の荒地がある。

大原野村の西方には、やや広い面積の雑木林〈小〉が2箇所ある。また、大原野村の南西（小塩村の北西）

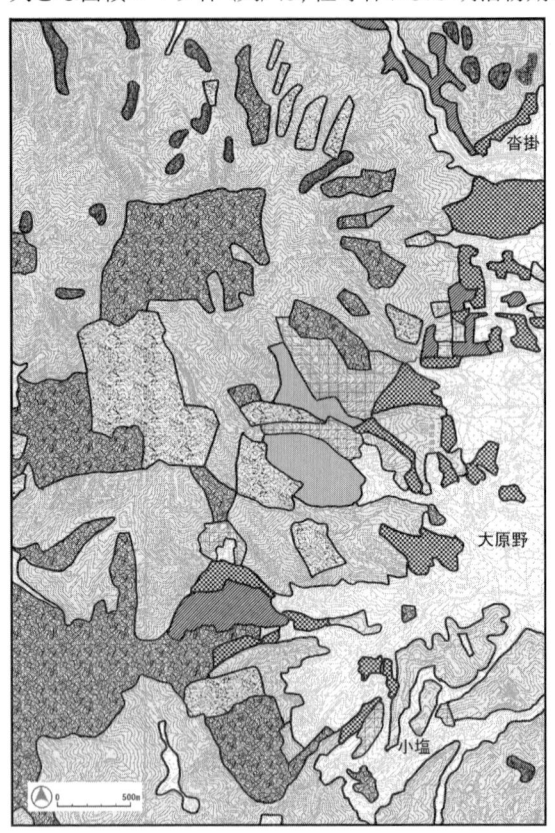

図6　明治中期の植生③　大原野西部

の山地には，ナラ・クヌギ林〈小〉のやや大きなものが見られる。ナラ・クヌギ林〈小〉は，沓掛村の北西や南方の山裾などにも見られる。また，図の北部には，山地の上部を中心に小面積のハゲ山が十数箇所見られる。

一方，図の東部には竹林〈小〉が多く見られる。それらは山裾で農地と森林に挟まれるような形で存在しているものが多く，なかには10 haを超える比較的大きなものもいくつかある。

以上，京都周辺の3つの地域について，仮製地形図をもとに明治中期の植生図を作り，それぞれの地域の当時の植生景観について概観してみた。その結果，たとえば，京都の西方地域（図6）では山裾に竹林が多く見られるなど，それぞれの地域ごとに植生分布などに特徴が見られたが，その一方で，各地域に共通する点も多くあったことがわかる。

たとえば，どの地域でも最も大きな割合を占めた植生はマツ林〈小〉であり，それはとくに里に近いところに多く見られる傾向があった。また，マツ林〈大〉は，どの地域でも一部には見られたが，その面積は比較的小さなものであった。そのマツ林〈大〉の大部分は，社寺林と明治初期に上地された旧社寺林であった。京都の北部地域では，鞍馬寺付近にやや広い雑木林〈大〉のあるところもあったが，そうした所は例外的であり，比較的大きな樹木からなる森林の大部分はマツ林〈大〉であった。

あるいは，別の共通点としては，どの地域でも矮生雑木地がマツ林〈小〉に次いで大きな割合を占めていた。その矮生雑木地は，里からやや離れたところに多い傾向が見られた。また，ナラ・クヌギ林〈小〉もあったが，その割合はどの地域でも比較的小さなものであった。また，ススキ草原の可能性が大きいと思われる荒地，あるいはハゲ山も，どの地域でもある程度見られた。

ここでは，一部しか紹介できなかったが，ここで紹介した明治中期の植生景観は，京都周辺では一般的といってもよいものであり，また京都周辺に限らず，仮製地形図で測図された他の近畿地方各地においても，似たようなところが少なくなかった。

2.3.2 迅速図からの考察

明治期における関東地方の植生景観を考えるうえで，参謀本部測量課が明治

13 (1880) 年3月から同19 (1886) 年8月にかけて測図した関東一円にわたる2万分の1地形図は重要な資料である。当初「第一軍管地方二万分一迅速測図」と称されたその地形図は，今日では一般に迅速測図，あるいは迅速図と呼ばれているものである（本稿では以後，迅速図とする）。それは，フランスやドイツなどの測量方法を手本として作成された詳しい近代的な地形図であり，上記の関西の仮製地形図などに先立ち，広範な地域を近代的測量方法によって測図した日本で最初の地形図であった[32]。迅速図には，森林の主要な樹種までも詳しく記した原図[33]（本稿では以後，これを単に原図と記すことが多い）が今日まで残されており，それによって明治前期における関東地方の植生景観は，より詳しく明らかになる。

その迅速図にも，上記の仮製地形図と同様，概念の不明な植生記号などがあるが，それらの問題を解明できれば，迅速図は当時の関東地方の植生を考えるうえで，さらに貴重な資料となる。ここでは，そうした迅速図の問題となる植生記号概念や植生記載精度などについての考察の概要を述べ，それを踏まえて明治10年代における関東地方の植生景観を考えてみたい。

1) 迅速図の植生記号概念の検討

迅速図には，「樸叢」や「荒蕪地」のように記号の概念が充分明確でないものもあり，それを一見するだけではかつての植生景観の実態をとらえにくい面がある。そのため，迅速図をもとにして，それが作成された頃の関東地方の植生景観を明らかにするためには，そうした迅速図の植生記号の概念[34]を，何らかの方法で考えておく必要がある。

そのための重要な資料としては，先の文献類からの考察でも取り上げた『偵察録』がある。それは，迅速図を補完する目的で，その作成と同時に記録されたものである。また，迅速図が測図されたのとほぼ同じ明治10年代の中頃，太政官の全国的な地誌編纂事業の一環としてすすめられた『皇国地誌』の稿本の一部が『武蔵国郡村誌』などと題されて残っている。そこには，各郡や各村の山地などの植生に関しても，簡単ではあるが多くの記載がある。そうした『偵察録』や『皇国地誌』稿本の記述と，それに対応する迅速図各部の植生の記載を比較検討することにより，迅速図の記号の概念や植生の記載の精度を考えることができる。

また，今日まで残されている迅速図の原図は，迅速図の記号の概念を考えるう

えでもきわめて重要なものである。迅速図の発行図（本稿では以後，これを単に発行図と記す）の一つの図幅の1/4から1/16を一枚の紙に測図した原図は，ドイツ式の一色線号式図式による発行図とは異なり，「フランス式」とも「渲彩図式」とも呼ばれる「明治13年式図式」によるカラフルなものであり，一見して植生の状態がわかりやすいものとなっている。

　さらに，それは，たとえば，発行図では「雑樹林」となっている部分に具体的な樹種名が記されているなど，発行図よりも詳しい植生の状態を読みとることができるものである。また，原図には，隣接する図と重複して測図された接合部が，ふつう上下左右にそれぞれ5mmずつある。そのため，隣接部分を互いに比べることによっても，迅速図の記号の概念や図の精度などを考えることができる。また，原図には，その図郭外に測図区域中の一部の風景が描かれているものもあり，それらの図も迅速図の記号の概念を考えるうえで参考となる。さらに，迅速図作成の基礎となった『兵要測量軌典』[35]も，その記号の概念などを考えるうえで欠くことのできない重要な資料の一つである。このように，迅速図の植生記号概念などを検討するための資料は多く，それによって不明な植生記号概念や植生記載の精度などについて，詳しく検討し明らかにすることができる。その詳細な考察過程[36]はここでは略すが，考察結果の概要は下記の通りである。

　なお，原図と発行図では，植生の呼称などが少し異なっているため，本稿においては，原図の植生の呼称は"荒地"というように""記号で，また，発行図の植生の呼称は「荒蕪地」というように「」記号で示す。また，『偵察録』の引用の後の《》記号は，上記の『偵察録』からの考察の場合と同様，対象区域内の位置を示す。

①迅速図の植生記号中で，その概念が最もわかりにくい「樸叢」（原図では"樸叢地"）とは，茅などの草本とともに灌木などが繁茂するようなところで，草地（「牧場或草地」あるいは「荒蕪地」）と"森林"あるいは「灌木地」の間に位置する植生と考えられる。

②「荒蕪地」（原図の"荒地"と"曠野"を含む）とは，茅などの草本，灌木，篠，茨などの繁茂する地で，それらが混生するところもあれば，そのいずれかが優占するところもある。また，海岸などでは，それらの植物とともに，砂地などの裸地がある場合もある。

③「牧場或草地」（原図では"草地及牧場"）は，牧場および茅などの草本からなる多様な草地で，そこには篠や茨や灌木などが含まれる場合もある。なお，同一の原図区域中に「荒蕪地」（水辺を除く）とともに「牧場或草地」がある地域では，「牧場或草地」は，牧場の他にシバ草原のように草丈の低いきれいな草地を意味する場合が多いと考えられる。

④「牧場或草地」と「荒蕪地」については，原図の接合部の考察などから，明らかにそれらが同じ植生である場合があったと考えられる。また，「湿地」と「荒蕪地」が同様な植生である場合もあったと考えられるなど，迅速図において，その植生記号が充分統一された概念で使用されていなかった部分がある。その大きな背景としては，迅速図が日本で最初の広範な地域を近代的測量方法によって測図した地形図であったことから，その作成過程にはさまざまな試行錯誤などがあったためと思われる。

⑤「灌木地」（原図も同じ）と"森林"（発行図では「松林」，「雑樹林」など）との区別は，その植生高が約1.5 mを基準になされ，それ以下の矮小な木々（灌木）の繁茂するところが「灌木地」とされ，それよりも高い樹林は"森林"とされたと考えられる。

⑥官林などの一部の特別な森林を除く一般の森林は，その樹高が概してかなり低いものも少なくなかったと考えられる。マツやスギには樹高が比較的高く10 m程度のものも珍しくなかったが，ナラやクヌギなどの薪炭林では4 m程度までの森林が多かった。

このうち⑥について補足すると，たとえばナラ・クヌギ林の樹高がおおよそ4 m以下の地域では，伐期に近い最も高いナラ・クヌギ林の高さが4 m程度であり，伐期直後のその森林は0 mであるため，その付近の平均的な森林の樹高は2 m程度ということになる。ただ，そのうち，樹高1.5 mまでのものが灌木林として区別された場合には，森林としての平均の樹高は約2.8 mとなる。迅速図では，森林については細かく記されていないところが多いと考えられるため，森林と灌木林をそのように区別されなかった場合が多いのではないかと思われるが，もしそれが区別されていたとしても，そのあたりの森林の平均的な樹高は2 m台ということになる。このように，森林とはいっても，一般の森林，なかでも薪炭林として使われていたナラ・クヌギ林などは，今日の森林とは高さなどが大きく異な

第2章 明治〜昭和初期の植生景観

るものであったと考えられる。

　一方，迅速図では数 ha から 10 ha 前後の広さの森林が記載されなかったり，測図者により植生の認識が異なることがあったりしたことが『偵察録』からわかる。そのため，迅速図の植生記載の精度，信頼性について，少し述べておきたい。

　迅速図作成の基礎となった『兵要測量軌典』には，測量の精度を高める方法がいくつも記され，また，迅速図上では 0.5 mm 前後の点でしかない民家などまで細かく記されている。しかし，植生に関しては，民家の周囲などに 0.1 ha 程度のスギやマツなどの林の記載の見られるところもあるが，そのようなところは例外的である。

　『偵察録』では，「民家ノ周囲ニ生茂スル樹木ハ大略杉松榎欅樫木」《5・L》とか「人家アル処ハ皆厚樹籬アリ故ニ甚開濶ナラス」《7・G》などと民家の付近に樹林のあることを記しているところも少なくないが，迅速図上にそれを認めることのできるものはほとんどない。また，『武蔵国郡村誌』に「樹木なく唯芝草生す」とある足立郡沼影村（旧）の 6 ha の原野や，横見郡田甲村（旧）のやはり 6 ha の秣場など，数 ha の植生が迅速図上に見られないこともしばしばあることから，数 ha の植生でも図上に記載されない場合が少なくなかったことが考えられる。

　また，迅速図の植生記載が，測図者の判断によって異なる場合があったことが，原図の接合部の比較などからわかる。さらに，測図者により，植物名などの認識が異なっていた場合があることも，原図の接合部の比較からわかる。あるいは，「牧場或草地」と"樸叢"，"樸叢"と"森林"，「灌木地」と"森林"の中間的な植生の場合など，それをどのように判断するか難しい場合があったことが，『偵察録』の次の記述などからもわかる。

「丘阜ハ概ネ樹林ヨリ成ル然レトモ大樹林整然タル者ナシ各種ノ樹木各所ニ散在シ殆ント命名ニ困シム故ニ図上ニ註記スルニハ其中ニ就テ首ナル樹木ノ名ヲ書ス仮令ハ図上ニ就テ考ルトキハ全面松樹ヲ以テ成ル者ノ如シト雖トモ実際ニ至テハ松杉椚椎等ノ雑樹ナルヲ以テ林間ヲ通行ス可キニハ偏ニ路上ニ由ラサルヲ得ス」《15・L》

　あるいは，武蔵国豊島郡下板橋駅（旧）付近を測図した原図には，森林を示す色のところに薄く＜灌＞と記されているところが何箇所か見られる。それは，

その付近の植生には"森林"と「灌木地」の中間的なものが少なくなく，その判断が難しかったことを示していると考えられる。

2）迅速図に見る明治10年代の関東地方の植生景観

上述のように，迅速図から当時の植生景観を考えるには限界がある面もあるとはいえ，迅速図が明治10年代の関東地方の植生景観を知るきわめて貴重な資料であることには変わりはなく，また一見するだけではわからない植生記号概念などの検討結果を踏まえれば，それはいっそう貴重な資料となる。ここでは，そうした考察結果を踏まえ，迅速図からそれが作成された頃の関東地方の植生景観の特徴などを概観してみたい。

ここで対象とするのは，関東地方のうち，図1（p86）で示した縦長の方形の集合部分に含まれる区域である。図1中の小さな方形の一つ一つは，西南部を除けば，迅速図の発行図の各図幅の範囲である。以下で使用する図には，この測図単位を単位として作成されているものもあるが，原図の測図単位が主にその1/4の大きさで作成されていることから，それを単位としたものもある（図9，図10）。また，以下において，対象区域内の位置を示すときは，先の『偵察録』からの考察と同様，図1の方形の区域を単位として，《》記号を用いる。

①広く見られた低い植生景観

迅速図には，農地以外の植生として，「牧場或草地」，「荒蕪地」，「樸叢」，「篠叢」，「灌木地」といった概して視界を遮ることのないような低い植生が，しばしば広く記されているのを見ることができる。

たとえば，図7は茨城県筑波郡と新治郡の郡境のあたりの山地部を測図した原図の部分である。白黒の図でわかりにくいが，その原図の大部分は，赤茶色と薄い青色とが交互に斑形に着色され，そこに〈荒〉の字が記されていることから，その付近は「荒蕪地」が大部分であったことがわかる。"森林"は，図の右上端（北西端）などにわずかに見られ，そこには〈杉〉と〈松〉の字が見える。

あるいは，図8は千葉県市原郡の丘陵地を測図した原図の部分である。この図についても，やはり白黒の図ではわかりにくいが，その原図では，一部に農地の薄茶色も見られるが，その他の約半分は青色で着色され，そこに〈草〉の字が記された「牧場或草地」である。また，残りの約半分は薄い緑色で着色された"森

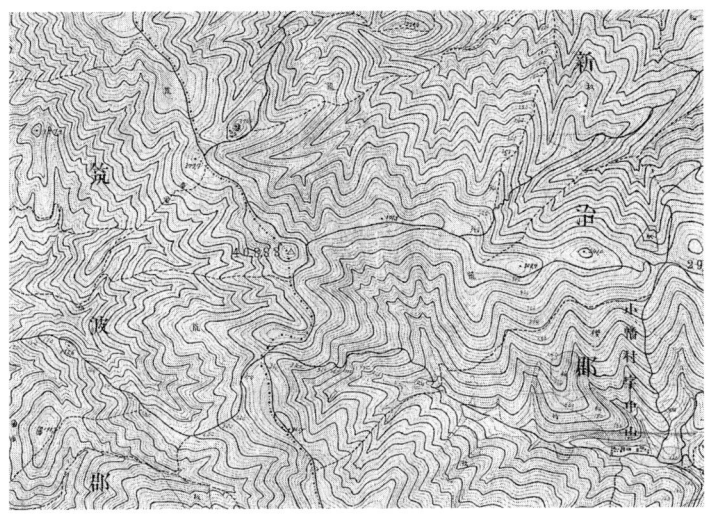

第2章 明治〜昭和初期の植生景観　　107

図7　迅速図原図（茨城県筑波郡と新治郡の郡境付近）
本図は国土地理院の許可を得て複写掲載したものである。

林"で, そこには〈松〉の字が多く見られ, 一部に〈楢〉の字も見える。

また, ここでは具体的な図を示さないが, たとえば神奈川県の丹沢山地などには「荒蕪地」の着色と,「荒蕪地」を示す〈荒〉の字の部分を広く見ることができるところが多い。このように, 迅測図には, 丘陵や山地部に,「牧場或草地」や「荒蕪地」, あるいは「樸叢」や「灌木地」といった, 人の視界を遮ることが少なく低い植生のところが広く見られる。

これらの低植生地は, 『偵察録』では, たとえば「遠ク之ヲ望メハ平坦渺漠トシテ涯ナク宛モ草海ヲ見ルカ如シ」(《14・K》,「牧場或草地」に関する記述),「山脈ハ樹木少ナク

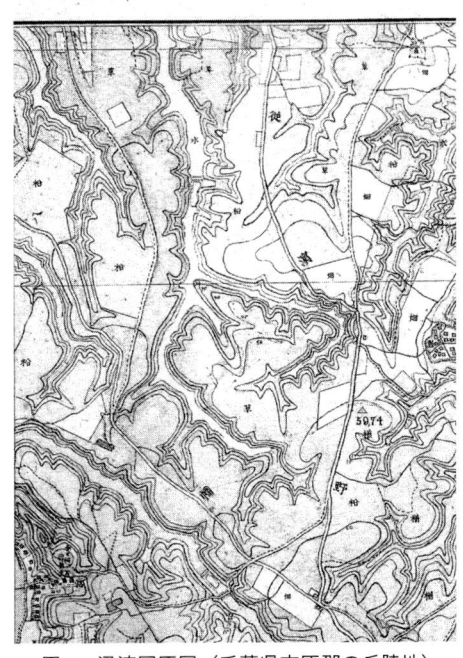

図8　迅速図原図（千葉県市原郡の丘陵地）

雑草多シ故ニ展望数里ニ達ス」(《1・D》,「荒蕪地」に関する記述),「山頂ヨリ山頂ヲ越テ尚数百ノ渓谷ヲ展望ス可シ…」(《15・O》,「樸叢」に関する記述)などと記されているところである。

このように,明治前期の関東地方には,丘陵や山地にかなり低い植生のところが多かったことは確である。また,利根川などの大きな河川沿いや沼の周囲などには,ヨシなどからなる水地性の低植生地が広く見られるところが少なくなかった。そうした低植生地は,明治前期におけるその地の植生景観を考えるうえで,一つの重要な部分であると考えられる。

図9は,迅速図をもとにして,それらの低植生地の多いところを示したものである。図に何らかのマークのあるところは,農地(果樹園も含む)以外の植生のうち,そうした低植生地の割合が1/4以上を占め,かつその面積が50 ha以上のところである。ただし,海岸部など,地形図上に陸地が少ないところでは,その面積は(図上の陸地面積÷測図区域面積)×50 ha以上とした。低植生地には,ススキなどの陸地性のものと,ヨシなどの水地性のものとがあるため,それらを

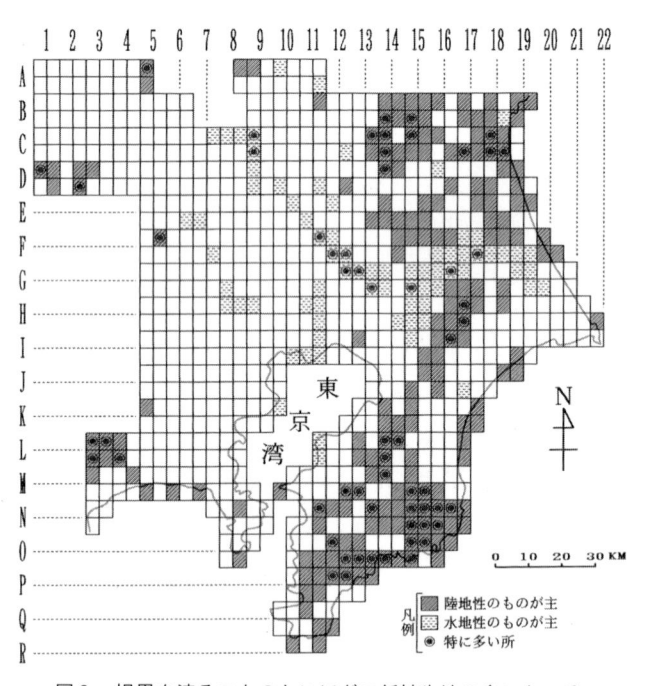

図9　視界を遮ることのないほどの低植生地の多いところ

分けて記した．一つの区域に陸地性のものと水地性のものがある場合には，面積の多い方のものを記し，また，川沿いなど水に近い「荒蕪地」および「牧場或草地」は，すべて水地性のものとした．また，農地以外の植生のうち，低植生地の割合がその1/2以上を占め，かつその面積が250 ha以上あるところについては，●を記してそれを示した．

　なお，迅速図の植生の記載には誤差が少なからずある場合が多く，低植生地の面積の厳密な測定がとくに大きな意味を持つとは考えにくいこともあり，図9は慎重な目測により作成したものである．そのため，1/4あるいは1/2という割合にきわめて近いものについては，目測を誤っているものも若干あるかもしれない．しかし，図9は，筑波山などを含む対象区域の北東部や房総半島を中心に，広範囲にわたってそうした低植生地の割合の大きい植生景観が存在したことを示すものである．図からわかるように，水辺の植生も含めると，農地以外の低植生地の割合の大きいところは，対象区域のかなりの部分を占める．そして，図9中の853のメッシュのうち低植生地が多いところは273（75）箇所，また，そのうち低植生地がとくに多いところは62（12）箇所にのぼる（括弧内は水地性のものの箇所数）．

　一方，図10は，迅速図の原図をもとにして，対象区域の各メッシュの土地利用を，大部分が林野，大部分が農地，その他の3種類に分けて示したものである．"大部分が林野"および"大部分が農地"のところは，各区域の2/3以上を林野あるいは農地が占めるところである．また"その他"のところの大部分は，林野と農地がともに区域の2/3以上に至らないところであり，一部に市街地および湖水が含まれる．図10中，"大部分が林野"のメッシュ数は242，"大部分が農地"のメッシュ数は274，"その他"のメッシュ数は337である．

　図9と図10を比較すると明らかなように，陸地性の低植生地が多いところの多くは，その土地利用が"大部分が林野"のところであり，陸地性の低植生地が多いところの分布は，土地利用と大きな関連があることがわかる．

　すなわち，図9の陸地性の低植生地が多いところ198箇所のうち，土地利用が"大部分が林野"のところはその7割にあたる138（41）箇所，"大部分が農地"のところは50（9）箇所，"その他"のところは10箇所となっている（括弧内は低植生地がとくに多いところの数）．また，別の数字としては，図10で"大部分が林野"の242箇所のうち，その約6割にもあたる138箇所が陸地性の低植生地

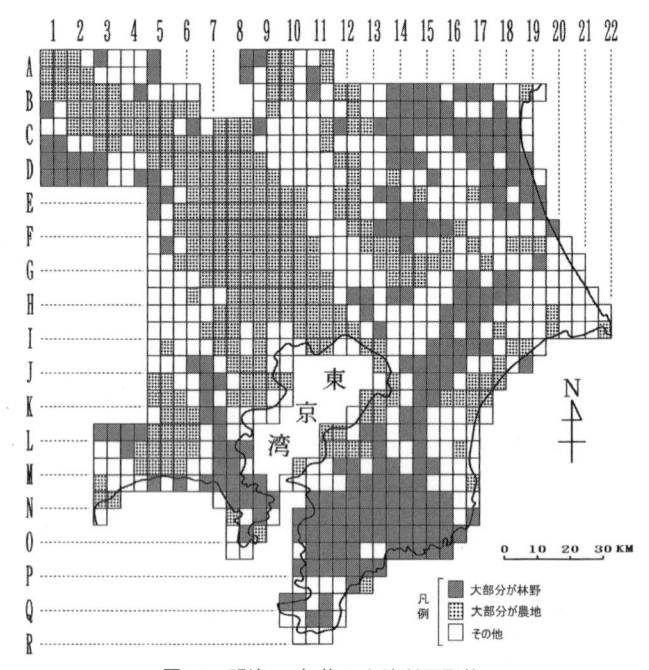

図10 明治10年代の土地利用形態

が多いところであり，また，2割近い41箇所がそれがとくに多いところである。

　こうして，明治前期の頃，関東地方の東部を中心に，林野が多い地方では，草地や灌木地のような，概して視界を遮ることのないような低植生地がかなり広く見られるところが多かったことがわかる。一方，水地性の低植生地が多いところは，利根川などの河川や湖沼付近，あるいは東京湾沿岸部であり，その土地利用の大部分は"大部分が農地"または"その他"のところである。

　そうした低植生地が広く存在した背景について，『偵察録』からは，陸地の場合，草や灌木の刈り取りや山焼き，あるいは放牧といった直接または間接の人為的圧力が大きかったと考えられる。

　一方，水辺の低植生景観についても，『偵察録』からそうした草を秣とする例があったことを知ることができる《13・G》。また，『明治二十六年全国山林原野入会慣行調査資料』[37)]には，千葉県東葛飾郡浦安村では「葭刈取等ノ入会」があったことが記されている。こうしたことから，水辺の低植生景観の背景にも人為的影響があった部分があることがわかる。

しかし，常にある程度の深さの水のあるところでは，ヨシやオギなどの水地性の草本以外の高木の木本植物は侵入しにくいことがあるし，また，「多摩川・・・(中略)・・・其河岸ニ接スルノ部ハ概ネ荒蕪ノ地多シ之水害ニ因テ然ルナリ」《7・J》との『偵察録』の記述の例にもあるように，その植生には河川の氾濫が大きく影響していた場合もある。こうして，水辺の低植生景観については，陸地の場合とはかなり異なった背景もあったと思われる。

②森林景観
　明治中期の関東地方には，上述のように，草地や灌木地などの低植生地が広く見られたとはいえ，農地以外の植生では，森林がそれらの低植生地以上に大きな割合を占めていた。
　しかし，その森林の状態について迅速図や『偵察録』から考えてゆくと，今日とは大きく異なるかつての森林の姿が浮かび上がってくる。

林種分布 [38]
　先の迅速図の植生記号概念の検討から，迅速図には数 ha から 10 ha 前後の植生では，それが全く記載されていないことがあることや，その林種などが正しく記載されていないことも珍しくないものと考えられる。また，1つか2つの樹種名が記された原図の森林の記載には，上述のように，森林をどの樹種で代表させるかに苦労があった場合もあるようである。とはいえ，それによってナラやクヌギを中心とした武蔵野の雑木林の分布状況など，明治10年代における関東地方の森林分布の概要を知ることができる。
　図11は，迅速図の原図をもとにして，測図区域ごとにどのような林種が多かったのかを示したものである。作図にあたっては，各測図区域中，農山村地域において森林が 100 ha 以上あるところを対象とし，そこに見られる森林のうち明らかに3分の2以上を占めるものをその林種とした。その割合の測定は，原図では林種の境界が不明な場合も多いことなどから，厳密な面積の測定が困難であるため，原図上の記載をもとに慎重な目測により判断した。ただ，一部には，森林の樹種の記載がなく林種不明のところもある。
　図11は，上述のように必ずしも充分厳密な林種分布図ではないが，それによって明治10年代における関東地方の森林の林種の分布の概要を知ることができる。

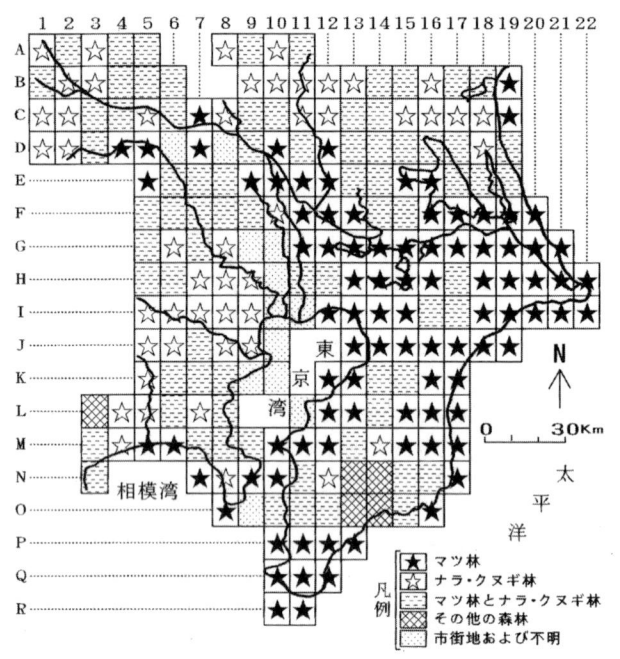

図11 明治10年代の林種分布

すなわち、当時の関東地方では、マツ林とナラ・クヌギ林が森林の大部分を占めていた。そして、それらの林種のどちらか一方がとくに多くはなく、両方の林種が混在するところも少なくなかったが、武蔵野や対象区域の北部などにはナラ・クヌギ林の割合がとくに多いところがまとまって存在するところがあった。一方、房総半島の周辺部などの海岸から比較的近いところ、および現在の埼玉県羽生市付近《7・D》以東の利根川水系の沿線付近を中心に、マツ林の割合がとくに大きいところが広く存在していたことがわかる。

なお、上述のように、マツ林やスギ林には樹高が比較的高く10 m程度のものも珍しくなかったが、薪炭林であったナラ・クヌギ林などでは4 m程度までの森林が多かったと考えられる。そのため、伐期に近い薪炭林は4 m程度の高さがあったが、薪炭林の平均樹高はさらにだいぶ低く2 m程度であったと考えられる。1.5 mに満たないような低い樹林の面積がかなり大きい場合には、それが灌木地として区別されたかもしれないが、いずれにしても、当時の森林は今日の一般的な森林とは高さなどが大きく異なるものが多かったことは確かである。それについて

は，地形図からは読み取りにくいが，当時の森林を考えるうえでは，たいへん重要な点であろう。

一方，図11中，その他の森林として示したところのうち，房総半島の一部のものは，モミ林やナラ林《13・N》《14・N》，モミ林やマツ林《13・O》，およびモミ林やナラ林やカシ林《14・O》がその主要な森林である。また，丹沢山地のものは，ブナ（枸栗）林やナラ林が中心である《3・L》。それらの森林は，大部分が官林であり，一般の森林には見られない大きな樹木が多く存在していたことが『偵察録』からわかる。

2.4　樹幹解析からみた京都近郊の里山の歴史

京都近郊の山地の大部分は，今日ではなんらかの森林で覆われている。その森林の樹高は，10mよりも低いところは少なく，20mを超えるところも珍しくない。しかし，本書でもこれまでに述べたように（1.2，2.1.1，2.2.1，2.2.2，2.3.1），文献や古写真や旧版地形図などからわかるかつての京都近郊の植生は今日とは大きく異なり，山地が森林で覆われていないところも珍しくなかった。また，森林はアカマツを中心としたものが多く，その樹高は概して今日見られるもののように高くはなく，かなり低いものが多かったものと考えられる。

たとえば，京都市の北部，岩倉の南西部の山地には，明治10年代の頃は「矮松」と称されるような，おそらく人の背丈にも満たないような小さなマツしか生えていなかったものと考えられる。また，岩倉周辺で最大の森林の樹木も，当時の文献では三間半（約6.3m）以下と記されている（本書75〜76p）。また，そのような状況は，岩倉付近に限ったことではなかった[39]。

そうした今日では考えられないようなかつての京都近郊などで見られた森林の状況は，当時の里山の利用度の高さと大いに関係があった可能性が高い。日本の里山は，かつて長期にわたり薪採取などの場として利用されてきたが，たとえば京都近郊では，古い歴史のある都市近郊ということから，その利用は一般の里山以上に長期にわたり強度なものであったと考えられる。そのため，腐植が少なく貧栄養の林地で，樹木の成長が近年に比べ緩やかであったことは充分考えられる。また，草木がなくなり土地の裸地化が進んだところもあり，かつてはハゲ山も珍しくなかった。かつての森林の樹種としてアカマツが中心であったことは，そう

した過度の森林利用との関係が大きいものと思われる。

ここでは，京都市の北部，岩倉において長く里山として利用されていた民有山林で1990年代後期から数年の間に枯死したアカマツ古木の樹幹解析により，それらの成長過程を明らかにし，文献などからわかる京都近郊のかつての森林樹高などを検証してみたい。また，比較のために，同地域における近年の樹木の成長についても明らかにしたい。

2.4.1 京都近郊の里山に生育したアカマツ古木の成長履歴

1) 調査地

樹幹解析を行ったアカマツ古枯木があった場所は，京都市左京区岩倉の北東部（図12）の山地下部である。そこは人里にかなり近い場所で，丘陵を少し上がった比較的平坦なところである（写真23）。対象としたアカマツ古枯木があった場

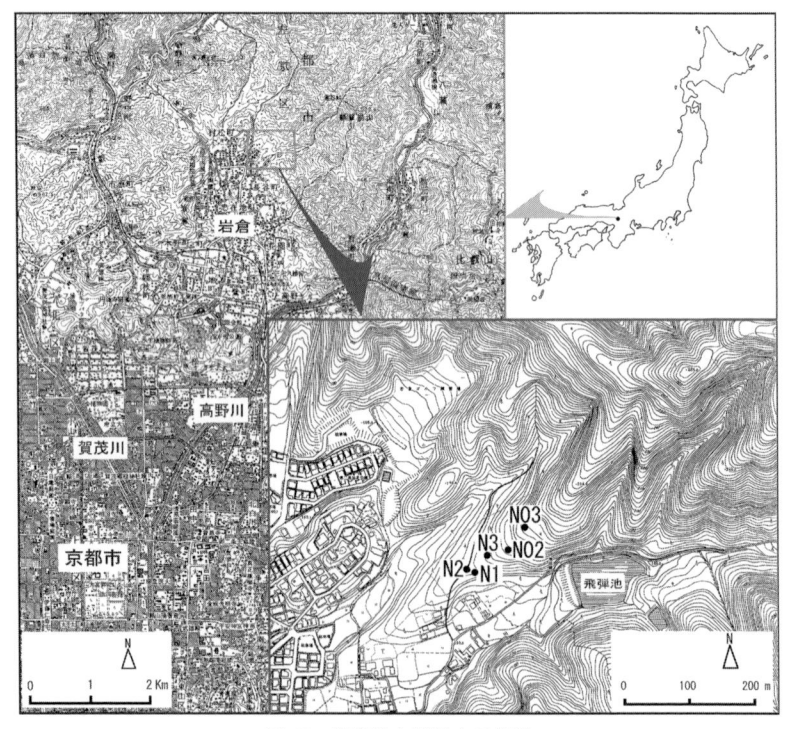

図12 調査地と試料木の位置
ベースの図は，国土地理院発行の地勢図（20万分1：左）と
京都市都市計画局発行の地形図（2500分1：右下）。

第 2 章 明治〜昭和初期の植生景観

所の標高は，約 165 m から 185 m である。
　その付近は 1990 年代前期頃まではアカマツが主体の林であったが，今ではアカマツの割合はかなり小さくなっている。現在の植生の主体はヒノキであり，その他にコナラやアカマツなどが高木層を占める。その森林の樹高は 15 〜 20 m 前後である。

2）方法
　樹幹解析を行ったアカマツの古木（5 本）は，山地下部の同一地域（標高約 165 m から 185 m）の比較的平坦なところに生育していたもので，枯死後間もないものを 2000 年から 2003 年にかけて伐倒したものである。2000 年には，N1，N2，N3 と名づけた試料木を 3 本，また 2002 年に N02，2003 年に N03 と名づけたものを 1 本ずつ伐倒した（それぞれの試料木の位置は図 12 に示す通り）。それらの古枯木から，基本的に 1 m ごとに樹木円板を採取した（写真 24）。ただし，根元に近い部分と 10 m よりも高い部分については，試料木によってその間隔が異なるものがある。それらの樹木の樹齢は約 120 〜 130 年，樹高は約 15 m から 19 m である。なお，ここでは試料木の基部からの長さを樹高とした。基部からの長さは，厳密には樹高ではないが，試料としたアカマツ古枯木は，すべて比較的直立かつ通直であったため，基部からの長さを樹高としても実際の樹高と大きな誤差はないものと考えられる。

写真 23　調査地の現況
N1,N2 伐倒跡地付近。

写真 24　試料木の樹木円板の例
N3 の樹高 1m 地点のもの。

採取した樹木円板は，かんなで削った後にサンダーで表面を磨き，年輪幅測定用の線を中心部から最大で4方向に引いたあとにスキャナで読み取った。試料木が枯死木であるために，腐朽や虫食いにより中心部から4方向に測定のための線を引くことのできる円板は多くはなかった。そのような円板では3〜1方向に測定用の線を引くとともに，円板の中心から周囲への平均的な長さを求め，それによって年輪幅の測定値を調整した。

年輪幅はパソコン上でDataPicker（インターネット上で自由にダウンロードできるシェアウェア）により1年輪ごとに測定した。その結果をSDAで使えるようにExcel上で整え，樹幹解析図をSDAで作成した。SDAは「Stem Density Analyzer」の略で，樹幹解析の手法を用いて樹幹の容積密度分布を解析することを目的として作られたソフトウェアである[40]。SDAにより，1年輪ごとの図とともに，5年輪ごとの図も作成した。一方，SDAとExcelにより，各試料木の樹高変化と1年ごとの材積（樹幹体積）増加を示すグラフも作成した。

なお，試料木の枯死年については，枯死後さほど年月を経ていないとはいえ，その年が定かでないものがあるため，それぞれの樹木の晩年における年輪成長のパターンを比較することも含めて，その枯死年を特定した。その年輪成長パターンの検討には，それぞれの樹木の下部の円板を5層用い，その平均値を使用した。

3）結果と考察

まず，試料木の年輪成長パターン（図13）から，それぞれの試料木の枯死年は，N1とN2が1997年，N3が1999年，N02とN03が2002年と考えられる。なお，伐倒時の枯死木の状態やそれぞれの樹木円板の状態から考えられる枯死年は，N1が1997年頃，N2が1998年頃，N3が2000年頃，N02とN03が2002年頃であり，年輪成長パターンから考えられる枯死年とほぼ一致する。

一方，各試料木から採取した樹木円板の年輪幅の測定から，それぞれの樹幹解析図を作成することができる。図14，15，19〜26は，1年輪ごとおよび5年輪ごとの樹幹解析図である。ただし，N1，N2，N3については，基部（0 m）の円板の年輪を読み取ることができないため，図の基部と最下部の円板の高さとの間に一部空白域ができている。

また，それぞれの試料木の樹高変化をまとめると図16のようになる。そのうち，明治期の部分だけを抜き出したのが図17である。試料木には，基部（0 m）

第 2 章 明治〜昭和初期の植生景観

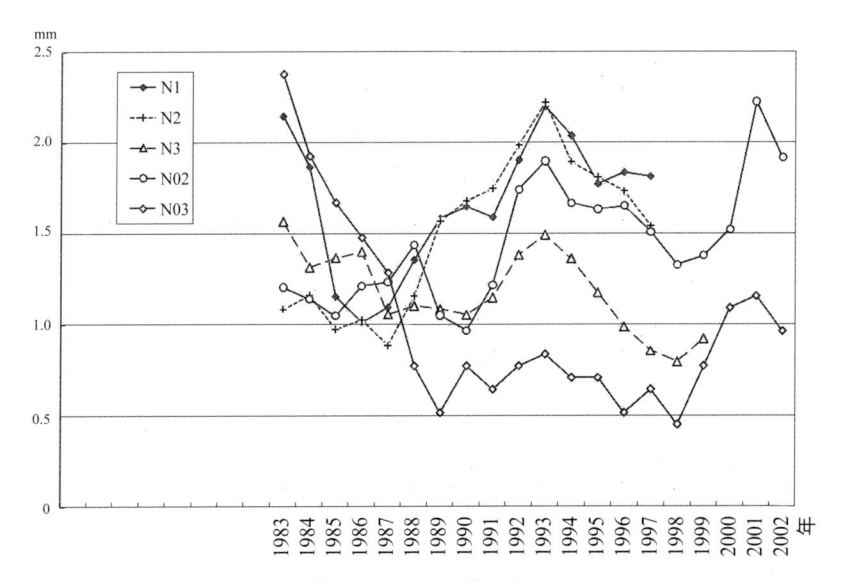

図 13 試料木の晩年の年輪生長パターン

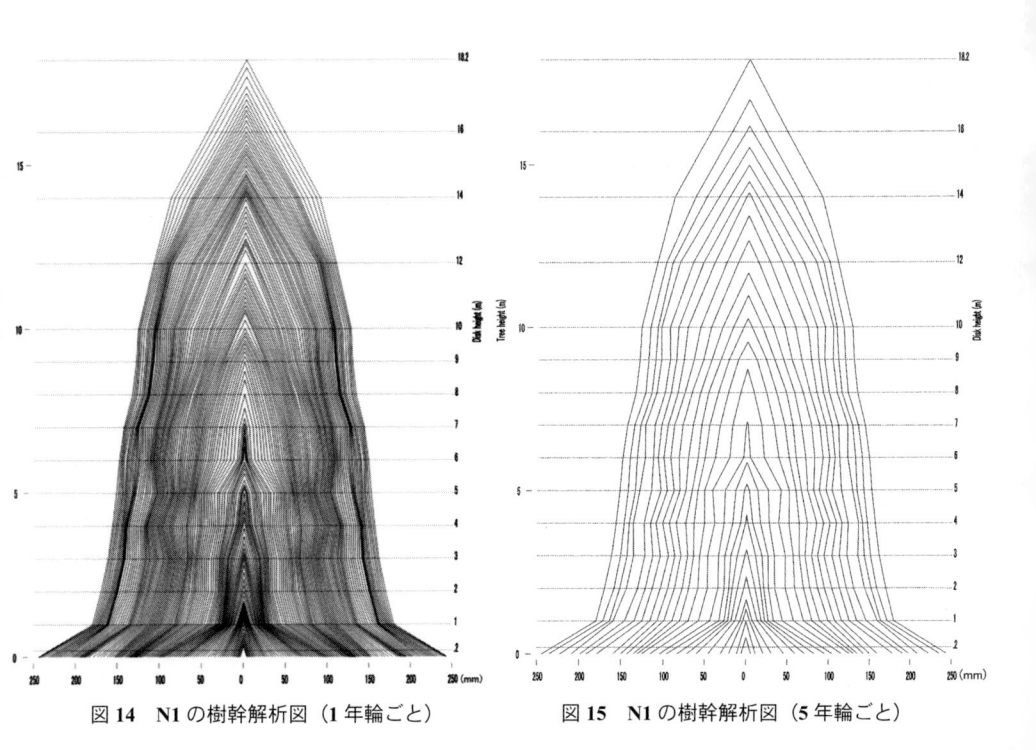

図 14 N1 の樹幹解析図（1 年輪ごと）

図 15 N1 の樹幹解析図（5 年輪ごと）

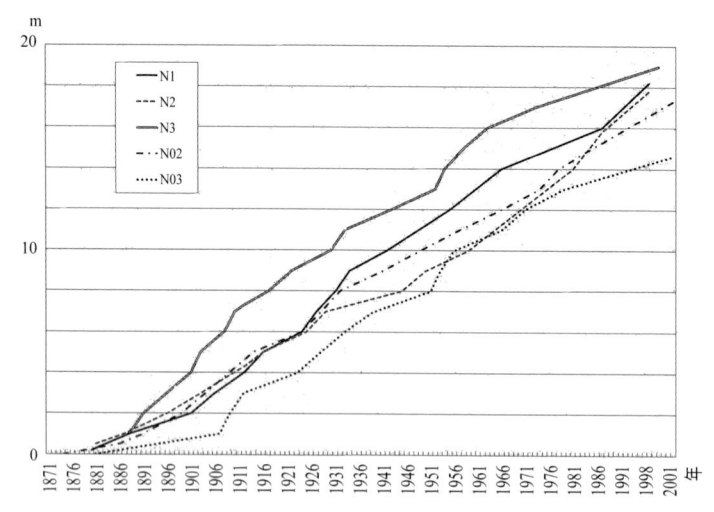

図16 試料木の樹高変化（通期）

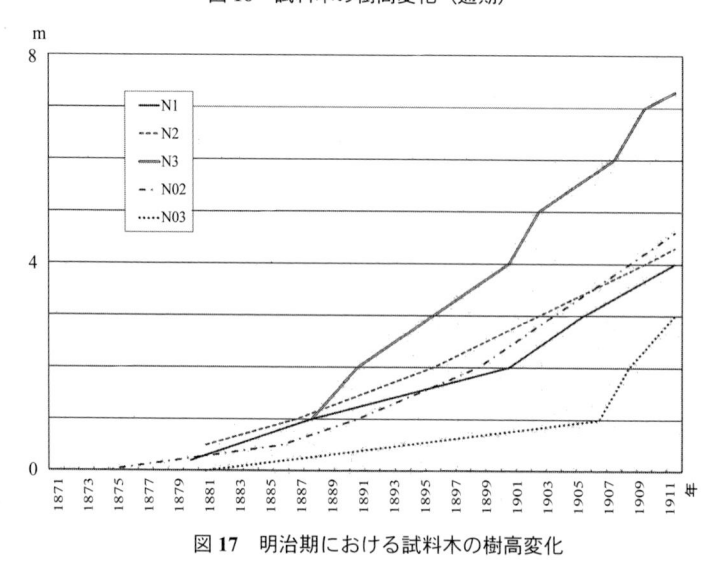

図17 明治期における試料木の樹高変化

で伐倒できなかったり，基部付近の年輪観察が困難であったりするものがあり，その正確な樹齢がわからないものがあるが，これらの図から，それぞれの樹木は明治初期の1870年代から1880年代初期に成長を始めたもので，枯死時の樹齢は約120～130年と考えられる。また，SDAとExcelにより材積の年成長量も計算できるが，その変化をグラフにすると図18のようになる。

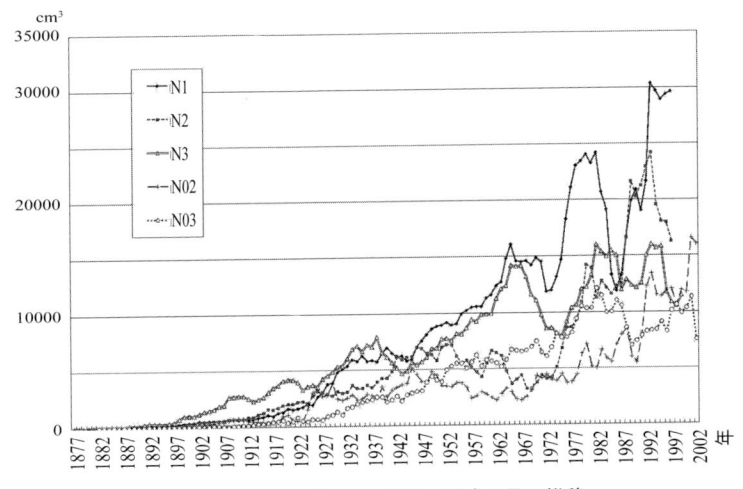

第 2 章 明治〜昭和初期の植生景観　　　　　119

図18　試料木の年間材積成長量の推移

　次に，これらの結果について，まず試料木ごとの成長履歴を簡単にまとめておきたい。

　i　N1 の成長履歴の概要
　この樹木の最下部円板の高さは 0.2 m であり，樹木が成長を始めた年は明確にはわからないが，その初期の樹高変化（図17）から考えると，1870 年代の後期，おそらくは 1877 年頃に成長を始めたものと思われる。1877 年に成長を始めたとした場合，樹高 1 m に達するのに 11 年，2 m に達するのに 24 年，3 m に達するのに 29 年，4 m に達するのに 35 年，5 m に達するのに 39 年，10 m に達するのに 65 年，15 m に達するのに約 100 年，そして最終的に樹高約 18 m に達するのに 120 年かかっていることになる。
　また，人の目の高さに近い樹高 1.5 m での直径は，樹齢 54 年で 10 cm，79 年で 20 cm，104 年で 30 cm となり，最終的に 120 年で約 35 cm に達したことがわかる。
　一方，年輪間隔が 5 年の樹幹解析図（図15）ではわかりにくいが，年輪間隔が 1 年ごとの樹幹解析図（図14）を見ると，年輪の密度などから樹木の成長が悪い時期と良い時期が何回か繰り返されていることがわかる。そうした変化の背景には，天候の影響も考えられるが，たとえば，試料とした樹木の周辺の木々が

伐られたり枯れたりするといった周辺の環境の変化があったことも考えられる。樹木の成長が悪い時期の後に成長が良くなる場合，成長が急に良くなった年の前年にそうした変化があったとすると，N1の場合，そうした変化は1898年（disk:1），1908年（disk:2），1917年（disk:4），1927年（disk:3），1945年（disk:2），1973年（disk:1），1986年（disk:1）に何らかの大きな周辺環境の変化があった可能性が考えられる。これらの年代は，材積の年成長量変化のグラフ（図18）からも読み取ることができるものである。なお，年代の後の括弧内に記した「disk:＊」は，主に根拠とした試料円板を示している。たとえば，「disk:1」は1mの高さの樹木円板を意味する（以下同様）。

ii　N2の成長履歴の概要

この樹木の最下部円板の高さは0.5mであり，樹木が成長を始めた年は正確にはわからないが，その比較的初期の樹高変化（図17）から考えると，1870年代の中期，おそらくは1875年頃に成長が始まったものと思われる。1875年に成長が始まったと仮定した場合，樹高1mに達するのに12年，2mに達するのに21年，

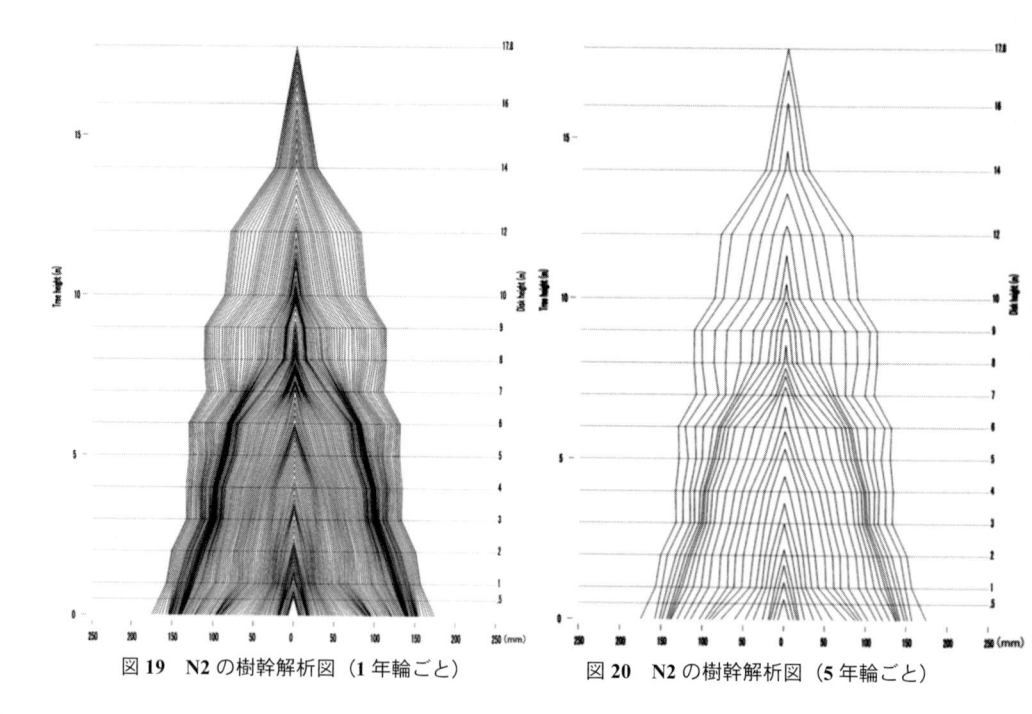

図19　N2の樹幹解析図（1年輪ごと）　　　　　図20　N2の樹幹解析図（5年輪ごと）

3 m に達するのに 28 年，4 m に達するのに 35 年，5 m に達するのに 41 年，10 m に達するのに 84 年，15 m に達するのに約 110 年，そして最終的に樹高約 18 m に達するのに 122 年かかっていることがわかる。また，樹高 1.5 m での直径は，樹齢 52 年で 10 cm，78 年で 20 cm，最終的に 122 年で 30 cm あまりに達したことがわかる。

一方，年輪間隔が 1 年ごとの樹幹解析図（図 19）を見ると，年輪の密度などから樹木の成長がかなり悪い時期と成長が良い時期があったことがよくわかる。樹木の成長がかなり悪い時期の後に成長が良くなる場合，その頃何らかの周辺環境の変化があった可能性があるが，もし成長が急に良くなった年の前年にそうした変化があったとすると，N2 の場合，1898 年（disk:2），1906 年（disk:3），1924 年（disk:5），1944 年（disk:7），1977 年（disk:0.5），に何らかの比較的大きな周辺環境の変化があった可能性が考えられる。これらの年代は，材積の年成長量変化のグラフ（図 18）との対応が明確でないところが多い。

ⅲ　N3 の成長履歴の概要

この樹木の最下部円板の高さは 1 m であり，樹木が成長を始めた年は明確にはわからないが，その比較的初期の樹高変化（図 17）から考えると，1880 年代の初期から中期頃に成長が始まった可能性が考えられる。1883 年に成長が始まったと仮定した場合，樹高 1 m に達するのに 5 年，2 m に達するのに 8 年，3 m に達するのに 13 年，4 m に達するのに 18 年，5 m に達するのに 20 年，10 m に達するのに 46 年，15 m に達するのに 75 年，そして最終的に樹高約 19 m に達するのに 116 年かかっていることがわかる。また，樹高 1.5 m での直径は，樹齢 32 年で 10 cm，68 年で 20 cm，108 年で 30 cm，最終的に 116 年で約 34 cm に達したことがわかる。なお，ここでは 1883 年に成長が始まったと仮定したが，他の試料木の場合，1 m の樹高になるまでに 10 年以上，試料木によっては 26 年ほどかかっているものもあることから，実際に成長が始まった年は，ここで推定したものより数年から 10 年前後遡ることも考えられる。

一方，年輪間隔が 1 年ごとの樹幹解析図（図 21）を見ると，年輪の密度などから樹木の成長がかなり悪い時期と成長が良い時期があったことがよくわかる。樹木の成長がかなり悪い時期の後に成長が良くなる場合，その頃何らかの周辺環境の変化があった可能性があるが，もし成長が急に良くなった年の前年にそうし

図 21　N3 の樹幹解析図（1 年輪ごと）　　　　図 22　N3 の樹幹解析図（5 年輪ごと）

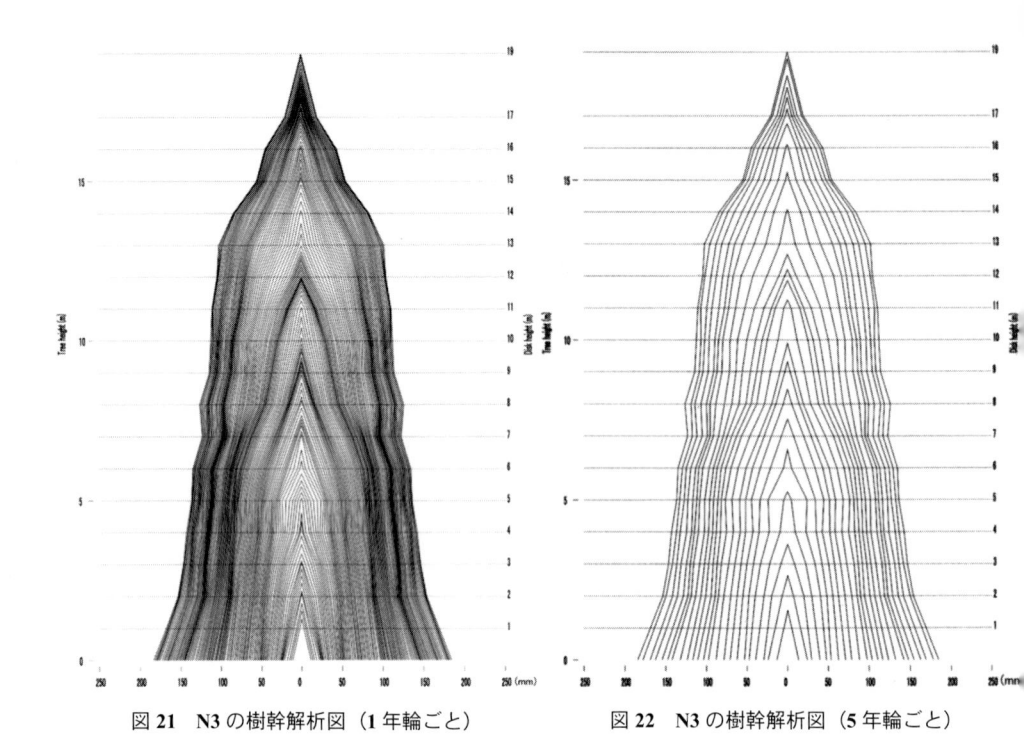

た変化があったとすると，N3 の場合，1897 年（disk:1），1915 年（disk:7），1928 年（disk:8），1944 年（disk:11），1978 年（disk:10）に何らかの比較的大きな周辺環境の変化があった可能性が考えられる。材積の年成長量変化のグラフ（図 18）からも，それとほぼ同じ頃に成長の転換期があったことを読み取ることができる。

iv　N02 の成長履歴の概要

　この樹木の最下部円板の高さは 0 m であることから，それによりその樹木が成長を始めた年は 1874 年頃と考えられる。その後，樹高 1 m に達するのに 17 年，2 m に達するのに 25 年，3 m に達するのに約 35 年，4 m に達するのに 40 年，5 m に達するのに 45 年，10 m に達するのに 75 年，15 m に達するのに 111 年，そして最終的に樹高約 17 m に達するのに約 128 年かかっていることがわかる。また，樹高 1.5 m での直径は，樹齢 62 年で 10 cm，114 年で 20 cm，最終的に 128 年で約 25 cm に達したことがわかる。

第 2 章　明治〜昭和初期の植生景観　　　　　　　　　　　　　123

図 23　N02 の樹幹解析図（1 年輪ごと）　　　図 24　N02 の樹幹解析図（5 年輪ごと）

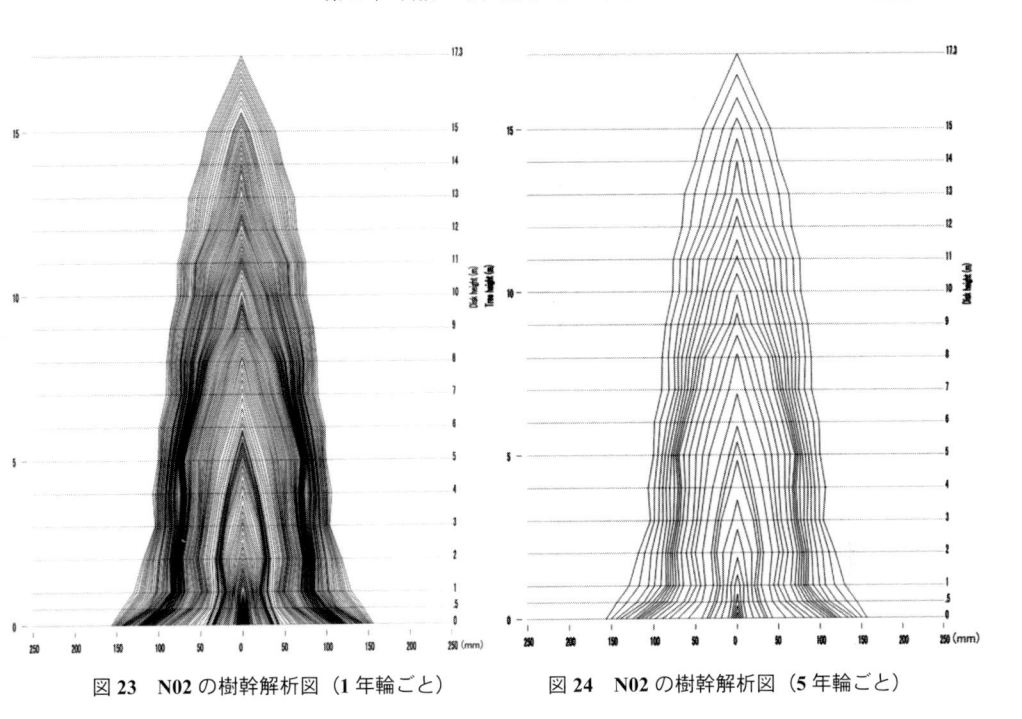

　一方，年輪間隔が 1 年ごとの樹幹解析図（図 23）を見ると，年輪の密度などからこの樹木も成長がかなり悪い時期と成長が比較的良い時期があったことがわかる。樹木の成長がかなり悪い時期の後に成長が良くなる場合，その頃何らかの周辺環境の変化があった可能性があるが，もし成長が急に良くなった年の前年にそうした変化があったとすると，N02 の場合，1898 年（disk:0），1923 年（disk:1），1948 年（disk:9），1959 年（disk:11），1969 年（disk:12），1990 年（disk:15）に何らかの比較的大きな周辺環境の変化があった可能性が考えられる。これらの年代の中には，材積の年成長量変化のグラフ（図 18）と対応している部分もあるが，それとの対応が見られないところもある。

<u>ⅴ　N03 の成長履歴の概要</u>
　この樹木の最下部円板の高さは 0 m であることから，それによりその樹木が成長を始めた年は 1881 年頃と考えられる。その後，樹高 1 m に達するのに 26 年，2 m に達するのに 28 年，3 m に達するのに 31 年，4 m に達するのに 42 年，5 m

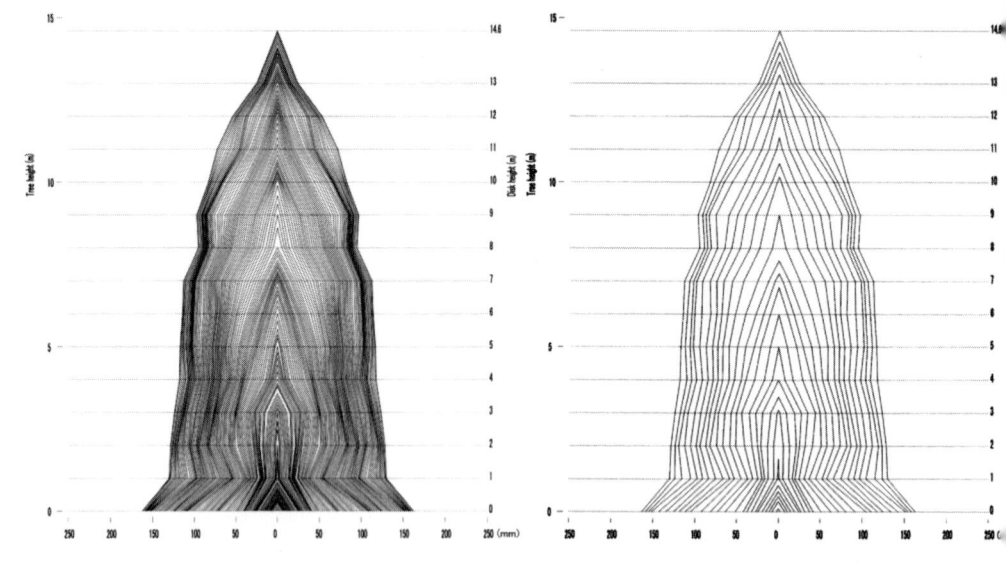

図25　N03の樹幹解析図（1年輪ごと）　　　図26　N03の樹幹解析図（5年輪ごと）

に達するのに47年，10 mに達するのに75年，そして最終的に樹高約15 mに達するのに120年余りかかっていることがわかる。また，樹高1.5 mでの直径は，樹齢69年で10 cm，99年で20 cm，最終的に121年で約26 cmに達したことがわかる。

　一方，年輪間隔が1年ごとの樹幹解析図（図25）を見ると，年輪の密度などから，この樹木についても成長がかなり悪い時期と成長が比較的良い時期があったことがわかる。樹木の成長がかなり悪い時期の後に成長が急速に良くなる場合，その頃何らかの周辺環境の変化があった可能性があるが，もし成長が急に良くなった年の前年にそうした変化があったとすると，N03の場合，1910年（disk:1），1928年（disk:1），1947年（disk:2），1966年（disk:10），1977年（disk:2）に何らかの比較的大きな周辺環境の変化があった可能性が考えられる。これらの年代は，材積の年成長量変化（図18）との相関もある程度あると見ることができる。

vi　5本の試料木成長履歴のまとめと考察

　以上，試料とした5本のアカマツ古枯木について，その成長履歴の概要について述べたが，それらをまとめると，その地の森林樹高の変化などが見えてくる。

第2章 明治〜昭和初期の植生景観　　　125

　ここで検討したアカマツ古枯木の成長速度は明治期の頃は概してかなり遅く，発芽年を特定ないしほぼ正確に推定できる4本の試料木（N1, N2, N02, N03）については，樹高が2mに達するのに21年から28年（平均で約25年），樹高が3mに達するのに28年から35年（平均で約31年），5mに達するのに39年から47年（平均で43年）もかかっている。また，それらの樹木では，樹高1.5mでの直径が10cmに達するのに，52年から69年（平均で約59年）もかかっている。これらの試料木の成長速度は，近年の同地域でのアカマツの成長速度（後述，2.4.2）や，1950年代中期に行われた京都府亀岡市とその北西に位置する船井郡園部町のアカマツの樹幹解析結果[41]などと比べても，非常に遅いものである。なお，発芽年が1870年代中期から1880年代中期とやや幅広く推定されるN3については，その発芽年がもし1880年代中期であれば，樹高が5mに達するのに20年足らずということになり，成長速度はさほど遅くはない。しかし，その発芽年がもし1870年代中期であれば，その年数は30年近くということになり，検討した試料木のなかでは例外的に成長速度が速いとはいえ，近年の一般的なアカマツの成長速度と比べるとかなり遅いということになる。

　ここで検討した樹木が，それらが成育していた付近の森林において，いつ頃から最高木層の樹木であったかどうかは定かではないが，典型的な陽樹であるアカマツの樹種特性から考えると，かなり長期にわたりそうであったものが多い可能性が高いのではないかと思われる。もしそうであれば，今回樹幹解析を行った枯死木の生育していた付近におけるかつての森林樹高は，たとえば明治中期の明治22（1889）年では，森林樹高はせいぜい1mあまりであったことも考えられる（樹齢は8年から15年程度）。また，明治末の明治45（1912）年では試料木の樹高は約3mから7.3m，平均で約4.6mであった（樹齢は約30年から40年）ことから，N3のように，やや成長の良いアカマツもあったが，その頃は平均的には樹齢約30年から40年の森林の樹高が5mにも達していなかった可能性が小さくないものと思われる。こうした樹幹解析から見えてくる明治期の森林の状態は，当時の文献などから考えられる京都近郊における里山の森林の状態と矛盾するものではなく，むしろかつての京都近郊における森林の実態をよく示す一例として見ることができるように思われる。

　一方，それぞれの試料木には樹木の成長がかなり悪い時期と成長が比較的良い時期が何回かあったことがわかるが，その変化の要因として，天候とともに何ら

かの周辺環境の大きな変化があった可能性がある。そうした変化が起こった可能性がある年代は，5本の試料木に比較的共通することが多く，1898年頃（前後1年を含む），1925年前後（前後2～3年を含む；以下同様），1945年前後，1975年前後に集中する傾向が見られる。そのうち1945年前後についていえば，1945年は第二次世界大戦が終結した年であり，その戦争の末期から終戦後しばらくの間は燃料不足から薪炭が高騰し，試料木のあった岩倉付近でもその頃は薪の採取がたいへん盛んに行われていた。そのことは，当時自ら山林作業に携わり，晩年岩倉自治連合会会長などを務めた今井武雄氏（故人）などから聞くことができた（前章：1.2.2）。他の年代についても，薪の採取や木材の伐採や枯死などにより，周辺の環境が大きく変わった時期であった可能性が考えられる。

　なお，検討した5本の試料木の成長を互いに比較することによりわかるその他の共通点や相違点もある。たとえば，5本の試料木の樹高成長を比較すると，N1，N2，N02が概して平均的な成長をしたのに対し，N3は概して良く，N03は概して悪かったといえる。N1，N2，N02については，1930年頃までは，その樹高成長はかなりよく一致している。その後，N2の樹高成長速度がN1とN02に比べて落ち，一方N1の成長がN2とN02と比べて大きくなるが，やがてN2は盛り返し，またN1の成長速度が緩やかになることにより，1980年代以降，それらの樹高はまた近いものとなっている。N3については，1909年までは，他の試料木に比べるとその樹高成長は格段によかったが，その後は枯死するまで樹高は引き続き最も高かったとはいえ，成長速度は他の試料木とさほど大きく変わらないものとなっていった。

　材積の成長については，樹高成長とは異なるパターンが見られる。20世紀初期までN3の成長が他の試料木よりも格段に良かった点は，樹高成長と共通しているが，その樹高成長が1909年まで他の試料木に比べると格段によかったのに対し，材積の成長がよい時期は1922年頃まで続いている。その後，N3はN1と比較的近い材積の成長をしてゆくことになる。それら2本の樹木は1970年代初期までは，他の3本の樹木に比べて材積成長が目立つ年が多く，その頃までの年材積成長量は互いによく似ている。しかし，1970年頃からN1の成長の良さが目立つ年が多くなるのに対し，N3の成長はとくに目立つものではなくなってくる。それに対し，N2，N02，N03は，N2の材積成長が1988年以降，他の2本の樹木に比べてかなりよいなどの違いもあるとはいえ，それらの材積の成長は比較的似

たものとなっている。

　ここで検討した樹木は，京都市北部の一地域に生育していた限られた数のものではあるが，それにより明治期などにおける京都近郊の森林・樹木の成長などの具体例が明らかになった。それは，文献などからわかるかつての森林の状態とよく一致するものである。とはいえ，京都近郊などのさらに多くの地域で生育した多くの古木の樹幹解析を行うことができれば，かつての京都近郊などの森林の樹高や樹木の成長速度の実態はより明らかなものとなるであろう。

2.4.2 【参考】京都近郊におけるアカマツとコジイの近年の成長について
－上記アカマツ古木との比較のために－

　上記のように，明治期の頃などには成長がきわめて遅いアカマツが多かったと考えられるが，近年では，1年間に樹高が数十cmから1m近く伸びるアカマツを見かけることも珍しくない。近年のアカマツの成長は，明らかに上記の古枯木よりも速いと思われるが，どれほど速いのだろうか。

　アカマツの樹幹解析を伴う成長調査としては，少し古くは，先に引用した調査[42]やマツカレハなどの害虫被害をうけたアカマツの調査（古野 1964）[43]などがあり，また比較的近年では國崎ほか（1996）[44]による九州での調査などもあるが，そうした樹幹解析の報告例は少ない。また，それらの調査地には京都近郊におけるものも含まれるとはいえ，その調査年代はやや古く，また，その立地条件は上記のアカマツ古枯木調査地とはある程度異なる所と思われる。

　そこで，ここでは上記の古木との比較のために，同地域において1960年代前期に発芽し成長を始めたアカマツ5本の樹幹解析結果，また近年発芽し成長を始めたアカマツ稚樹の樹高成長調査の結果の概要を示す。

　一方，近年，京都近郊などでは，アカマツ林が衰退する一方で，コジイ林が急速に拡大しつつある。そのため，近年あるいは比較的近年の森林の変化とともに今後の森林景観変化を考える基礎として，41年生と45年生のコジイ2本，また樹高5m程度までの比較的若いコジイ9本の樹幹解析を試みたので，その結果の概要も示す。

1）調査地

　調査したアカマツとコジイが生育していたところは，上記のアカマツ古枯木調

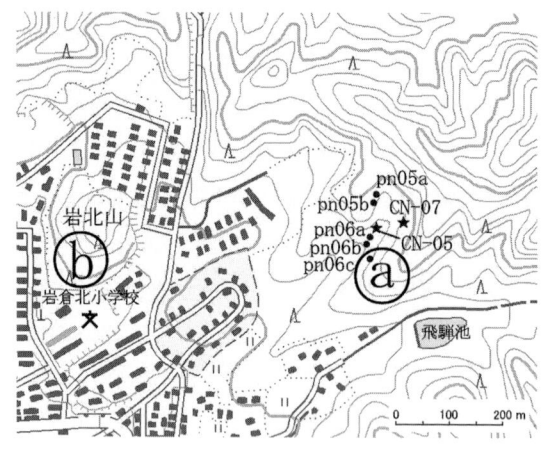

図 27 調査地と試料木の位置

査地付近である（図27のa）。その図のaの円内の一部とそのすぐ北側（上部）は，ここで試料とした41～45年生のアカマツ5本とコジイ2本があったところである。そのうち，アカマツの位置は図に小点で示した（pn05a～pn06c）。また，41年生と45年生のコジイのあった場所は★印で示した（CN-05，CN-07）。それらアカマツやコジイの位置は，上記のアカマツ古枯木のあった場所とは，直線距離で約50 m～200 mほどしか離れていないところで，標高は約175～195 mである。このあたりは，京都市左京区岩倉長谷町の北部に位置するため，ここでは「北長谷」とする。

なお，図27のaとbの円内において，アカマツの稚樹の成長調査も行った。そのb地点は，aの地点の西方約500 mほどのところにある岩倉北小学校の裏

写真25 調査地の現況
（図27のb付近）

山である通称「岩北山」の南西斜面中腹である（写真 25）。a の円内の標高は約 165 ～ 185 m, 一方, b の円内の標高は約 155 ～ 165 m である。また, 樹幹解析を行ったコジイの若齢樹があった場所は, これらの場所から約 3 km 南方の宝ヶ池公園内の丘陵の尾根部であり, 標高は約 135 ～ 150 m のところである。

　いずれの地域も古くから人里に近い場所で, かつてはアカマツが主体の林の見られるところが多かったが, 近年ではマツ枯れにより, アカマツは大幅に減少している。一方, シイが占める割合は, しだいに増加する傾向にある。

2）方法

　樹幹解析を行ったアカマツ 5 本は, 枯死後間もないものを 2005 年から 2006 年にかけて伐倒したものである。2005 年には, pn05a, pn05b と名づけた試料木を 2 本, また 2006 年に pn06a, pn06b, pn06c と名づけたものを 3 本伐倒した（それぞれの試料木の位置は図 27 に示す通り）。それらの樹木から, 基本的に 1 m ごとに樹木円板を採取した。ただし, pn06a, pn06b, pn06c については, 基部から 0.5 m の高さの樹木円板も採取した。それらの樹木の樹齢は 41 ～ 45 年で, 1960 年代前期に発芽し成長をはじめたものであり, 樹高は約 15 m から 19 m である。なお, ここで検討したアカマツについても, それぞれの基部からの長さを樹高とした。これは, 下記のコジイについても同様である。

　採取した樹木円板は, 上記のアカマツ古枯木調査と同様な方法で処理し, 樹幹解析図, 樹高成長表, 材積成長表を SDA で作成し, また Excel により, 各試料木の樹高変化と材積（樹幹体積）増加を示すグラフも作成した。

　また, アカマツ稚樹の成長については, 主幹から分枝するある点とのそれに最も近い上または下の分枝点の長さが, 1 年間の成長量を示すというアカマツの特徴から, 各稚樹の一年ごとの成長についてメジャーを用いて直接調べた。その結果を Excel に入力し, 樹高成長表とグラフを作成した。

　一方, 41 年生と 45 年生のコジイ 2 本は, 2005 年と 2007 年に伐倒したもので, 2005 年に伐倒したものを CN-05, また 2007 年に伐倒したものを CN-07 と名づけた。それらの樹木から, 1 m ごとに樹木円板を採取した。それらの樹木は, 1960 年代前期に発芽し成長をはじめたものであり, 伐倒時の樹高は約 20 m（CN-05）と約 17 m（CN-07）である。

　また, 宝ヶ池公園では, 樹高 5 m 程度までのコジイの若齢樹 9 本について, 基

本的に 0.5 m ごとに樹木円板を採取したが，一部の樹木については，樹高 1 m までは 0.2 m ごとに樹木円板を採取した。

3）結果と考察

i　近年のアカマツの成長

【41〜45 年生のアカマツ】

41〜45 年生のアカマツ 5 本（pn05a，pn05b，pn06a，pn06b，pn06c）の樹幹解析図（図 28〜32）とその樹高成長の推移（図 33）と材積成長量の推移（図 34）は，図の通りである。

これらの樹木は，41 年から 45 年の歳月をかけて樹高 15 m（pn05a）から 19 m（pn06c），材積約 133000 cm^3（pn05b）から約 225300 cm^3（pn05a）に成長している。図 33 と図 34 には，先に調べた同地域で生育していたアカマツ古木についてのデータも参考のために加えている。

近年の 41 年生から 45 年生のアカマツは，その成長にそれぞれ違いはあるものの，とくに樹高成長については，発芽間もない頃から 40 年あまり，さほど大きくない幅のなかで成長していることがわかる。また，材積についても，ある程度の幅はあるものの，さほど大きな違いのない成長をしてきたと見ることができる。なお，発芽後 42 年目に最大材積の樹木が 1 本減るため，図 34 ではそれ以降の平均は示していない。

そうした近年のアカマツの成長を，先に調べた樹齢 100 年を超える古木の成長と比べると，近年のものがきわめて速く成長していることがわかる。たとえば，樹高成長では，近年のアカマツは 10 年で平均的に約 3.2 m に成長しているが，古木は平均で 0.6 m の成長に過ぎない。また，20 年では，近年のものが平均で 8.7 m であるのに対し，古木のそれは 1.6 m，30 年では近年のものが平均で 13.2 m であるのに

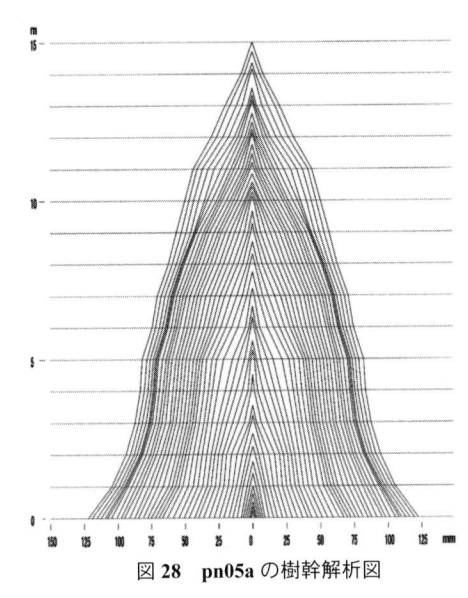

図 28　pn05a の樹幹解析図

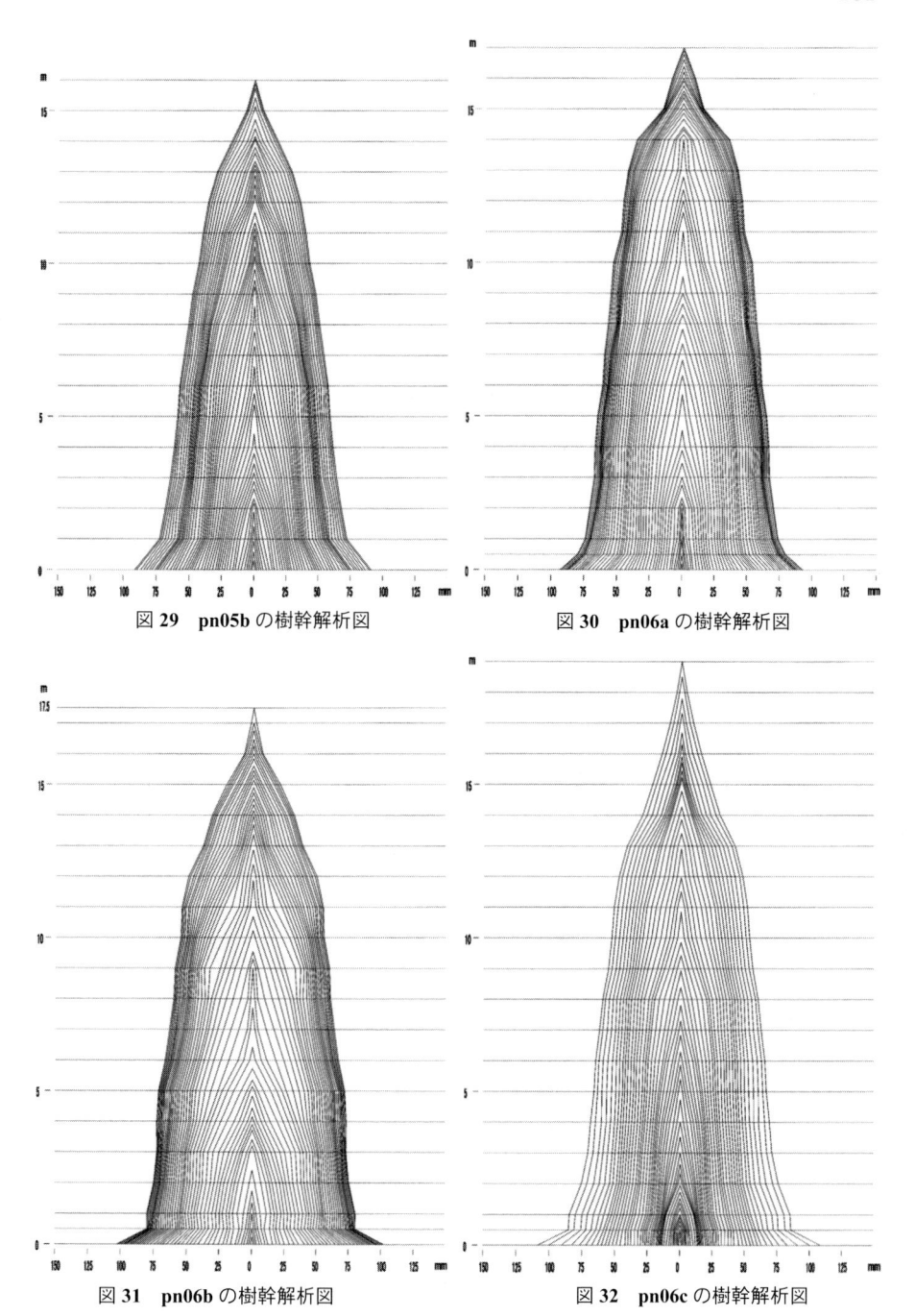

第 2 章 明治〜昭和初期の植生景観　　　　　　　　　　　　　　131

図 29　pn05b の樹幹解析図

図 30　pn06a の樹幹解析図

図 31　pn06b の樹幹解析図

図 32　pn06c の樹幹解析図

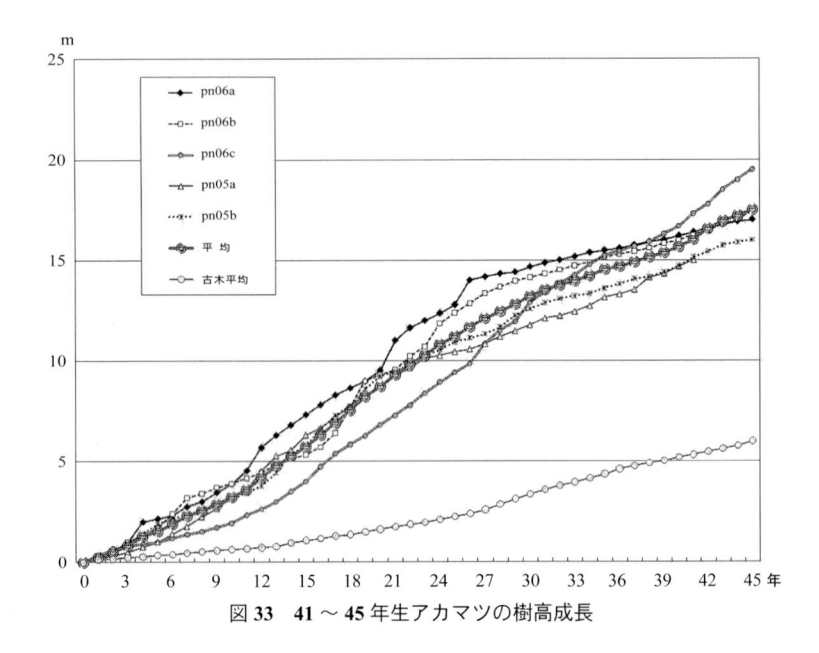

132

図33　41〜45年生アカマツの樹高成長

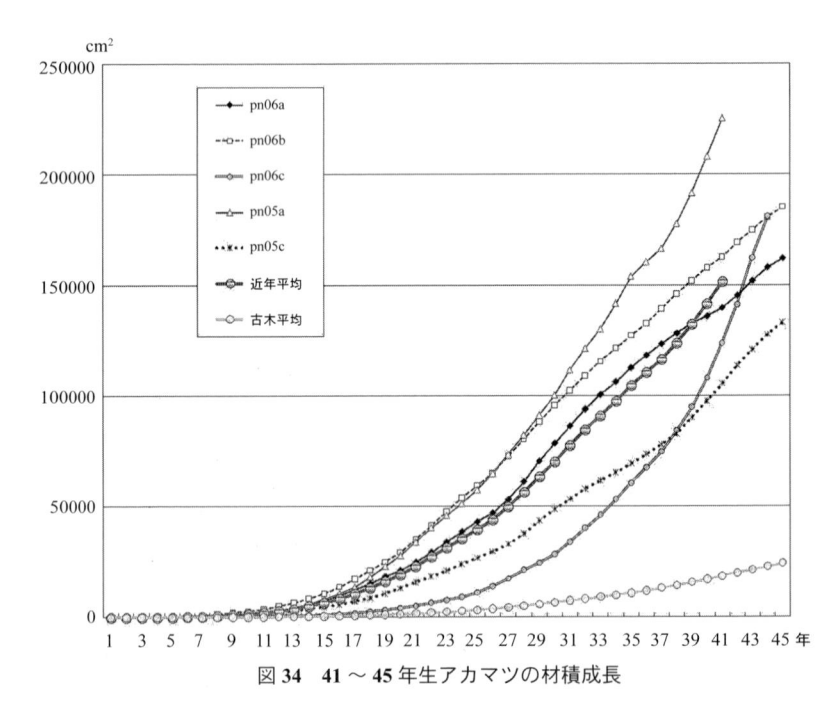

図34　41〜45年生アカマツの材積成長

対し，古木のそれは 3.4 m，また 40 年では近年のものが平均で 15.7 m であるのに対し，古木のそれは 5.2 m に過ぎない。とくに 10 年と 20 年の時点では，約 5 倍もの樹高の違いがあることがわかる。なお，30 年と 40 年の時点では，それぞれ約 4 倍と 3 倍の違いがある。

また，材積成長では，近年のアカマツは 10 年で平均的に 990 cm^3 に成長しているが，古木は平均で 97 cm^3 の成長に過ぎない。また，20 年では，近年のものが平均で 19122 cm^3 であるのに対し，古木のそれは 1492 cm^3，30 年では近年のものが平均で 70272 cm^3 であるのに対し，古木のそれは 6676 cm^3，また 40 年では近年のものが平均で 141504 cm^3 であるのに対し，古木のそれは 17147 cm^3 に過ぎない。とくに 20 年の時点では，約 13 倍もの材積の違いがあることがわかる。なお，10 年と 30 年の時点では約 10 倍，40 年の時点では約 8 倍の違いである。

これらの結果から，40 年生あまりの近年のアカマツの成長は，同地域で明治前期に発芽したアカマツと比べ，樹高成長で 3～5 倍程度，材積成長で 8～13 倍程度の違いがあることがわかる。

【アカマツ稚樹】

図 27 の a と b の円内に含まれる地点，すなわち「北長谷」と「岩北山」において，2005 年 12 月に 10 年生までのアカマツ稚樹の成長調査を行った。調査地の項でも少し述べたように，「北長谷」と「岩北山」は，ともにかつてはアカマツが主体の林の見られるところが多かったが，近年ではアカマツは年々減少傾向にある。もう少し詳しく述べると，「北長谷」でアカマツ稚樹を調べた地点付近には，高木のアカマツはすでにほとんどなくなり，ヒノキが主体の林となっている。また，「岩北山」でアカマツ稚樹を調べた地点付近にも，高木のアカマツはほとんどなく，調査地付近では高木ではヒノキやコナラの割合が大きい林となっている。ただ，「岩北山」の調査地付近は，森林の手入れが「北長谷」よりもよくなされており，高木の樹木の密度が「北長谷」に比べてやや小さいことや，コナラなどの落葉樹もあるため，少し明るく感じられる林となっている。「北長谷」，「岩北山」ともに，アカマツ稚樹のあったところは林縁であったり，林冠にある程度のすき間のあるところであったりすることにより，ある程度日照があるところである。

調査では，「北長谷」で 2～7 年生のアカマツ稚樹を 24 本，「岩北山」では 6～10 年生のアカマツ稚樹 49 本を調べた。その結果の概要をグラフで示すと図

35 のとおりである。なお，図には上記の 41 〜 45 年生の近年のアカマツと同地域で明治前期に成長を始めたアカマツ古木の初期成長（平均）のデータも加えた。

図 35 では，「北長谷」と「岩北山」のグラフがほとんど重なり，見にくくなっているが，どちらの地域もアカマツ稚樹の個体差は小さくないものの，平均値を見ると，それぞれの地域でのアカマツ稚樹の成長速度はかなり近いものとなっている。

一方，近年のアカマツ稚樹の成長を，「北長谷」の 41 〜 45 年生の近年のアカマツ，また同地域で明治前期に成長を始めたアカマツ古木の初期成長と比べると，近年のアカマツ稚樹の成長は，近年の 41 〜 45 年生アカマツの初期成長と比べるとかなり悪く，「北長谷」と「岩北山」のアカマツ稚樹の樹高成長の平均値が得られる発芽後 6 年までであれば，その成長は近年の 41 〜 45 年生アカマツの 2 分の 1 以下である。また，「岩北山」のアカマツ稚樹は，発芽後 9 年で 41 〜 45 年生のアカマツが同齢期であったときの樹高に最も近づくが，それでもその樹高は 41 〜 45 年生アカマツの同齢期の 3 分の 2 程度である。

また，明治前期に成長を始めたアカマツ古木と比べると，2 年目までは，ほぼ同程度の成長をしているが，それ以降は近年のアカマツ稚樹の方が徐々に成長が

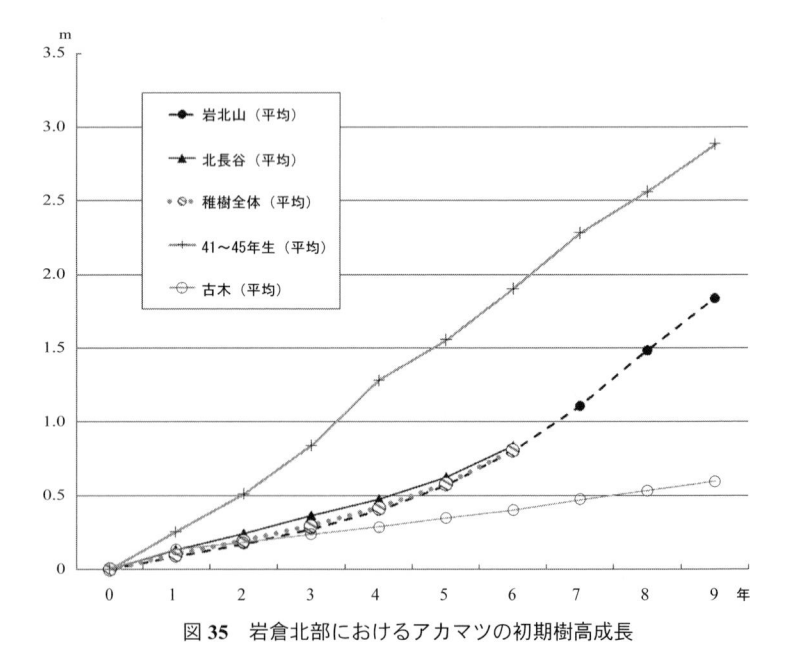

図 35　岩倉北部におけるアカマツの初期樹高成長

速くなり，9年目では，古木と比べると約3倍の樹高となる．

　このように，今回調べたアカマツ稚樹は，明治前期に成長を始めたアカマツよりも初期成長の速度は速いが，近年の41～45年生アカマツよりも初期成長の速度が遅いことがわかる．近年のアカマツ稚樹が，近年の41～45年生アカマツよりも初期成長速度が遅いという結果になったのは，近年のアカマツ稚樹が林内といってもよいようなところに生育しているものが少なくなかったために，光条件が近年の41～45年生アカマツよりも全般的に悪かったことが一つの要因として考えられる．なお，近年の41～45年生アカマツは，それが生育していた森林の状況から，付近の森林が広範囲に伐採された直後によい日照条件下で成長し始めたものと思われる．

　また，今回調べたアカマツ稚樹のなかには，林縁にあり光条件が決して悪くないと思われるものもあったが，そのなかで近年の41～45年生アカマツの初期成長に近い成長をしていたのは「岩北山」の1本だけであった．その1本のあったところは，林道脇で，光条件もよいが，林道の山裾側の盛土部分ということで土壌条件が他とは異なっていた．近年のアカマツ稚樹は，ふつうやや分厚い腐葉土のあるところに生えているものが多いが，そのようなところはマツタケなどの菌根菌も少なく，アカマツにとっては決して良い生育環境ではないものと思われる．

　それでも，調査をしたアカマツ稚樹は，高度経済成長期初期の京都近郊におけるアカマツの調査報告[45]の数字と比べると，成長が速いことがわかる．すなわち，上記調査地の場合，樹高2mに達するのに平均で10年足らずかかると考えられるが，その1964年の報告では，たとえば京都東山のアカマツは，樹高2mに達するのに平均で約15年かかっている．それは上記調査地の場合の約1.5倍の数字である．

　いずれにしても，近年のアカマツが，アカマツにとってあまり良くない条件下で生育している稚樹も含め，明治前期に成長を始めたアカマツよりも初期成長速度が速いのは，土壌などの環境がかつてとは大きく変わってきているためと思われる．たとえば，かつての京都近郊の里山は，燃料としての柴や松葉の採取などが頻繁に行われることにより，過酷とも言える利用がなされ（前章：1.2.2），森林の地表には概して腐植が乏しく，そのために土に水分が保たれにくく，また土中の養分も少なかったと考えられるが，その状況は森林が放置化されているところが多い今日では大きく変わってきている．

ii 近年のコジイの成長

【41年生と45年生のコジイ】

「北長谷」（図27，aの円北側）にあった41年生（CN-05；2005年伐採）と45年生（CN-07；2007年伐採）のコジイの樹幹解析図（図36〜37），樹高および材積成長グラフ（図38〜39）は次の通りである。

その樹幹解析図から，これらのコジイの成長は速く，とくにその肥大成長については，近年の40年生あまりのアカマツの成長をもはるかに凌ぐものである。これはわずかな例に過ぎないが，京都近郊の多くのコジイをこれまで見てきた限りでは，これらの個体は決して特別成長がよいものではなく，同程度の樹齢のコジイとしては，おそらく標準的といっていいような成長をしてきた可能性が高いのではないかと思われる。そのことは，やはり調査例は多くはないが，コジイの若齢樹の調査（概要後述）からも考えられるところである。

樹高成長を示すグラフ（図38）でわかるように，コジイは2本とも発芽後30年間ほどは，一部期間を除き樹高成長パターンはかなり近いものとなっている。31年目以降は樹高差がやや大きく開く傾向にあるが，調べた2本の高木のコジ

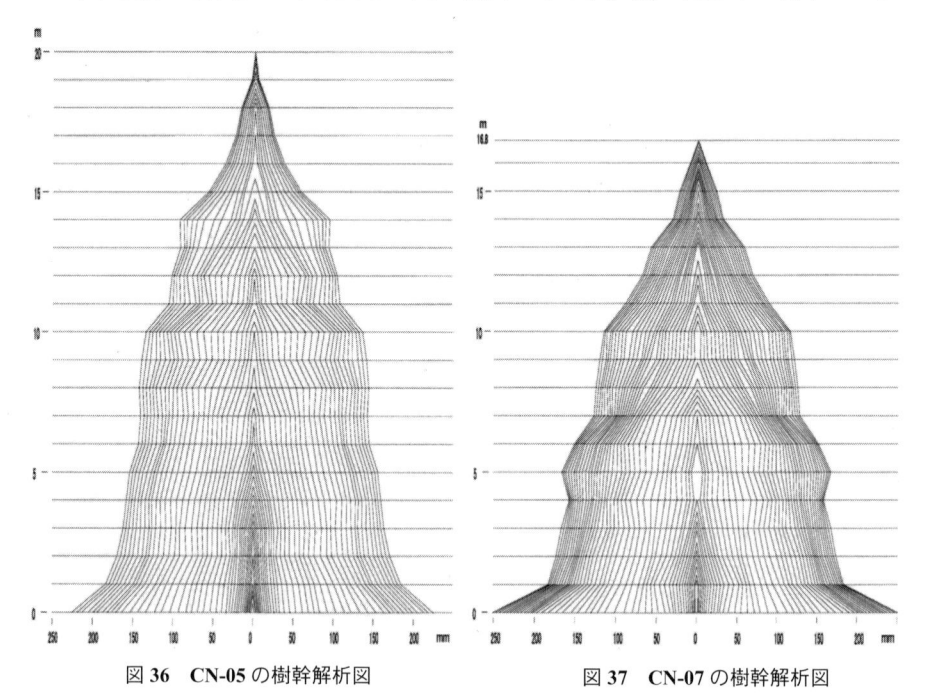

図36　CN-05の樹幹解析図　　　　　図37　CN-07の樹幹解析図

イは，それでも全体的には比較的類似した樹高成長パターンとなっている。
　一方，図39の材積成長を示すグラフを見ると，2本のコジイの材積成長パターンは，やや異なっている。すなわち，発芽から20年余りの間は，41年生のコジ

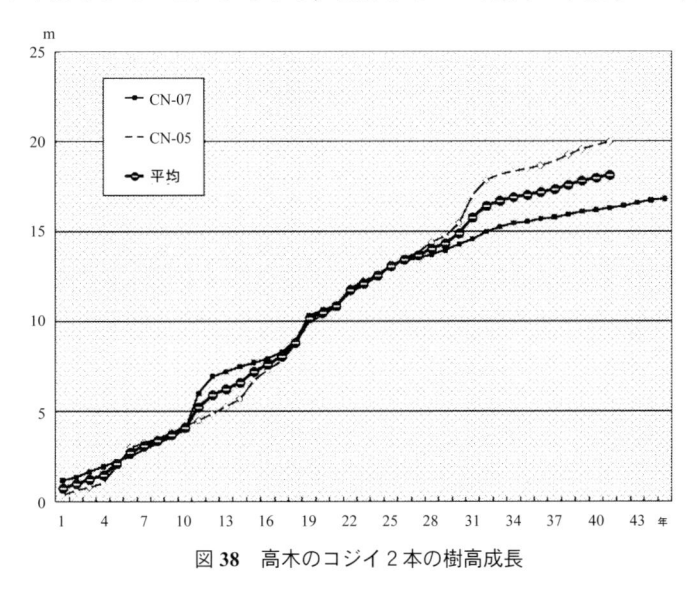

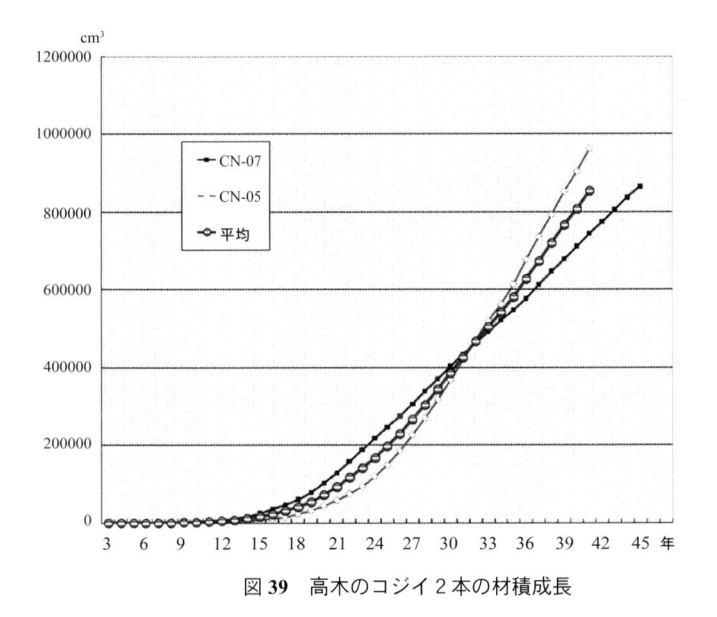

図38　高木のコジイ2本の樹高成長

図39　高木のコジイ2本の材積成長

イ（CN-05）は45年生のコジイ（CN-07）に比べ材積成長はかなり悪い。図39では発芽後15年ほどの期間は数値が小さいため，グラフ上での量的比較が難しいが，実際の表の数値としては，その期間のCN-05の材積はCN-07の2分の1から4分の1程度しかない。しかし，CN-05は発芽後24年の頃から急速な成長に転じ，32年目以降の材積はCN-07を上まわることになる。なお，2本のコジイとも，ある時点から直線的な材積成長をしている。そのような変化の起点は，CN-05では発芽後27～28年の頃，CN-07では同じく20年の頃である。

2本のコジイの初期材積成長パターンにやや大きな違いがあることは，図39ではややわかりにくいが，CN-07の初期の樹高成長がCN-05と比べると極端に良いことから，CN-07は萌芽更新[46]による樹木である可能性が高く，一方でCN-05はそうではないか，萌芽更新でも，かなり小木の萌芽更新である可能性が高いように思われる。

【コジイ若齢樹】

アカマツ稚樹などの調査地の南方約3kmのところにある宝ヶ池公園の丘陵上部において，2006年から2007年にかけて採取したコジイ若齢樹9本について樹幹解析を行い，樹幹解析図，樹高成長および材積成長グラフを作成した。そのサンプル数が限られたものであることもあり，ここではその詳細を述べることは控えるが，詳しくはそれをまとめた拙論[47]をご覧いただきたい。

結論の概要としては，コジイ若齢樹の成長にも個体差がかなりあるものの，その樹高成長の平均値を見ると，上記のコジイ高木の平均値とかなり近いものであった。また，材積成長についても，樹高成長と同様，やはりコジイ若齢樹の成長には個体差が大きいものの，その平均値はコジイ高木の初期成長の平均値とかなり近いものであった。

コジイ若齢樹はすべて，宝ヶ池公園の丘陵の尾根部付近にあったもので，樹木の生育条件としてはあまり良くないところのものである。それに対し，「北長谷」の高木のコジイは，山地の谷底に近いところと山地中腹にあったもので，調べたコジイ若齢樹の生育地と比べると，生育環境は良さそうに思われるところにあったものである。そのように，やや離れた場所にあり生育環境もだいぶ異なるコジイの若齢樹と高木の初期成長（平均値）がきわめて近いという結果になった。これが偶然か，そうでないかは，今後同様な研究例が増えれば明らかになるであろう。

2.5 明治期における京都府内の植生景観変化の背景

これまで述べてきたように，明治期以降，日本の植生景観はかなり大きく変化しながら今日に至っている。その変化には，第二次世界大戦後を中心にしたスギやヒノキなどの人工林の急増，マツ林の大幅な減少，かつては牧場や採草地などとして使われていた草原の減少などがある。また，今日では森林といえば10 m前後以上の高さがあるのがふつうであるのに対し，明治前期頃の関西や関東の森林には，高さが5 mにも及ばない樹木からなる森林が少なくなく，2～3 m程度の森林も珍しくなかったものと考えられることなどから，森林の樹木の大きさや密度の変化もある。

そうした変化前の明治前期頃の植生景観は，次章でも述べる中世から近世の絵図類を主要な資料とした植生景観の考察[48]などから，その前の時代の面影を色濃く残すものと思われる。とはいえ，植生景観は明治よりも前の時代でも不変のものではなく，たとえば江戸時代の間にもそうした変化の例を知ることができる[49]が，少なくとも中世以降のとくに大きな日本の植生景観変化の原点は明治前期，あるいは明治後期も含む明治期にあるものと思われる。

それでは，具体的にどのような理由により，関西や関東などの日本の植生景観は明治以降大きく変化することになったのだろうか。過去約半世紀の植生景観変化の背景については1章で触れたが，ここでは京都府の場合について，明治期における植生景観変化の背景を明らかにし，植生景観と人間活動，社会との関係を考えてみたい。なお，社寺林の植生景観変化の背景についてはII部で触れるため，ここでは省略する。

2.5.1 『京都府百年の年表』に見られる明治期の植生景観変化に関係する事項

明治初期以降，植生景観が大きく変化した背景をさぐるために，京都府が府政百年の記念事業の一環として作成した『京都府百年の年表3 農林水産編』[50]から，明治期の植生景観変化に関連があると思われる主な事項を抽出すると，表3のようになる。それらの内容は，表中の記載から大まかに山地・山林の保護に関するもの，官林に関するもの，植林に関するもの，肥料に関するもの，その他の5つに分け，記述の冒頭に●や◆などの記号を付して，それぞれがどのような内容のものかを示した（各記号の意味は表3中の凡例の通り）。また各

表3　明治期における植生景観変化関連事項

凡例
- ●：山地・山林保護　◆：官林
- ▲：植林　★：肥料　▽：その他

明治4年
●2・－　山地開拓につき制限。【布達46号、府庁文書 明4－9、府山林誌】

明治5年
●2・25〔4・2〕村持山・私有林の濫伐を禁じ、小樹1反歩以上の洗伐は許可を要すると布達。【布達50号、府庁文書 明5－5、府山林誌】

明治6年
●9・－　オランダ人技師デレーケ来日。《日本》

明治7年
●3・2　府、山林野の火入れの都度、戸長に届出ることを達す。【府令99号】

明治9年
この年
◆府、官林禁伐の制公布。【府山林誌】

明治11年
●2・－　府・山林保護および入火取締等につき布達。【府山林誌】
●2・－　内務省、官林保護について達し、秣草採取の許可・鑑札なく官林へ立入ることを禁止。《日本》

明治12年
▲2・6　人民所有地等荒地の開墾を奨励。【布達43号、府山林誌】

明治13年
●1・19　内務卿伊藤博文、淀川流域諸山の土砂防止のために立木伐採・採草・石材伐出・開墾等作業の取締りを本府に達す。【1・28府、管内に取締りを移牒。《府庁文書 明13－3、明16－58》】
●7・12　府、人民所有山および茅野秣場等火入の際は事前に所轄警察署・戸長役場に届出ることを重ねて達す。【府庁文書 明13－3、府山林誌】
●7・13　淀川流域民有地の立木伐採は1反歩50本以内でも伐木願を差出すよう達す。【布達290号、府庁文書 明13－3】
●12・15　郡区役所にあて濫伐・野焼きを禁じ閑地の造林を奨励。【布達47号、大阪日報明14・1・8】
●12・－　民有山林の濫伐差止を厳達。【布達第47号】

明治15年
●2・8　太政官布達第3号をもって民有林のうち国土保安に関係ある箇所の伐木を禁止（3月民有保安林の取調べを布達）。【布達3、36号】
●9・6　淀川出張土木局、淀川流域草刈場は明文の有無にかかわらず草刈・採草を禁止。【府庁文書 明16－58】

この年
▽府、民・官林反別調査。【府庁文書 明16－58】

明治16年
●3・－　府・山林火入規則制定（違背者は違警罪の適用を受ける）。【府山林誌】

明治17年
●7・7　淀川流域に係る諸山のうち砂害のない箇所に限り諸作業差許し。
●11・22　共有山林保護例制定。【布達甲120号】

明治18年
●3・－　府、社寺境内木竹伐採心得を布達。【府山林誌】
●8・－　府、共有山林保護規約模範をつくり各戸長役場に配布。【府山林誌】

明治19年
●10・11　内務省、淀川流域直轄砂防工事につき竣成地の立木伐採・土石堀取・採草放牧などの禁止を本府に訓令。
●11・4　府、淀川流域内諸山において禁止事項を達す。【府令42号】

明治21年
●3・－　山野火入取締規則公布。《日本》
●3・29　山野火入取締規則を制定（明19・3達項2号を廃止）。【布令33号】
★11・2　東京人造肥料会社、過燐酸石灰肥料の生産開始。《日本》

明治23年
この年
▲天田郡細見村の長沢又三郎、スギ・ヒノキ5万本を植栽。明39の経済変動に際し全資産を造林に傾注し・明42には造林地130町歩を所有。【府山林誌】

明治27年
この年
▲熊野郡農会、スギ・ヒノキの苗仕立場4カ所を設け、その一年苗を町村農会へ売却配布を決議。また共有地である草刈場・柴刈場の一部に5カ年計画で造林。【府農会報39】

明治28年
▲3・26　与謝郡筒川村、植樹奨励規程を定める。【府農会報76】
この年
▲竹野郡吉野村大字芋野部落、水源涵養・基本財産造成を目的に10カ年計画でスギ・ヒノキの造林を開始。【府農会報76】
▲熊野郡農会、スギ・ヒノキ苗仕立場を設置。【熊野郡誌】

明治29年
▲1・－　熊野郡農会、林業奨励規程を定める。【府農会報47】

表3 （つづき）　　　　　　　　　　　　　　　　　『京都府百年の年表3 農林水産編』（1970）より

●2・17　南桑田郡篠村の村民130人、共有林の下草伐採禁止に怒り村役場に押しかけ警官の説諭で解散。【日出2・19】
この年
▲北桑田郡弓削村の梶谷寛二郎、この年から明42までスギ・ヒノキを35万本植栽し植林面積80町歩に上る。【府山林誌】
★鈴木商店、初めて硫酸アンモニア5t輸入。《日本》

明治30年
●3・30　砂防法公布。《日本》
●4・12　森林法公布（明31・1・1施行）。《日本》
★6・―　南桑田郡農会のこの年半年間の肥料の共同購入は総計9200円37銭。【府農会報62】

●8・―　府、従来の禁伐林を保安林に編入。【府誌　上、府山林誌】
●12・11　愛宕郡静市野村延日の民有山林1反6畝歩を国土保安のため伐木停止林に編入。【府令214号】
●12・11　民有林のうち伐木停止林に編入するものは間伐・下柴草刈取等すべて許可制となる。【府令214号、府庁文書明30-56】
この年
▲北桑田郡平屋村野添の磯部清吉、明42までスギ・ヒノキ80町歩を造林。
◆従来地方庁の管轄下におかれた官有林野はこの年末限り農商務省山林局直轄となる。　《日本》

明治31年
●11・4　与謝郡筒川村、山林保護の目的により区有山林の15カ年間の松樹伐採を禁止。【府農会報76】

明治33年
●8・3　淀川流域内山林作業取締規則を制定。【府令71号】

明治37年
▲1・―　北桑田郡会、郡有財産の増殖・植林事業奨励のため郡有林設置規程を制定。【北桑田郡誌　近代篇】
▲2・1　天田郡会、模範林および樹林園設置規程を制定。【府庁文書明37-75】
▲7・12　樹苗園奨励金交付規則制定。（郡または郡農会の設置する樹苗園に奨励金を交付、樹苗園の設置期間3カ年以上継続見込のものを対象に、とくにスギ・ヒノキ・カラマツを優遇）。【告示289号】

明治39年
▲1・11　公有林野整理規程を定め、公有林野の造林を奨励。【訓令1号】
▲3・―　府叡山模範林苗圃を愛宕郡修学院村に創設（面積1町3反7畝）。【府写真帖】
この年
▲府、11カ年計画で府模範林植栽事業に着手。【府統計書大7、府山林誌】

明治40年

▲4・3　改正森林法公布（民有林を公有林に準じて国の林業経営方針に従わせる方向で、大山林所有者、伐出のために山林使用権をもつ木材商人の林業経営に便するための大改正。明41・1・1施行）。《日本》
この年
▲綴喜郡宇治田原村、公有山野植林造成保護規程を制定。【府山林誌】
▲農商務省山林局予算に植樹奨励費新設。《日本》

明治41年
●4・―　府、森林の火入れに一定の方針を定め各警察署に通牒。【府山林誌】

明治42年
★1・23　府立農林学校長鏡保之助、府山林会総会において「まぐさ山整理に就て」と題し講演（金肥施用・木材価格高騰により秣山の存在は現状にあわず、不必要であるとし、秣山の柴草に代りレンゲ栽培を奨励）。【府農会報199】
▲12・―　竹野郡、溝谷村等楽寺3町歩をスギ・ヒノキの郡模範林とし、以後毎年3町歩ずつ模範林を定める。【竹野郡誌】
この年
▲加佐郡、造林奨励規程を制定（造林事業費の7～10%を補助）。【府山林誌】
▲北桑田郡細野村の西谷市太郎、所有山林130町歩のうち70町歩にスギ・ヒノキ30万本を植栽。【府山林誌】
▲府山林会、樹苗品評会開催（以後毎年開かれ樹苗の改良発達をはかる）。【府誌　上】

明治43年
▲6・17　公有林野造林補助規則を制定（大3・7・3規則改定）。【府令42号】
▲3・26　公有林野造林奨励規則公布（市町村有または町村組合有となった林野に優先的に適用され、部落有林野の整理統一を側面から推進）。《日本》
▲10・25　公有林野中の慣行採草地査定・部落有林野の市町村に統一などを訓令。【訓令48号】

明治44年
▲6・―　京都人造肥料会社を紀伊郡深草村に設立。【紀伊郡誌】
この年
●森林法改正されて火入制限強化。《日本》

明治45年
★1・―　紀伊郡深草村の京都人造肥料（株）・製造を開始。【府農会報233】
▲4・4　府、林業奨励のため各郡・各農会において植樹を行なうものに対しその実行成績を調査し植樹奨励補助金を交付。【府令4・5】
この年ごろ
★熊野郡では人造肥料の施用いちじるしくなる。【熊野郡誌】

事項の最後にある【 】内は，それぞれの事項の典拠文献を示している。そこに記された略称・略記は，『京都府百年の年表　3農林水産編』に使用されているものである。

　その表からわかるように，明治21（1888）年までは，植生景観の変化と関係のある重要な事項としては，山地・山林の保護に関するものが大部分を占める。また，官林関係として別の分類としたものも，明治前期についてはその内容は森林の保護に関するものである。その時期の森林保護に関する事項のうち，表の記述からもう少し具体的内容がわかるものとしては，森林伐採の制限・禁止（明治5年，9年，13年〈7・13，12・-〉）［年のあとの〈 〉内の数字は月日を示す。"-"は日が不明であることを示す。以下同様。］，草刈・採草の制限・禁止（明治11年〈2・-〉，15年〈9・6〉），砂防に関係するもの（明治6年，13年〈1・19〉，15年〈2・8〉，17年〈7・7〉，19年〈10・11〉），山野への火入れを規制・禁止するもの（明治7年，11年〈2・-〉，13年〈7・12，12・15〉，16年，21年〈3・-，3・29〉）などがある。これらのことからだけでも，とくに明治前期の頃，淀川流域を中心とした京都府内の山地・山林の荒廃が大きな問題となっており，山地・山林の保護が急務の課題であったことをうかがい知ることができる。

　一方，明治23（1890）年以降は，明治30（1897）年の砂防法および森林法の公布など，山地・山林保護についての事項も引き続き一部に見られるが，明治21（1888）年までとは大きく変わり，植林に関する事項が大きな割合を占めるようになる。その具体的な内容としては，明治23（1890）年の「天田郡細見村の長沢又三郎，スギ・ヒノキ5万本を植栽」といったものから，明治40（1907）年〈4・3〉の「改正森林法公布」まで，個人から国のレベルまでのさまざまなものがある。

　ただ，表の記述からは具体的内容がわかりにくいものもあり，また表の記述により具体的内容がある程度わかるものについても，その詳しい内容については知ることができない。以下では，典拠文献の確認とその他の関連文献の考察により，明治期の植生景観変化の背景についてより詳しく明らかにしたい。

2.5.2　典拠文献等からわかる明治期における京都府内の植生景観変化の背景

　ここでは，表3中の各事項の典拠文献や関連の文献の主なものをテーマごとに見ることにより，明治期における京都府内の植生景観変化の背景について考えて

第2章 明治〜昭和初期の植生景観

ゆきたい。ただ、『京都府百年の年表　3農林水産編』が作成されてからすでに40年以上になることもあり、一部の典拠文献についてはそれを容易に確認できないものがある。一方、典拠文献の一部は、『京都府布達要約』[51]などに転載されているものがある。そのため、できるだけ元の典拠文献を見るように努めたが、それらの転載されたものも一部利用した。しかし、それらの転載には一部不正確なところがある可能性があるため、そうした転載を本稿に引用する場合には、引用の最後に《》記号内にその文献名を記すことによってそのことを示した。

なお、もとの文書はすべて縦書きであるが、ここでは横書きとしているため、たとえば「左ノ…」は「下ノ…」と読み替える必要がある。また、漢文体の文書で返り点のあるものは、それを省略した。また、旧字、異体字、略体字は今日の表記とした。

1）砂防関係事項

表3中には、明治前期を中心に一見して砂防に関する事項とわかるものが少なくないが、典拠文献を見ると、さらに砂防関係の事項が多いことがわかる。たとえば、表の最初の事項である明治4（1871）年2月の「山地開拓につき制限」は、『京都府布令書』[52]から下記のような内容であることがわかる。

- 一　新規山々開拓之儀ハ宜シク土地之善悪ヲ察シ其有益ニ属スルモノハ畑園之類総而四方ニ畔ヲ構ヘ専ラ土砂之溢漏ヲ可防事
- 一　古来官許ヲ受ケ開拓致シ候畑園之類其溢漏之土砂ヲ防キ候儀前条同断ノ事
- 一　兀山之分ハ（旧幕中年々定手入有之並ニ鎌留ト唱ヘ候場所々々）旧制之通大小樹木下草等伐取候儀ハ孰レモ土木司立会巡廻之節可及差図事
- 一　石々炭等之類ヲ掘出シ候節ハ予メ崩出スル土砂之防ギヲ付ケ其掘限リ候跡ハ修治厳重ニ可整事
- 一　川添山々樹木ヲ截伐スル等旧制之通総テ官許ヲ経可申事

　　右之通郡中無洩相達スル者也

これにより、この布達は、新たな山地開拓において畑とするような所は、すべて四方に畔をつくり土砂の流出を防ぐこと、また古来官許を受けて開拓していた

畑の類も，同様に土砂の流出を防ぐことなど，砂防が主な目的であったことがわかる。

　また，表3中，明治5（1872）年2月（旧暦）の「村持山・私有林の濫伐を禁じ，小樹1反歩以上の洗伐は許可を要すると布達」という事項は，その記述からは森林伐採を制限したと読みとれるものではあるが，その記載内容は『京都府布令書』から下記の通りである。

　　村持并銘々持山之立木猥リニ伐木いたし候よりして山荒れ土砂崩落溝川水理の妨けとなり又山に樹木少なきときハ水気を不保田畠旱損の憂ひ不少候条以来目通り三尺廻り以上之立木を伐採候節は木品木数取調伺之上可請差図若無其儀密ニ致伐木候者有之ニおゐてハ各方可申付事
　　　但小樹たりとも壱反以上を採伐するに於ゐてハ可伺出事
　　　右之通当府管内江無洩相違るものも也
　　　壬申二月
　　　京都府

　このように，この布令の背景には，村の共有林や個人の持山の立木が乱伐されることにより，山が荒れて土砂が崩落し，川や溝が埋もれたり，山に樹木が少ないことにより山に水分が保たれにくくなり，旱害が起こりやすくなったりしていたということがある。こうして，目通り3尺廻り（目の高さの直径が約30 cm）以上の樹木の伐採とともに，比較的小さな樹木であっても1反（約0.1 ha）以上の面積の伐採について制限が加えられたのは，砂防が主たる目的であったことがわかる。

　一方，明治13（1880）年1月の内務卿伊藤博文による京都府への文書は，表3の記載のだけでも，それが砂防を目的としたものであることがわかるものであり，その全文は『京都府布令書』から下記の通りである。

　　淀川流域諸山土砂扞止之為諸作業取締方左之通相定候条自今右ニ照準可致此旨相達候事
　　　明治十三年一月十九日　　　内務卿　伊藤博文
　　一　該流域諸山ニ於テ樹木ヲ伐採シ草根ヲ堀取シ石材ヲ切出シ其他採鉱開

第 2 章 明治〜昭和初期の植生景観　　　　　　　　　　　　　　145

　　墾土取等ノ業ヲ作ス者ハ其業ヲ作ントスル日ヨリ六ケ月前作業者ヨリ其ノ
　　管庁（但官林山林局直轄ニ係ル者ハ該局ヲ以テ管庁トス以下倣之）ヘ伺出
　　サシムヘシ
　　　　但已ニ作業中之分ハ直ニ届出サシムヘシ
　　右之通達有之候ニ付而者已ニ作業中之分来ル二月廿九日限可屈出且昨十二
　　年七月第三百八十三号布達郡区長ヘ委任条件中第五条中民有山林原野ノ開
　　墾及ヒノ十一字并第二拾五条削除候条此旨山城全国丹波国南桑田郡并北桑
　　田郡ノ内第壹貳三四組船井郡之内第壹貳三四六組ヘ無洩相達スル者也

　このように，本文書は，淀川流域において樹木伐採，草根堀取り，石材切出し
等の諸作業をする予定の者は，その作業予定日より 6 箇月前に伺いを出すことな
どを定めたものであり，淀川流域諸山の砂防が目的であった。
　なお，表 3 中では，諸作業の中に「採草」という項目が入っているが，原文で
はその項目はなく，それ近いものとしては「草根堀取」という項目がある。おそ
らく，『京都府百年の年表　3 農林水産編』の執筆者は，「草根堀取」を「採草」と誤っ
て記述したものと考えられる。確かに，「草根堀取」は「採草」の一種かもしれ
ないが，ふつう「採草」というのは地上部の草を刈り取ることであり，砂防にとっ
てのインパクトは「草根堀取」に比べればかなり小さいと思われる。
　ところで，問題となる「草根堀取」は明治期の他の行政文書にも散見されるも
のであるが，それがどのような草の根をどのような目的で掘り取るものであった
かについては，それらの文書からは知ることはできない。その一般的に考えられ
る例としては，食用や薬用として，クズやワラビやヤマノイモなどの根を掘り取
ることがあるが，かつて京都近郊では燃料不足のため，山の草まで燃料として利
用していた地域もある [53] ことから，草の根まで燃料として利用されていたとこ
ろがあった可能性があるように思われる。それは，上記 1 章で記したように，三
重県の離島でも，明治期に山の草の根までも利用されていたことからも考えられ
る（前章：1.3.2）。また，海外ではあるが，戦乱の続くアフガニスタンでは，近
年でも燃料として小さな植物の根を掘って使っている人々がいる [54]。
　なお，この明治 13（1880）年の文書には記されていないが，明治 18（1885）
年 8 月には淀川流域山中で炭窯を造ることについて規制されている。それについ
て，京都府庁文書『山林要録』[55]（明治 19〈1886〉年）に次のように記されている。

淀川流域諸山林諸作業ノ内山中炭竈築設之儀ハ往々砂害ヲ醸生ス事不尠ニ付向後伐木其他取締上成規ニ基キ一途ノ手順ニ御取扱相成候様…（以下略）…

　　明治十八年八月二十六日　　　　淀川□□□出張所
　　京都府御中

　次に，表3中，明治15（1882）年9月6日の「淀川出張土木局，淀川流域草刈場は明文の有無にかかわらず草刈・採草を禁止」の事項は，同じく京都府庁文書『山林要録』（明治19〈1886〉年）から下記のような全文であることが確認できる。

淀川流域諸作業ノ内草刈取及落柴掻取ノ義ハ布達中明文無シヲ以テ村民注意ヲ要セス草苅取ト唱ヘ枝木萠芽ヲモ併セテ苅除シ又ハ猥ニ山地ノ肥料トナルベキ落柴ヲ掻取候向モ候処也来山林取締ノ趣旨タルヤ砂害ノ予防ニシテ前件其所業ハ小ナルニ似タレトモ是ヲ度々ニ視ルトキハ其害大ナルニ成ルベシ故ニ布達中明文有無ニ不抱禍害ヲ醸来スルヲ黙止スルニ忍ビズ付テハ当時当局出張員及御府員立会砂防工着手ノ所及ヒ近接村落ハ尤冗山多ク難□場合モ有之ニ付尔後実地ニ於テ当局員ヨリ御招議ノ上改摘ヲ加ヘ度義モ有之候為此段予テ及御通志候也
　淀川出張土木局
　明治十五年九月六日
　京都府御中

　この文書については，手書きの原文から一部正確に翻刻・解釈できない部分があるが，その大意は読み取ることができる。すなわち，ここで問題とされているのは，淀川流域で行われる諸作業のうち，草の刈り取りと落葉落枝掻きであり，それらは布達中に明文が無く，村人は草の刈り取りといいながら樹木の枝や萠芽も一緒に刈り取ったり，また山地の肥料となる落葉落枝を掻き取ったりしているが，それらの作業は一見小さなことに見えるが，それが繰り返されればその害は大きなものとなり砂害を引き起こすとことになるというものである。そして，ハゲ山の多い砂防工着手箇所とその近接村落ではそれらの作業を改善してゆきたい

第2章 明治〜昭和初期の植生景観

というものである。

　もし，このような解釈でよければ，表3中の「淀川流域草刈場は…」という記載は，正しくは「淀川流域のうち砂防工着手箇所とその近接村落の草刈場は…」と記すべきと考えられる。また，「…草刈・採草を禁止」という部分は，「…草刈・落葉落枝掻きを改善」とすべきと思われる。淀川流域全域か，限定された場所かでは，意味がかなり大きく異なる。また，採草と落葉落枝掻きの意味の違いも大きい。

　また，明治19（1886）年11月4日の「府，淀川流域内諸山において禁止事項を達す」は，同年10月11日付で内務大臣山縣有朋から京都府などに出された文書を，少し変えて府令としたもので，その全文は下記の通りである。

淀川流域内諸山中内務省直轄砂防工事竣成之場所（農商務省直轄官林ハ除ク）ニ於テ左ノ所業ヲ禁止ス犯スモノハ違警罪ヲ以テ罰セラルヘシ
一　砂防ノ為メ新規植付ノ樹木ヲ抜取又ハ伐採スル事
一　砂防工事施行ノ場所ニ於テ土石ヲ掘取シ落葉ヲ掻取リ下柴草ヲ刈リ及牛馬ヲ飼養シ又ハ之ヲ其植樹ニ繋ク事
一　其他施設ノ工事ヲ毀損スヘキ諸般ノ所業
　　右布達ス
　　明治十九年十一月四日
　　　　　　　　　　　　　　　　　　　　　《京都府布達要約》

　ここでは，淀川流域内諸山中内務省直轄砂防工事竣成地において，砂防のために新たに植えた樹木の抜き取りと伐採，砂防工事施行場所での土石掘り取り，落葉の掻き取り，下柴草の刈り取り，牛馬の放牧など，禁止事項がかなり具体的に示されており，先に問題となっていた草の刈り取りと落葉の掻き取りについても明示されている。また，違反者は違警罪により罰せられるとして，厳しく対応する姿勢を示している。

　なお，違警罪とは，フランス刑法の重罪・軽罪・違警罪という犯罪の分類にならい，明治13（1880）年公布の旧刑法第4編に定めた拘留・科料にあたる軽微な罪の総称である[56]。

　以上のように，明治前期の京都府を含む淀川流域において，砂防は非常に重要

なテーマであった。そのことに関して,『京都府誌』[57)]には次のように記されている。

> 徳川氏以来山野取締に関する施政稍宜しきを得，山相漸く回復を呈するに至りしも，幕末より明治初年に渡り再び荒廃を極め，砂害亦驚くべきものあり。府下木津川に在りては実に四十年間に二丈余を埋没せる箇所を生ずるに至れり。今之を例証せば，相楽郡加茂村大字北小字小谷より沿岸を笠置に出づる里道に石地蔵あり。該道路は明治初年の頃常水面より六尺余の高さにありて，当時其の処を乗馬にて通行せしもの尚其の石地蔵を仰ぎ視しに，現時石地蔵は水面と同位置にあり。又宇治川に在りては古建築物として有名なる平等院内の釣殿あり。其の附近一帯は最初堤防なく，釣殿より川に臨み花崗石の階段を造り，幅六尺，高約一尺のもの二十三段にして水面に達せりと云ふ。現在露出せるもの僅に四段にして，已に十九段，直高約十九尺を埋没せり。尚同所に提防を築造せるは文政の初年にして，其の初め面高僅に三尺以内の小堤なりき。然るに明治維新後土砂流出の為め川底を高むる事甚だしく，暴風雨に際会せば忽ち河水暴漲汎濫し沿岸の被害少からざるを以て，十一年増築して直高一間以上となし，表張石工を施し其の後更に盛土嵩置を施工し，現在の堤防を形成せり。以て其の土砂堆積の甚だしきを証するに足るべし。

また,『淀川百年史』[58)]には次のような記述も見られる。

> 幕末は世情の混乱で砂防工事どころではなく荒れるがままに放置され，明治新政府へと引きつがれた。明治3（1870）年になってようやく新政も軌道に乗った。政府は明治元（1868）年の大水害対策として砂防工事を大々的に起こすこととなり，明治4（1871）年正月民部省達第2号で砂防法5箇条を示し同年2月木津川流域を手始めに淀川水源山地の調査及び対策事業に乗り出した。

これらの記述から，明治4（1871）年以降，大々的な砂防事業が展開されることになった背景には，幕末から明治初年の頃，世情の混乱により山地が非常に荒

廃し，砂害がたいへん大きなものとなっていたこと，また明治元（1868）年の大水害があったようである。なお，明治4年正月の民部省達第2号で示された砂防法5箇条は，先に取り上げた明治4年2月の京都府布達にある5箇条である。

ところで，ここで取り上げた二つの文献の記述では，幕末から明治初年の頃の混乱期に，山地がかなり荒廃したとされているが，その一方で『淀川百年史』には，大正15（1926）年12月に内務省大阪土木出張所が作成した「既設砂防工事調査書（自明治11年度至大正11年度）」の引用として，次のような桂川流域の砂害の歴史も示されている。

　　桂川左支七谷川（亀岡ノ北方）ノ如キハ天明年間（1781～1788）ヨリ耕宅地ノ砂入トナルコト百余町歩ニ及フ，現今川原尻ノ地形タル周囲ニ堤防ヲ繞ラシ一部落ハ正ニ一大窪中ニアリ是レ等以テ砂害ノ甚大ナルヲ証スルモノナリ。山林荒廃ノ極降雨毎ニ砂害ヲ蒙リシコト往古ヨリ枚挙スルニ辺アラズ。被害ノ甚シキハ天和三（1683）年及宝暦六（1756）年ノ洪水ニハ船井郡ニテハ堤防破壊田畑ノ害甚シカリシト，安永二（1773）年ノ洪水ニテ全郡ハ旧石高七拾石ノ田地ハ流埋セリト，弘化三（1846）年ノ洪水ニハ南桑田郡，船井郡ニ於テ人畜田園ノ被害甚シク耕地ノ流亡スルモノ六町歩余ナリト，又慶応二（1866）年八月ノ洪水ニハ葛野，乙訓，南桑田ノ各郡ニテハ堤防ノ破損数十箇所，人家三十余戸流失，田畑ノ流亡数十町歩収穫皆無ノ村々多カリシト云フ。

この調査書の記述からは，山地荒廃による砂害は，淀川支流の桂川流域では江戸初期以降多かったことがわかる。また，図40は『淀川百年史』の付録2にある「明治以前洪水年表」と「淀川百年年表」，また国土交通省近畿地方整備局淀川河川事務所が公開している「洪水の記録」[59]をもとにして作成したもので，淀川流域を中心とした地域において，西暦600年から1999年の間で20年ごとに発生した洪水の頻度の変遷を示している。なお，上記「洪水の記録」には，水位上昇やわずかな浸水についても，洪水記録に含められていることから，明治時代末期頃以降の洪水情報は，それ以前よりも増えていると思われる。そのため，大正時代以降については，その内容から明らかに洪水と判断されるものだけを洪水とした。

この図から，淀川流域では幕末から明治初期の頃の洪水頻度は，それ以前より

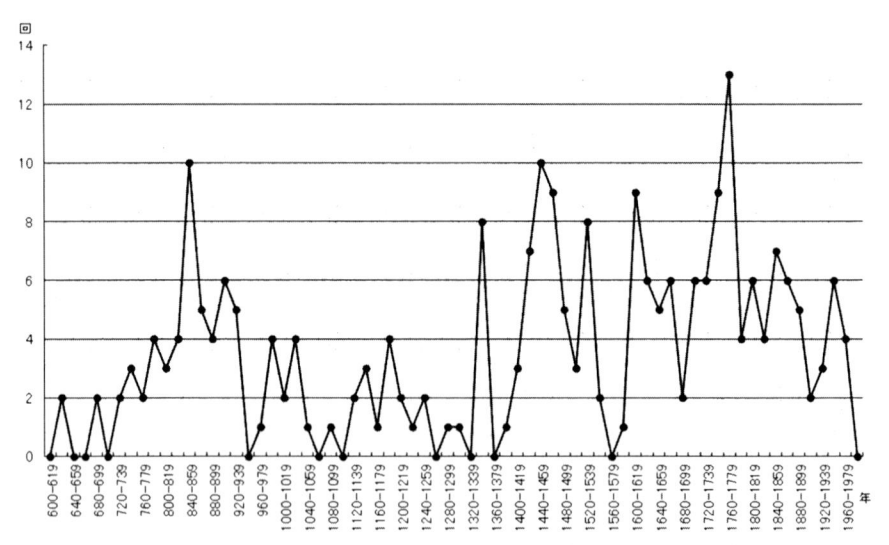

図40 西暦600年から1999年までの淀川流域における洪水頻度

もとくに大きいものではなく，江戸時代では最も初期の1600～1619年，あるいは中期の1740～1779年頃の方がずっと大きかったこと，また江戸時代よりも前の時代でも平安時代や室町時代の一時期なども幕末から明治初期の頃よりもだいぶ洪水が頻度の大きい期間があったことがわかる。この洪水の頻度は，もちろん純粋な自然的要因よる特別な大雨の頻度とも関係があるであろうが，一方でそれは間接的ながら，淀川流域における山地荒廃による砂害が，幕末よりも前から大きかったことを示唆するものでもある。これは，文献による日本の森林史研究の結果と矛盾するものではない [60) 61)]。

これらのことから，明治4（1871）年以降に大々的な砂防事業が展開されることになったのは，幕末から明治初年の頃の混乱により一層目立った山地荒廃や明治元（1868）年の大水害がきっかけであったとしても，基本的にはそれ以前も含めて長年にわたる淀川流域の山地荒廃による砂害の問題があったためと考えられる。

なお，明治6（1873）年に来日し，その後長く日本の砂防事業のために尽くしたオランダ人技師デレーケについて，『京都府誌』には次のような記述が見られる。これにより，明治14（1881）年頃の桂川流域における山地荒廃を激しさや，その後の日本の砂防のあり方にも影響を及ぼしたであろうデレーケの考え方の一端を知ることができる。

明治14年1月デレーケは木津川並に宇治川等の流域を調査し，桂川流域を遡上して丹波に入り，南桑田郡亀岡町に至るや満山兀禿として荒廃甚だしきを嘆し，途上樵夫に遇う毎に其の薪炭を熟視して山肌被覆に必需の樹木を濫伐せるを怒り，之を随行の使員に責むること恰も自己の所有物を掠奪せられたるの慨あり。吏員その人民の無智なるを説けども罵りて止まず，且つ沿途の人家戸前に柴薪積上げたるを見て頻りに嘆息す。吏員之を視聴するに堪えず，茶亭に休憩せしめ，急に農家に命じて，その積薪を他に移さしめたりと云ふ。以て山林荒廃の甚だしきと，デレーケが職務に熱誠なりし状知るに足るべし。

2) 山野への火入れ制限・禁止に関する事項

　表3で明治前期に多く見られる山地・山林保護に関する事項には，砂防とともに山野への火入れ制限・禁止がある。それは，明治6（1873）年9月29日付で京都府など二府四県に通達された「淀川水源砂防法」第一則の「淀川水源ニ関スル山ノ斜面者草木ヲ伐排シ或ハ之ヲ野焼シ又は之を堀削シ及開墾等ハ私有地ト雖モ一切之ヲ禁ス可シ」《淀川百年史》という一文に見られるように，砂防とも関係のある面もある。

　一方，山野への火入れ制限・禁止について書かれた文書の原文を見れば，それはむしろ森林保護を目的とした場合が多かったことがわかる。たとえば，表3中で最初に山林野への火入れ制限に関する事項が現れる明治7（1874）年3月の布令もそうした趣旨のものである。その全文は『京都府布令書』から下記の通りである。

　地方ニ寄火入抔ト唱ヘ茅野秣場等肥饒之タメ枯草ヲ焼候儀有之往々右ヨリ火勢蔓延官私山林ヘ焼込候儀不少不都合之次第候条以来右火入致シ候節者其都度区戸長ヘ為届出不取締之儀無之様管下村々ヘ厳重可申付此旨布達候事
　　明治七年三月二日　　内務卿　　木戸孝允
　　右之通達有之候条管内無洩相達するもの也
　　明治七年三月　　京都府知事　長谷信篤

このように，この布令は，内務卿木戸孝允名での通達を，京都府管内に達したもので，茅野や秣場などを維持するために枯れ草を冬季から春先にかけて燃やす野焼きが，しばしば官林や私有林の火災につながるため，火入れの際にはそれぞれの村の戸長へ届け出ることを強く求めたものである。

しかし，その布令にもかかわらず，無届で火入れをする者があるため，明治13（1880）年7月12日の布令では，火入れの際には所轄警察分署と戸長役場へ届出ることを定めている（下記，『京都府布令書』より）。

人民所有山及ヒ茅野秣場等肥饒ノ為枯草ヲ焼キ候節ハ前以テ届出ツヘキ旨等明治七年三月当府第九十九号ヲ以テ及布達置候処兎角無届ニシテ火入スルモノ有之哉ニ相聞不都合之事ニ候条向後右火入致候節ハ所在官山林之遠近ニ拘ハラス其都度前以テ所轄警察分署及ヒ戸長役場ヘ届出不取締之儀無之様可致此旨更ニ管内無洩相達者也
　　明治十三年七月十二日
　　　京都府知事　　　槙村正直

また，明治16（1883）年3月に制定された山林火入規則では，火入れの際の届け出だけではなく，いくつかの具体的な方法などを定めている。下記は，京都府庁文書『山林要録』（明治19〈1886〉年）に記されたその全文である。

　　山林火入規則
　第壹条　総テ山野ニ火入ヲ為サント欲スルトキハ其接続官林ハ官林監守人（監守人無之キ所ハ戸長役場）民林ハ所有者ヘ通告シ立会之上接続ノ部分ハ防火線ヲ作リ猶又火入前遅クモ前日迄ニ所轄警察署戸長役場ハ勿論右官林監守人及所有者ヘ其旨申報シ然ル后之ヲ行フ可シ
　第貳条　防火線ハ其土地ノ平坦傾斜及枯草ノ疎密ニ随テ広狭之別アリト雖トモ巾二間ヨリ狭カラサル柴草ヲ苅除シ落葉ヲ除去シ，火勢ヲ防退スルニ足ルヲ要ス
　第三条　火入ヲナス者ハ火入中他ヘ延焼セサル様可致ハ勿論火気全ク消盡スルニ至ル迄ハ該場所退ヲ許サス
　第四条　官有山野等ニテ草刈取ノ許可ヲ得タル地ト雖トモ別段允可ヲ得サ

レハ擅ニ火入ヲ行フヲ許サス若シ許可ヲ得テ之ヲ行フトキハ前条々ニ由ル
モノトス
　第五条　前条々ニ乖クモノハ違警罪ニ拠リ罰セラルベシ

　すなわち，その第1条では，山野に火入れをしようとするときは，官林が隣接
している場合には官林監守人（監守人がいない所は戸長役場），私有林が隣接
している場合にはその所有者へ連絡し，それらの人々の立会の下に隣接部分は防火
線を作ること，また火入れ前遅くともその前日までに所轄警察署と戸長役場はも
ちろん，官林監守人や山林所有者にもその旨を報告した後で火入れを行うことが
定められている。また第2条では，防火線は土地の傾斜や枯れ草の疎密などにも
よるが幅2間（約3.6 m）よりも狭くならないように柴草を刈り除き，また落葉
を除去して火の勢いを殺すに足るものである必要があるとされている。また第3
条では，火入れをする者は火入れ中は他へ延焼しないようにすることはもちろん，
火が全く消え尽きるまでその場所から立ち退いてはいけないとしている。また，
第4条では，官有の山野などで草の刈り取り許可を得ている所であっても，特別
に許可を得なければ火入れを行うことができないこと，また許可を得て火入れを
行うときは第1条から第3条に従うことが定められている。また，第5条では，
第1条から第4条に違反する者は違警罪で罰せられるとされている。

　この京都府の明治16（1883）年の規則に見られるように，京都府ではその頃
から，火入れに対する規制がかなり強くなっていたことがわかる。その流れが明
治後期には一層強くなっていたことが，下記の『京都府誌』（1915）の記述から
もわかる。

　　府下原野は旧御料地を除くの外は，私有公有を問はす概ね荒廃に帰し，殆
　　と見るべきものなきに至りしは，一つは濫伐濫採の結果なるべきも，従来
　　の慣行上年々火入を行ひしこと実に其の一大原因なるが如し。
　　本府は地方住民をして其の害毒の甚大なるを自覚せしめ，之が絶滅を計る
　　の必要なるを認め，明治三十六年以来実地に就き或は講話講習等各種の機
　　会を得る毎に説示し，追々其の減少を見るに至りしが，四十一年に至り一
　　定の方針を定め，内務警察両部長より各警察署長に次の依命通牒を為し，
　　厳重に之を取締らしむること、なせり。

森林ノ火入ハ土地ノ生産力ヲ減少シ森林経営上不経済ナルノミナラズ,延テ国土保安上支障不尠候ニ付,之ガ取締ヲ厳重ナラシムル必要有之候間,森林法第七十八条ニ依リ,許可出願ノ場合,公有林ニアリテハ予メ郡長ヘ協議シ,其ノ他ノ山林ニアリテハ造林又ハ開墾ノ為ヤムヲ得ザル場合ノ外,許可セザル事ニ御取計相成度,又原野ノ火入ハ原野火入取締規則ニ依リ,郡長ノ許可ヲ受ケ警察署長ヘ届出ヅル義ニ有之候条,共ニ許可地域外ニ延焼スル処ナキ様取締相成度候。其ノ他森林火災ノ場合ハ応急ノ指揮ヲナスハ勿論,其ノ原因ハ最モ厳重ニ調査ヲ遂ゲ相当手続ヲ為シ,其ノ状況報告相成度此段依命及通牒候也。

斯くて警察に於ては一層厳重なる取締をなすに至りしを以て,殆ど火入をなすものなく,従て林野火災も著しく減少するに至れり。明治四十三年に至り政府も亦火入を禁止するの必要を認め,生産調査会に諮り,帝国議会の協賛を得,森林法を改正し特殊の場合を除くの外は絶対禁止の方針を取るに至りしかば,本府は従つて林野取締規則を改正し,造林地拵開墾及害虫駆除の場合の外絶対に之を禁止したり。乃ち益々取締を励行せる結果現今に在りては公有林野のみにて,約八万乃至十万町歩は天然を以て森林を造成し,相当の林相を呈するに至れり。

この記述は,明治16 (1883) 年に山林火入規則が発布された後でも,問題となるような火入れが一部見られたことを示唆するものでもあるが,森林法の改正により全国的に火入れに対する制限が強化される明治44 (1911) 年よりも前から,京都府では火入れに対する規制がかなり強くなっていたことを示しているものである。

3) 植林に関する事項

火入れの制限・禁止は森林保護の目的が大きかったが,それはまた植林ともかかわる面もあった。表3中,植林に関する事項が増えるのは明治後期であるが,明治前期にも一部その動きが見られる。下記の明治12 (1879) 年2月6日付の布達は,その早いものである(『京都府布令書』より)。

第2章 明治〜昭和初期の植生景観　　　　　　　　　155

植林ノ義ハ方今ノ急務ニ付既ニ樹木ナキ官有ノ山野ハ官民部分ヲ以テ仕付
方布達相成候程ノ場合ニ於テ人民私有地若クハ共有ニ係ル地処ノ内荏苒荒
蕪ニ委スルカ如キモノ有之候テハ不相済事ニヨリ今般人民適宜ノ部分ヲ立
荒地仕付方別紙之通条例取設候条此旨相心得至急施行可致候事
　右之通管内無洩相達者也
　明治十二年二月六日
　　京都府知事　　　　槙村正直

（別紙）
　第壹条
各村人民ノ私有若クハ共有ニ係ル地ニシテ現状荒蕪ニ委シ所有主ニ於テ種
樹ノカナキモノハ人民相互ニ貸借致シ地味相当ノ品ヲ植挿シ畢竟其利ノ幾
分ヲ地主ニ与ヘ幾分ヲ仕付人ニ得ルノ方法ヲ以テ宜シク地力ヲ尽スヘキコ
トヲ要ス
　但地味ニヨリ畑ニ致シ又ハ隣地ノ景況ニテ森林ニ嫌アルカ如キハ桑茶楮
等適宜ニ仕付ヘシ
　第貳条
戸長ハ先ツ第壹条ノ旨趣ヲ以テ全村人民ニ説明シ更ニ時日ヲト定シ伍頭等
立会村内ノ荒地漏レナク点検シ所有主ニ対シ事故ヲ推問シ其見込アル者ハ
速ニ着手セシメ若之ナキカ如キハ挙テ部分仕付地トスヘシ
　　（以下省略）

　この文には一部正確な解釈が難しいところがあるが，その要旨は次のようなものであろうと思われる。すなわち，植林は急務の課題であり，私有地や共有地においても荒地となっているところは，それぞれの土地に合った樹種を植栽して土地を有効利用する必要があること，そのために戸長はそのことを全村民に説明するとともに村内の荒地を漏れなく点検し所有主に植林を促してゆくというものである。
　明治後期に入ると，表3中の多くの植林関係の事項からも，スギ・ヒノキを中心とした植林が盛んになってきたことがわかる。次に示すのは，明治31（1898）

年11月発行の『京都府農会報』第76号にあるもので、丹後における共有山の整理及び植林の奨励に関する記事である。

> 丹後国は京都府管内最西北に位ひする僻遠の地にして山地多く田畑少く一面海に瀕するあるも漁業の利大ならず。従て国民の職業複雑にして農商に非されは農工を兼ね漁業者亦農工を兼ぬるあり。斯の如くなれは有眼の士は彼の大面積にして荒廃せる植樹するは将来安全なる金庫たるを覚り夫れ々々計画をなし今日にて芝草山と称て村民随意に出入せし者に向て規約を定め植樹の方法を講するあり。或は今将に講せんとする者あるに至れり
> 　…（中略）…
> 与謝郡筒川村
> 明治二十八年三月二十六日規定
> 本村民にして一已又は共同にして村内山林原野一箇所へ苗木千本以上植栽する者へは苗木代の四分の一　五千本以上は三分の一を補助す　但本人の請求に依り勧業委員実地の検分を遂け村長と協議の上補助す
>
> 明治三十一年十一月四日規約
> 山林保護の目的を以て向ふ十五ケ年を期し区有山林の松樹を伐採する事を禁止す
> 但止むを得さる場所に限り管理者の許可を経たるときは此の限りにあらず
> 此他熊野郡の如きは郡長の熱心と有識者の尽力に依り一郡挙て共有山野の整理に着手し丹後名物と云ふべき焼畑の如き今後大に減少する見込なりと云ふ

　この記事から、京都府北部の丹後では、先見の明ある者が大面積に存在した荒地に植樹するのが将来的に有利であるとして、規約を定めるなどして植林を進めていったことがわかる。そのうち、与謝郡筒川村では、明治28（1895）年3月26日の規定として、村民が一人または共同で村内の山林原野に苗木を植栽する場合には、植樹本数により苗木代の四分の一から三分の一を補助するとした。また、熊野郡では郡を挙げて共有山野の整理に着手し、丹後名物とでもいうべき焼畑が大幅に減少する見込となっていた。

こうした村や郡を挙げての植林推進により，丹後では明治後期以降，植林が大幅に増えていったこと，またそれに反比例する形で，共有地に広く見られたススキ草原（荒地）や柴草地などが減少していったものと思われる。

　なお，表3中において山地・山林保護の分類としたものには，明治前期では砂防に関係するものが多かったが，明治後期においては植林や育林に関係するものが少なくない。たとえば，次の明治29（1896）年2月19日の日出新聞に掲載された記事もその一つであり，村民が激昂した共有山林の下草伐採禁止の理由は共有山林の良材を保護するためであった。

　　村民村役場に迫る
　　一昨日午後一時頃酒気芬々たる一隊の農民無慮百三十余名丹波南桑田郡篠村役場に押寄せ戸障子器物類を手当たり次第打壊すなど乱暴狼藉を為すより同村駐在の巡査は直ちに出張して説諭を加ふるも暴民は耳にも入れず益々不穏の挙動あるにぞ亀岡警察署に急報し同署より警部巡査等出張の上懇々説諭したれば一同漸やく之に服して解散したるが…（中略）…激昂の原因を聞くに同村にては共有山林の良材を保護する為め今後村民をして下草を伐採せしめず村会の決議を経て公費に附することと為したるより細民等は忽ち日常の燃料に欠乏を告げ不平の余り斯る暴挙に及びしなりと云ふ

4）複合的事項

　以上で見てきたもののなかにも，火入れに関係する事項が砂防や植林と結び付いているものがあったように，複数の事項とかかわりのある複合的なものも少なくなかった。ここでは，表3の記載からも明らかに複合的事項であるものを少し取り上げておきたい。

　次の文書は『京都府布令書』にあるもので，明治13（1880）年12月15日に郡区役所あてに濫伐・野焼きを禁じるとともに閑地の造林を奨励した文書の全文である。

　　山林ノ立木猥ニ伐木致サヽル様壬申二月及布達置候処今般内務省ヨリ達ノ旨モ有之山林ノ儀ハ水陸生産ノ殖スル所国家経済上最忽セニスヘカラサル所ニシテタヒ其制ヲ怠レハ山荒レ土砂崩落シ水理ノ害ヲ醸シ樹木少キト

キハ田畑旱損ノ禍ヲ招キ之ヲ大ニシテハ全国殖産ノ道ヲ妨ケ之ヲ小ニシテ
ハ一家需用ノ缺乏ヲ来スハ必然ナリ依テ山林在来ノ材料ヲ愛惜シ濫伐野焼
ノ憂ヲ防クハ勿論ノ儀ニ付閑地等有之ニ於テハ樹木ヲ植栽シ山林ノ荒衰ヲ
挽回候様一層注意可致事
　右之通管内無洩諭達候也
　明治十三年十二月十五日　　　京都府知事　槇村正直

　これは，明治5（1872）年2月の砂防を主たる目的とした布令と同様に砂防や水源涵養などのために，また産業発展や各民家の燃料確保のためにも，山林資源を大切にし濫伐や野焼きを防ぐとともに，使っていない土地があれば樹木を植栽して山林の荒衰を挽回するように一層の注意を促したもので，上記の砂防，火入れ，植林のすべての事項にかかわるものである。
　また，次に示す共有山林保護例（明治17〈1884〉年）は，共有山林における規約を作成し山林管理体制を定めるとともに，樹木の伐採や植え付け，火入れのなどについて，その方法を定めたものである。

　　共有山林保護例
　第一条　共有山林（町村又ハ一部落ノ公有ニ係ルモノ）処在ノ町村ハ協議
　　　　　ノ上山林保護ニ必要ナル取締規約ヲ定メ当庁ノ認可ヲ得テ之レヲ
　　　　　施行スヘシ
　　　但各町村便宜聯合スルモ妨ケナシ
　第二条　共有山林処在ノ町村ハ山林保護係（勧業委員アル町村ニハ之レヲ
　　　　　兼務セシムルヲ要ス）又ハ山林監守人ヲ撰定シ取締ヲ為スヘシ
　第三条　山林保護係又ハ監守人等ヲ撰定セハ必ス其人名及心得書ヲ当庁ヘ
　　　　　報告スヘシ
　第四条　共有山林ヲ伐採セント欲スルトキハ着手以前必ス山林保護係又ハ
　　　　　監守人ヘ通知スヘシ
　第五条　伐木ハ可成輪伐ヲ為スヘシ稚樹ヲ濫リニ伐採スヘカラス
　第六条　伐木ノ年度ハ予シメ之レヲ定メ置クヘシ
　　　但愛護ノタメ洗伐スル分ハ此限ニ非ス
　第七条　移植セシ杉檜林等ヲ伐採スルトキハ該地ニ適スル苗樹ニ倍以上ノ

第2章 明治〜昭和初期の植生景観

　　　　　員数ヲ移植スヘシ
　　　　但苗樹ノ種類ハ可成杉檜松椚楢ノ類ヲ撰ムヘシ
　第八条　自然生ノ松檜楢栗等ノ山林ヲ伐採スル際ハ勉メテ其内至良ノ種樹ヲ撰ミ残シ置クヘシ
　第九条　共有ノ草刈場及秣場ハ毎年其町村ニ於テ予メ需要スル草量ヲ算定シ草刈場ト林区ト混同セサル様境界ヲ定メ置クヘシ
　第拾条　共有柴草刈取場ヲ以テ其儘立林ト為スモ植付セサル場合ニ於テハ差向キ鎌止メヲナシ成長セシメ予メ洗伐等ノ方法ヲ設ケ置クヘシ
　第拾壹条　共有草刈場ナルモ水源涵養土砂扞止風潮除ケ積雪止魚附場ノ如キケ処ハ可成速ニ取調鎌止ヲ為シ若シクハ苗樹ヲ植付，保護ヲ加フヘシ
　第拾貳条　前条ノケ処ニ於テ伐木セント欲スルトキハ前以テ山林保護係又ハ監守人ニ於テ検査ノ上当庁ノ許可ヲ受ケ之ヲ伐採スヘシ
　第拾三条　共有山野ニ火入セント欲スルトキハ前以テ山林保護係又ハ監守人ヘ申出テ其承諾ヲ得テ火入スヘシ
　第拾四条　火入ノ際ハ予メ防火線ヲ設ケ置クヘシ
　　　　但防火線ハ少クモ巾貳間以上ノ柴草ヲ刈取リ置クヲ要ス
　第拾五条　火入中他ヘ延焼セサル様注意シ火気ノ消尽スルニ至ル迄必ス附添フヘシ
　第拾六条　火入ハ晴天ニシテ風ナキ静穏ノ日ヲ撰ミ着手スヘシ若官林ニ接続スルケ処ハ兼テ達シタル規則ニ従ヒ前以テ官林監守人ヘモ必ス報告スヘシ

　　　　　　　　　　　　　　　　　　　　《京都府布達要約》

　このように，この条例では共有山林の規約作成やその管理体制を定めるとともに，樹木はみだりに伐採せず，なるべく輪伐をすべきであること（第5条），樹木伐木の年度を前以て定め計画的に行うこと（第6条），あるいは，スギ・ヒノキ林等人工林の伐採後における苗樹の樹種とその植え付け方（第7条），天然のマツ・ヒノキ・ナラ・クリ等の山林を伐採する際には最もよい種樹を選んで残して置くこと（第8条）など，樹木の植え付けや伐採の方法を具体的に定めている。
　一方，この条例には，共有の柴草刈場や秣場に関する条項が多い。そこでは，

共有の草刈場及秣場については毎年必要とする草量を算定し，また草刈場と森林区域と混同しないように境界を定めておくこと（第9条），共有柴草刈取場を植林せずに林にするときは，鎌止めをして成長させ，将来の伐採方法も予め考えておくこと（第10条），共有草刈場であっても，水源涵養，砂防，防風，防潮，雪止，魚附場などの所はできるだけ速やかに取調べて鎌止めをするか植樹をすること（第11条）が定められている。また，共有山野に火入れをしようとするときには前以て山林保護係または監守人へ申出て承諾を得ること（第13条），火入れの際には前以て幅2間以上の防火線をつくっておくこと（第14条）など，明治16（1883）年3月の山林火入規則とほぼ同様な火入れに関する定めも多い。これらの条項から，共有の柴草刈場や秣場を最小限の面積にしてゆき，森林を増やしてゆくこと，また火入れ制限により森林を保護してゆく姿勢を読み取ることができる。

2.5.3 まとめ

　以上のことをまとめると，おおよそ次のようになる。すなわち，明治期における京都府内の植生景観変化の背景にあった主なものとして，砂防事業の推進，山野への火入れ制限・禁止，植林の推進などがあった。そのうち，砂防の推進については，少なくとも江戸初期以来長年にわたる淀川流域における山地荒廃とそれに伴う砂害の問題に対処するため，明治4（1871）年以降に大々的な砂防事業が展開されることになった。砂防については，京都府内ではとくに明治前期を中心にその関係の布令が多く出され，樹木の伐採や採草のなどに制限が加えられた。また，とくに山地荒廃の目立つところではそれらの作業が禁止された。このような砂防関係の動きは，その後のハゲ山の減少や，山地の植生量の増大，樹木の高木化などにつながっていったものと考えられる。

　一方，やはり明治初期からなされた山野への火入れ制限・禁止も砂防と関連があった面もあるが，それはむしろ森林の保護や拡大を目的とした場合が多かった。京都府内では明治10年代より，火入れに対する規制がかなり強くなっていたことがわかるが，その流れは明治後期には一層強いものとなった。この火入れ制限・禁止は，それにより既存の森林の保護にもつながったが，それは採草地などとして存在した草原の減少，またその一方での森林の拡大にもつながっていったものと考えられる。

第 2 章 明治〜昭和初期の植生景観

　また，明治初期より植林の奨励がなされたが，それは山野への火入れ制限・禁止などで支えられることにより，明治後期にはしだいに盛んになっていった。そうした植林により，とくにスギとヒノキを中心とした人工林がしだいに増えていくとともに，その一方でススキ草原や柴草地などが減少していったものと思われる。

　このように，京都府の行政文書を中心とした明治期の文献から，その時代の植生景観変化の背景にあったものがかなり見えてくる。しかし，たとえば明治以降，京都府内の砂防は比較的順調に進み，今ではかつては珍しくなかったハゲ山もほとんど見ることができないが，砂防は江戸時代においても幕府の大きな関心事であり，さまざまな試みがなされてきた。それが明治以降比較的順調に進んだ背景には，技術的なものだけではなく資源や交通をめぐる状況の変化など，近代化に伴う様々な変化の影響があったものと考えられる。ここでは，それらについての検討はできなかったため，今後の課題としたい。

註
1) 小椋純一『絵図から読み解く人と景観の歴史』雄山閣出版，1992
2) 小椋純一『植生からよむ日本人のくらし』雄山閣出版，1996
3) たとえば，長崎大学附属図書館の幕末・明治期日本古写真メタデータ・データベース（http://oldphoto.lb.nagasaki-u.ac.jp/jp/）などがある。
4) 上記註 2
5) 台場クヌギとは，ふつう地上数十 cm から 2 m 程度の高さで伐採されたところから数本の萌芽が成長しているクヌギの木で，主に薪炭用に育成された。同じ伐採位置で，繰り返し伐採され，下部（台木）は太くなる。
6) 台場クヌギなどで，繰り返し伐採される伐採位置より下の部分。
7) 大阪営林局『嵐山風致林施業計画書』大阪営林局，1933
8) 上記註 7
9) 大阪営林局『東山国有林風致計画』大阪営林局，1936
10) 佐藤誠編『新修芦屋市史本編』芦屋市役所，1971
11) 山戸 美智子，服部 保「六甲山系・東お多福山草原の現状と管理手法」ランドスケープ研究 63 (5)，473-476，2000
12) この写真帖には奥付などがなく制作された年代などが不明であるが，そこに収められている最も新しい写真の年代から，明治 44（1911）年，あるいはその後間もない年にまとめられたものである可能性が大きいと思われる。
13) 太田猛彦ほか編『全国植樹祭 60 周年記念写真集』国土緑化推進機構，2009
14) 京都府立総合資料館蔵。京都府立総合資料館歴史資料課編『京都府立総合資料館所蔵文書

解題』京都府立総合資料館（1985）によると，明治14（1881）年から明治17（1884）年にかけてまとめられたものである．
15) 京都府立総合資料館蔵．
16) 夏目金之助『漱石全集 第19巻』岩波書店（1993）などで，その日記を確認できる．
17) 陸地測量部『地形測図法式』陸地測量部，1900
18) 上記註1
19) 上記註1
20) 平成23（2011）年7月8日発行の『比叡山時報』には，それについての記事が掲載されている．
21) 藤原宗忠『中右記』臨川書店，1965（増補史料大成／増補史料大成刊行会編）
22) 『偵察録』は，『明治前期民情調査報告「偵察録」』としてマイクロフィルム化され柏書房より1986年に発行されている．それは全体で6千数百ページにも及ぶものであるが，記載の詳しさは測図区域により大きく異なる．
23) 上記註2
24) 迅速図，『偵察録』において「樸叢」の概念はすぐに知ることのできないものであるが，迅速図で「樸叢」とされているところが『偵察録』でどのように記されているかなどを検討することにより，それは柴草地であることがわかる．それについての考察は，上記文献（小椋1996）で行っている．
25) 陸軍文庫『兵要測量軌典』陸軍文庫，1881
26) 埼玉県編『武蔵国郡村誌』埼玉県立図書館，1953〜1954
27) 神奈川県図書館協会郷土資料編集委員会編『神奈川縣皇國地誌残稿』神奈川県立図書館，1963〜1964
28) 上記註1では仮製地形図について，また上記註2では迅速図について，それぞれの植生記号の概念などを考察している．
29) 仮製地形図は，縮尺が2万分の1で，正規の三角測量や水準測量の成果に基づかないものであることから，「京阪地方仮製2万分1地形図」と名づけられ，一般には仮製地形図あるいは仮製地図と呼ばれている．
30) 測量・地図百年史編集委員会編『測量・地図百年史』建設省国土地理院，1970
31) ススキ草原には，今日でも九州の阿蘇地方などで見られるものと同様なものもあったと考えられるが，今日ふつうに見られるススキ草原のようにススキが密集せず，裸地が目立つところもあったと思われる．とくにハゲ山に接したところでは，そのようなところが少なくなかった可能性が高い．
32) 上記註30
33) 建設省国土地理院蔵のこの原図は，『明治前期手書彩色関東実測図』として財団法人日本地図センターにより1991年に復刻発行されている．
34) 迅速図の植生記号の概念については，上記註33の復刻原図の資料編において，ある程度述べられているが，より深い考察が必要と考えられる．
35) 陸軍文庫『兵要測量軌典』陸軍文庫，1881
36) 詳しい考察は上記註2に記している．
37) 福島正夫・清水誠編『明治二十六年全国山林原野入会慣行調査資料』民法成立過程研究会，1956
38) ここでの林種とは，森林を構成する主要な樹種を問題にしたものであり，その高さや密度

等を問題にしたものではない。
39) 上記註1
40) Nobori Y, Sato K, Onodera H, Noda M, Katoh T "Development of stem density analyzing system combined X-ray densitometry and stem analysis", Journal of Forest Planning, 10(2), 47-51, 2004.
41) 岡崎文彬『アカマツ林の実態調査と施業に対する考察』農林出版，1956
42) 上記註41
43) 古野東洲"マツカレハおよびスギハムシの被害をうけたアカマツの解析"日本林学会誌 46(4)，115-123，1964
44) 國崎貴嗣ほか"天然生アカマツ林内の林冠木および亜高木の成長特性"九州大学農学部演習林報告74，23-40，1996
45) 上記註43
46) 広葉樹が伐採された後に，残った木の株から芽が出て樹木が再生すること。また，そのような樹木の性質を利用して森林を再生させる方法。
47) 小椋純一"京都近郊におけるアカマツとコジイの近年の成長について"京都精華大学紀要 第35号，143-162，2009
http://www.kyoto-seika.ac.jp/event/kiyo/pdf-data/no35/ogura_jun-ichi.pdf
48) 上記註1は，それを主題としている。
49) 小椋純一「絵図からみる江戸時代の京都盆地の植生景観」『シリーズ日本列島の三万五千年―人と自然の環境史 第3巻 里と林の環境史』(文一総合出版)，63-88，2011 など
50) 京都府立総合資料館編『京都府百年の年表 3 農林水産編』，京都府，1970
51) 京都府立総合資料館蔵。明治元年から明治19年までのものがある。
52) 京都府立総合資料館蔵。
53) 京都市左京区岩倉木野町における口伝。
54) 毎日新聞2002年1月22日夕刊（大坂本社版）
55) 京都府立総合資料館蔵。
56) 平凡社編『世界大百科事典CD-ROM版』平凡社，1992
57) 京都府『京都府誌』京都府，1915
58) 建設省近畿地方建設局編『淀川百年史』建設省近畿地方建設局，1974
59) 国土交通省近畿地方整備局淀川河川事務所「洪水の記録」
http://www.yodogawa.kkr.mlit.go.jp/know/old/flood/index.html（2012年2月10日最終確認）
60) 千葉徳爾『増補改訂 ハゲ山の研究』そしえて，1991
61) コンラッド・タットマン『日本人はどのように森をつくってきたか』築地書館，1998

▶第3章

近世から中世の植生景観
― 絵図を主要資料として ―

「紀伝ハ其コトヲ叙シテ其形ヲ載スルコト能ハス。賦頌ハ其美ヲ詠シテ其象ヲ備ルコト能ハス。コレヲ伝ルモノハ画図ナリ。」

　江戸時代の写生画の巨匠，円山応挙は，古人の言葉として，その高弟の一人にこのように語ったという[1]。紀伝とは歴史書，賦頌とは詩歌のことで，人が声を出して表現するものである。応挙は，文字や言葉では，物の形を（正しく）記したり表現したりすることはできないが，画図にはそれができると述べたものと思われる。

　その応挙の言葉は，画図（絵図類）のよい特質をうまく述べたものであるが，絵図類には実際にはないものが描かれることもある一方，実在するものが描かれないこともよくあることである。そのため，絵図類を過去の植生景観を考えるうえでの資料とするには，その資料性を慎重に検討する必要がある。絵図類の資料性を明らかにすることは難しいことも多いが，もしそれをなんらかの方法によって示すことができれば，絵図類には文字や言葉ではうまく伝えにくい多くの視覚的情報が含まれるため，それは文献などから明らかにすることは容易でないかつての植生景観やハゲ山の存在などを知るうえでたいへん貴重な資料となる。

　その方法論や，それをもとにした具体的な研究については，筆者が過去にまとめたもの[2]があるが，ここではその方法論について確認し，かつての研究の一部を紹介するとともに，近年の研究例も示したい。

3.1　絵図類の利用による植生景観史研究のための方法論

　古い時代の植生景観を考えるうえで，ある絵図を重要な資料とするには，その絵図に描かれた植生などの景観に関する資料性が明らかにされなければならない。

第 3 章 近世から中世の植生景観

ここでいう資料性とは，資料的価値のことであり，それは写実性と言い換えても差し支えない場合も多い。ただ，絵図の資料性には，その制作時期がわかるかどうかということも含まれるし，また，たとえば，一見あまり写実的とは思われないような描写のなかにも，かつての植生景観がかなり反映されていると考えられる場合もあり，資料性という言葉は必ずしも写実性という言葉と同義ではない。

絵図には，時代や作者により画風の異なる様々なものがあり，それらの資料性の考察にあたっては，それぞれの絵図ごとにその方法論は必ずしも一様なものとはならない。しかし，筆者のこれまでの絵図類を主要資料にした植生景観復元の事例から，絵図の資料性を明らかにするための方法論は，一般に下記のようなものとしてまとめることができる[3]。

3.1.1 絵図にまつわる情報を可能な限り多くつかむ

ある絵図をもとにして古い時代の里山の景観を考えるにあたり，まず押えておかねばならないことは，その絵図がいつ頃制作されたかということである。もし，それがわからなければ，その資料性を考える意味は大幅に減少することになる。

絵図の制作時期については，絵図やそれを収めた箱の一部に記されていることも多いし，また，他の文献によってその制作時期を知ることができる場合もある。ただ，絵図の制作時期については充分慎重でなければならないことから，絵図や文献などの記載を鵜呑みにするのではなく，その記載が間違っている可能性をも考え，必要によっては独自にそれを検証しなければならない。

制作時期の他にも，作者など絵図にまつわる情報をできるだけ多くつかむことは重要なことである。たとえば，もしある絵図の作者を具体的に知ることができ，その作者が無名でないとすれば，その絵図の制作時期の範囲はおのずと絞られてくるし，その描写の特徴などを知ることができるような場合も多い。また，そのことにより作者の画論を知り，絵図の資料性を考える手がかりが得られるようなこともある。また，どのような意図のもとに絵図が制作されたかというようなことがわかれば，絵図の資料性を考えるうえでそれが大きな意味を持ってくることもある。

3.1.2 他の絵図，文献との比較考察

ある絵図の植生景観に関する資料性を考えるにあたり，同時代の他の絵図や文

献との比較考察が有効なものとなることがある。この場合，絵図に描かれた樹木などの植物は，ふつう種までも特定することは難しいため，マツタイプ，スギタイプ，サクラタイプ，ウメタイプ，タケタイプなどのようにいくつかのタイプに分けることによって考察をすすめることができる。

　i　他の絵図との比較考察
　一般に，過去の植生景観を考察するためにその資料性を検討しようとする絵図は，少なくともそうする価値があると判断されるものであるが，そのようなある絵図の描写が，同時代に同一の場所を描いた他の資料性が高い可能性があると見られる絵図の描写と矛盾が少なければ少ないほど，双方の絵図は互いに高い資料性を持つと考えることができる。その際，両絵図の作者は同じでもよいし異なっていてもよく，また，二つの絵図が描かれた視点がそれぞれ異なることにより，互いの風景が大きく違ったものになっていたとしても，ある同一地域の景観の比較検討が可能であれば，それは問題ではない。むしろそのことにより互いの絵図の資料性をよりはっきりと判断することができる場合も多い。
　なお，絵図同志の比較考察を行う際，比較検討しようとする二つの絵図の制作時期ができるだけ近いことが望ましいことはいうまでもない。

　ii　文献との比較考察
　ある絵図と同時代の文献に，絵図の植生景観に関する資料性を考える手がかりになる記述があれば，絵図の描写とその記述を比較検討することができる。ただ，古い文献にあまり名もない場所の植生について直接的に記してあることは稀であり，ふつうある絵図の描写が文献の植生に関する直接的な記述と比較できるのは，社寺などの名所付近に限られるが，それでも，絵図の資料性を考えるある程度の手がかりとはなる。
　なお，その場合，文献の記述は必ずしも植生等に関する直接的なものだけである必要はなく，たとえば，ある場所の展望が良いとか悪いとかといった間接的なものでもよい。植生などに関する間接的な記述からは，名所付近に限らずより広い範囲の景観を考えることができる場合もあり，そのことが絵図の資料性を考える別の手がかりになることがある。

3.1.3 山や谷などの地形描写の分析的考察

　写実性が相当高い可能性があると見られる絵図については，そこに描かれた山や谷などの地形描写を，現況や詳しい地形図をもとに作製したモデルや図形と比較しながら分析的に考察することにより，その資料性をかなり明らかにできることがある。この方法は，江戸中期以降のかなり写実主義的な絵画の考察には有効な場合が多い。ただ，その際，絵図が描かれた視点ができるだけ正確に特定される必要がある。

　ⅰ　視点の特定

　この絵図の描写の分析的考察においては，絵図が描かれた視点は必ず特定されなければならない。視点を特定するには，ふつう地形図なども適宜用いながら，足でかせいで探すのが早く確実な方法である。絵図には，しばしば視点が複数あることもあり，複数の視点からかなり広範な風景を描いたものもあるため，絵図の内容によっては，それらの視点を探すのに自動車やバイクや自転車などの乗り物をうまく使うとよいこともある。ただ，乗り物を使うときには，それによって絵図の視点の範囲をある程度絞りこむことができるが，最終的に視点を特定するには，人間の足でできるだけ細かく歩いて探さなければならない場合が多い。また，海上からの視点の場合は，大小の船を利用して視点を探すことになる。この視点の特定は，誤りのないよういろいろな可能性を考えながら慎重になされなければならない。

　なお，今日では，過去に描かれた絵図の視点を特定しようとする際，樹木の繁茂や，市街地の拡大などにより，求める視点を自由に探すことが困難なことも少なくない。そのようなときには，視点の範囲をできるだけ絞りこんだうえで，高い建物に上るなどすることによって，絵図の視点を推定により特定してゆくことになる。あるいは，精度の高いデジタル化された地形情報があれば，パソコン上で視点を特定することもできる。

　ⅱ　現況との比較

　絵図の視点が特定できれば，絵図の描写とその視点から見た現況とをまず比較することができる。もし，特定された視点から，目的の方向の視界が樹木や建物などに遮られているときは，そこからできるだけ近いところから目的の場所を見

ればよい。そのことによって，その絵図の資料性についていろいろなことが考えられるようになる。絵図の風景と現況とには，ふつう類似点と相異点とが見られるが，それらの類似あるいは相異の理由を考えてゆくことにより，植生景観などに関するその絵図の資料性が明らかになってゆくこともある。

iii　詳しい地形情報をもとにした地形現況と絵図の描写との比較考察

　絵図に描かれた風景と現況との比較の次のステップの一つとして，詳しい地形図などの地形情報をもとにした地上に植生のない場合の状態（地形現況）と絵図の描写との比較がある。この比較考察は，絵図の写実性を判断するうえでかなり有効である場合が多い。

　この考察の前提としては，ふつう対象とする地域の地形の状態が，絵図の描かれた頃と今日とではほとんど変化していないと考えられることがあるが，対象地域に自然災害や土木工事などによる変化のある場合，それが部分的であり，かつその変化の概要を確認することができるようなときにはこの限りではない。

　この考察は，たとえば，絵図に描かれている谷の一つを確認するようなことであれば，地形図を見るだけでできるような場合もあるが，ふつう地形現況と絵図の描写との比較を可能にするためには，詳しい地形情報をもとにして，絵図の視点から見た地形現況を何らかの方法によってビジュアルな形で示す必要がある。

　その一つの確実な方法は，詳しい地形情報をもとにして，できる限り精巧な地形現況のモデルを作成することである。それは実際に手作りの模型を作成することもできるが，パソコン上でそれを行うこともできる。

　なお，この考察の際，もとにする地形図がたとえ2500分の1程度のかなり詳しいものであっても，それから実際の細かな地形を読み取るには限界があり，絵図には地形図からは読み取ることができないような小さな谷などの地形が描かれている場合もある。そのため，そのようなときには，現地に足を運んで，実際に地形の状態がどのようになっているかを見る必要がある。また，2500分の1や3000分の1のようなかなり詳しい地形図でさえ，作図があまり正確でない場合があるので注意をする必要もある。

　また，模型の作成やパソコン上でモデルを作成することは必ずしも容易ではないが，地形現況と絵図の描写との比較考察を便宜的に行う方法の一つとして，山地部の稜線（輪郭線）の形状について，絵図のそれと絵図と同一視点から見た地

第3章 近世から中世の植生景観

形現況のそれとを比較検討する方法がある。地形現況をもとにした稜線の形状の予測は，2500分の1から1万分の1程度の詳しい地形図を適宜用い，地形の範囲や複雑さに応じて，視点から稜線への10点から数十点ほどの仰角（俯角）を求めてゆくことにより行うことができる。

　地形現況や現況において，対象とする場所や地域と視点との距離が近く，植生高によって稜線の形状が大きく変化するような場合には，地形現況にある一定の高さのものが加わったときの稜線の形状を予測することによって，ある絵図が描かれた時代の植生の状態を判断できる場合もある。

3.1.4　岩や滝などの特徴的なものの描写と現況との比較

　絵図の描写のなかで，岩や滝や城跡などの特徴的と見えるものの描写に着目し，そのような描写と絵図に描かれているその付近の今日の状況とを比較することにより，絵図の資料性をある程度判断できることも少なくない。

　ただし，この場合，絵図に描かれている岩や滝などが，樹木の繁茂などによって今日では隠れて見えないことも多くあるため，それらの存在の確認には，ふつう，こまめに現地に足を運ぶ必要がある。しかし，土砂崩落地のような部分が絵図に描かれている場合は，今日ではそこに植生が回復し，地盤が安定化していることによって，絵図の描写のような状態を確認できないこともある。

3.1.5　絵図の彩色の検討

　絵図が彩色されているものであれば，その彩色を検討することにより，絵図の彩色と植生などとの関係が大きいと考えられる場合がある。

　また，絵図によっては，ある色がどのような地表の状態を表しているかを凡例で示している場合もあるが，そうでないことの方が多く，彩色のみを見てただちに絵図から植生景観を判断することは一般に難しい。しかし，他の方法によっておおよその景観の状態がわかっている段階では，それと彩色との関係などを見ることにより，絵図の彩色を植生などの景観を確認してゆく一つの手段とすることができるものと考えられる。とくに，ある絵図中において，植生があるとすれば全般に低いことが他の方法によって確認できる部分があるような場合，彩色は植生があるかないかを知る大きな手がかりとなることがある。

3.1.6 植生とは全く関係のない部分の景観描写についての考察

建物や橋梁などのように，植生景観とは関係のないもので，他の絵図や現存物との比較が可能なものの景観描写の考察は，絵図に描かれた植生などの景観に関する資料性を考えるうえで，ある程度参考となるものと考えられる。すなわち，たとえば，それらの描写の写実性が疑わしい場合は，一般に植生などの景観描写に関しても同様な可能性が高いことが予測される。ただ，これはあくまでも参考となるものであって，このことが直接的に絵図に描かれ植生景観に関する資料性を明らかにするものでないことはいうまでもない。

3.1.7 考察結果の総合的判断

以上の 3.1.1 から 3.1.6 までの考察可能な部分の考察結果を，総合的に判断することにより，結論をまとめる。

ここに示したいくつかの方法は，そのすべてをある絵図の考察に用いることのできない場合が多いが，それぞれの絵図の資料性の考察に際しては，その可能な部分について行うことができる。その際，複数の方法によって考察が可能な場合には，それらの考察結果を総合的に判断することにより，絵図の資料性をより明らかなものとすることができる。ただし，上記の方法論を補足する新たな方法が加えられる可能性については，それが排除されるものではない。

3.2 「華洛一覧図」と「帝都雅景一覧」の考察からみた文化年間における京都近郊山地の植生景観

ここでは，絵図類からの考察例として，江戸時代の後期，文化年間に制作された京都の絵図類をもとに，その時代における京都近郊山地の植生景観を考えてみたい。取り上げるのは，京都とその周辺部を描いた一枚刷の「華洛一覧図」と，京都一円の名所などの景観を数多く描いた名所図会の一つである「帝都雅景一覧」である。

それらは，ともに文化年間に制作されたものであり，それらの描写を互いに比較検討して 19 世紀初頭における京都近郊山地の植生景観を考えることができる。また，それらの図は，写実主義的手法により描かれていることから，そこに描か

れた山地描写を，現況や地形図をもとにしたモデルと比較することなどによりその写実性を検討し，その時代の京都近郊山地の植生景観を明らかにすることもできる．

3.2.1 「華洛一覧図」と「帝都雅景一覧」について

　「華洛一覧図」（図1）は，文化5（1808）年に刊行された多色刷の絵図で，縦が約42 cm，横が約65 cm の大きさのものである．その作者は，岸派を代表する画家の一人，横山華山（1781～1837）である．図には京都の主な名所の名も記されており，当時いくつも出版されていた京都の案内図と共通した面もあるが，その描写は，他の京都案内図と比べると格段に写実的である．同図が，かなり綿密に描かれていることは，今日も残っている社寺などの建物や道路や河川などの描写を検討することからもわかるところである．図は，西方から京都を一望したような風景となっているが，細かく見ると，それは多くの視点から描いたいくつもの図をもとにして構成されたものであることがわかる．

　一方，「帝都雅景一覧」は前編（東山之部，西山之部）と後編（南山之部，北山之部）の2編，4巻からなる．そこには，かつての京都周辺の名所を中心にした風景が描かれており，一連の名所図会の一つとしてとらえることができるものである．その刊行年は，前編が文化6（1809）年，後編が文化13（1816）年であ

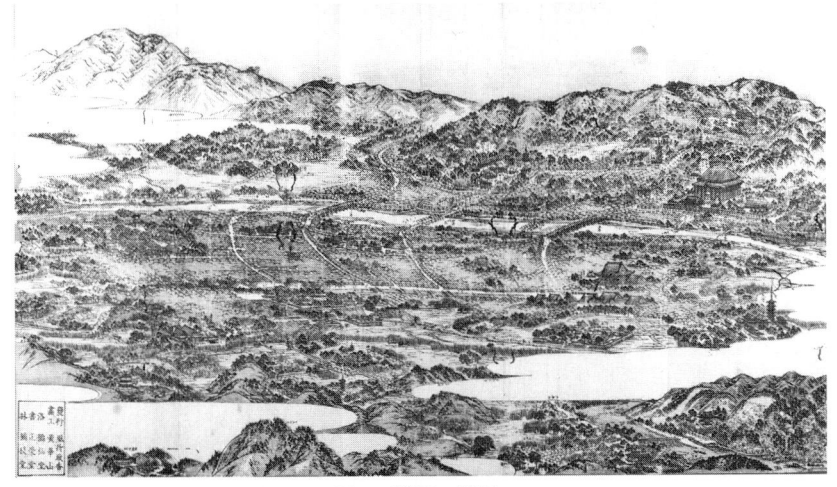

図1　「華洛一覧図」
龍谷大学図書館蔵．

り，図は文化年間における京都周辺の景観を描いたものと考えられる。図はすべて岸派の代表的画家の一人である河村文鳳によるもので，全部で84箇所の風景が描かれており，そのうち30以上の図には，背景として京都周辺の山地が大なり小なり描かれている。

3.2.2 「華洛一覧図」と「帝都雅景一覧」の比較考察からみた文化年間における京都東山中央部の植生景観

「華洛一覧図」（文化5〈1808〉年刊）は「帝都雅景一覧」の前編（文化6〈1809〉年刊）と刊行時期がかなり近いものである。ここでは，まず，それら二種類の絵図における共通描写部分の比較検討によりわかる当時の京都近郊山地の植生景観の例を少し示してみたい。

京都東山中央部は，嵐山とならび，かつて京都周辺では最も豊かな森林が見られることが多かったところである。たとえば，幕末に完成した「再撰花洛名勝図会」の挿図の比較考察から，その当時そのあたりは高木のマツ林が途切れることなく続いていたことがわかる。そのなだらかな低い山並みは，八坂神社や知恩院や清水寺などの大きな社寺の背景（東側：知恩院などの位置は図2参照）であり，明治以降も，台風の被害があった時期を除けば，そこには途切れることなく森林が広がっていた。

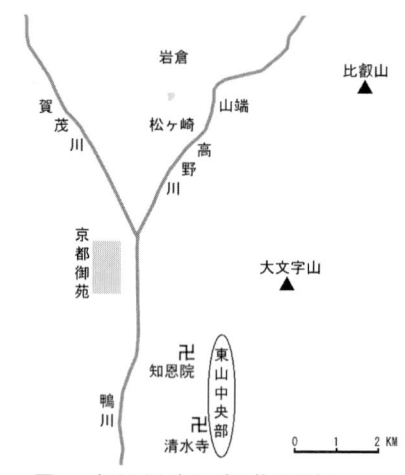

図2　山や川や寺などの位置関係

しかし，北は粟田山から南は清水山に至るその東山の中央部の山なみは，文化年間の「華洛一覧図」では図3のように描かれている。一方，同時代の「帝都雅景一覧」では，その山なみの断片が図4のように描かれている。図3の最も左方の部分が図4のCの部分にあたる。両図の比較は，視点の違いもあり，必ずしも容易ではないが，両図を比較することにより，この時代の東山中央部は，すべての部分が高木の林で覆われてはおらず，かなり低い植生の部分も少なくなかったものと考えられる。すなわち，「華洛一覧図」の図3の部分には，ややはっき

第3章 近世から中世の植生景観　　　　　　　　　　173

図3　「華洛一覧図」（東山中央部付近）

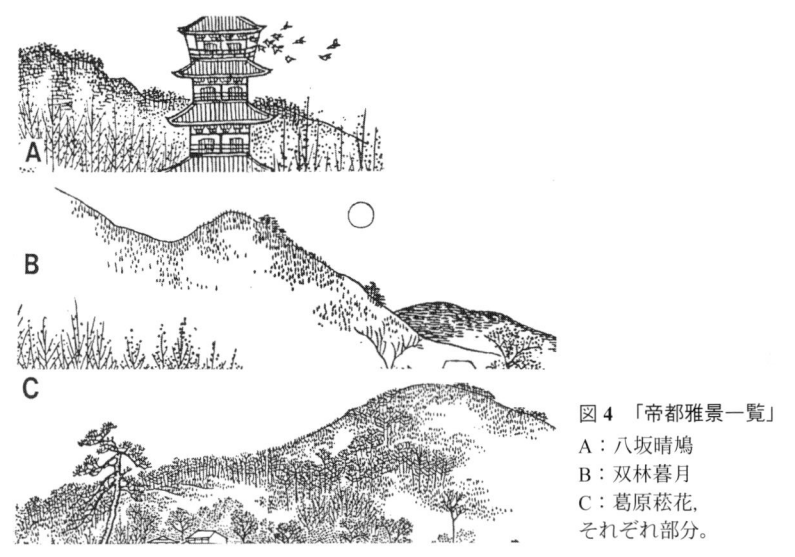

図4　「帝都雅景一覧」
A：八坂晴鳩
B：双林暮月
C：葛原薐花，
それぞれ部分。

りとしない植生描写もあるものの，比較的高木の林もある程度は確認できる一方，かなり低い植生と思われる描写の部分も多く見られ，その描写は図4のそれと矛盾しない。

　比較的高木の樹木の樹種は，「帝都雅景一覧」の描写からは，ただちにはわかりにくいものも多い。しかし，それを東山以外の部分も含め「華洛一覧図」の描写と比較することにより，描かれている高木の樹木の大部分はマツと考えられる。

　なお，時代は少しだけ遡るが，「都林泉名勝図会」（寛政11〈1799〉年）にも，

当該地の一部を比較的細かく描いた図があるが，そこにも，高木の林とともに，かなり低い植生の部分も広く描かれている。

3.2.3 「華洛一覧図」と「帝都雅景一覧」の山地描写の分析的考察からみた文化年間における京都近郊山地の植生景観

1) 比叡山

「華洛一覧図」には，比叡山は図5のように描かれている（図中のアルファベットなどは説明のために加えたもの）。「華洛一覧図」は，いくつもの視点から描いた図をもとにして構成されたものであり，この比叡山付近の視点は，賀茂川と高野川の合流地点の南方約500 m，標高50 mの鴨川右岸のあたりと考えられる。今日，その視点から比叡山を見ると写真1のように見える。

図5と現況を比べてみることにより，図は水平方向に少し圧縮された形とはなっているものの，山の稜線の形状は，かなりよく似ていることがわかる。一方，詳しい地形図をもとにして，同じ視点から植生がない場合の稜線の形状を描くと図6のようになる。それと図5とを比較すると，GとA，HとB，IとC，KとE，LとFの部分の特徴的な稜線の起伏がよく対応していることがわかる。ただ，図

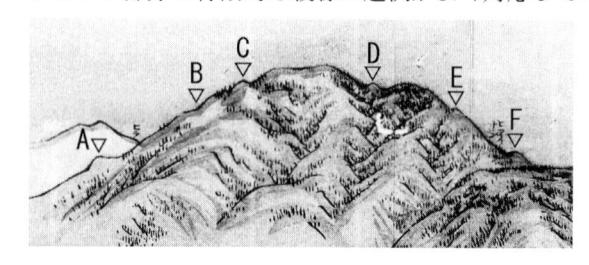

図5 「華洛一覧図」
（比叡山上部）
A〜Fと▽印は説明用に加えたもの。

写真1 比叡山の現況

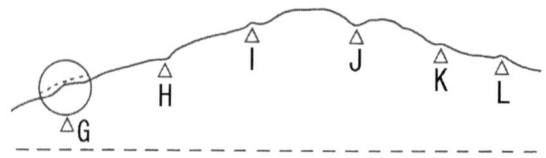

図6 比叡山上部の稜線の形
（植生がない場合）

第 3 章 近世から中世の植生景観

5 の D の部分の稜線の盛り上がった部分は, 図 6 や現況では見ることができない。しかし, その付近には, 今日では元の地形を変えて大きな駐車場が造られており, そこにかつては図 5 にあるような小さな盛り上がった地形があった可能性もある。そのことは, そのあたりの過去の詳しい地形図が見つからず確認できていないが, 以上のことから, 図 5 の比叡山の稜線部は, 概してかなり写実的であり, その付近の植生高は概して均一なものであったと考えられる。

ところで, 図 6 の G の部分の盛り上がりが, 現在でははっきりと見えないのは, 図の視点付近から比叡山を見ると, 植生高のわずかな違いによって互いに見えたり見えなくなったりする二つの稜線があるためである。ちなみに, 植生高が 15 m の場合の稜線の形状を描くと図 6 の円内上方の点線のようになり, 植生高が低い場合には目立つその部分の盛り上がりは, 植生高が高くなることによって, 目立たないものとなることが確認できる。

一方, 「華洛一覧図」と現況には, 大きな違いも見ることができる。図 5 では比叡山の山肌に数多くの谷をはっきりと見ることができるが, 現況では, かなり条件のよい時でさえ, 大きな谷についてはある程度確認できても, 図 5 に見えるような小さな谷は全く見ることはできない。「華洛一覧図」に描かれているいくつもの谷は, その稜線の形状の写実性から考えると, 実際にそのように見えていた可能性があるように思われる。そして, 「華洛一覧図」の比叡山の描写と現況との違いの理由の可能性として, 文化年間の頃と現在とでは, その付近の植生高に大きな違いがあることが考えられる。

そのことは, 2500 分の 1 の地形図をもとにして作成した模型による実験からも確認できる。それによると, 日がかなり西に傾いた時, 図の視点からは谷の様子が最もよく見えること, 植生高が 2 m 程度までであれば, 小さな谷も確認しやすいが, 植生高が 5 m 程度の森林になると, 小さな谷の確認はだいぶ難しくなること, また植生高が 10 m 前後の森林になると, 小さな谷は全く見えなくなってくることがわかる。そして, その実験から, 文化年間の頃, 京都側から見える比叡山には植生高の低い部分が広く存在し, 「華洛一覧図」に描かれているようなこまかな谷が実際によく見えていた可能性が高いことがわかる。

以上のことから, 「華洛一覧図」が描かれた頃, 図に描かれている部分の比叡山の植生高は, 概してかなり低いものであったと考えられる。また, 一部には植生のないところもあった可能性も考えられる。

なお、「華洛一覧図」は色彩も豊かな多色刷りの図であり、山地の部分には主に緑、薄茶、茶の3色の彩色がなされているが、その彩色と山地の植生に相関がある可能性が考えられる。「華洛一覧図」では、比叡山付近には茶系統の色の彩色が多く、一部にはやや濃い茶色で塗られたところもある。そのような彩色は、山が緑色で塗られるのが普通である現在の感覚からは奇異に思われるかもしれない。しかし、「華洛一覧図」には写実的なところが多く確認できることから、たとえば、やや濃い茶色の部分については、それが山の尾根近くに多いことなどから、草木も全くないようなハゲ山の部分を示している可能性が考えられる。また、そこに広く見られる薄茶色の部分は、その色が、大部分が秋の田を描いていると思われる京都郊外の農地と同じような色であることなどから、そこが草地的植生であることを示している可能性があると思われる。また、樹木の描写がなく緑色の彩色の部分は、茶系統の色と意識的に色が変えられていることなどから、柴のような低い樹木のあったところである可能性もあると考えられる。

2) 松ヶ崎

「帝都雅景一覧」の挿図には、一見さほど写実的ではないようにも見えるものもあるが、山地部までも社寺や人物などと同様な細かさで描かれているように見えるものも少なくない。ここでは、「帝都雅景一覧」の挿図のうち、「松ヶ崎」、「山嘴春暮」と題する二枚の図を取り上げ、その山地などの描写を、現況地形モデルなどと比較することにより、当時の植生景観を考えてみたい。

松ヶ崎と題する図7には、京都盆地の北端に位置する京都市左京区松ヶ崎の背後(北側)にある低い山並みが大きく描かれている。その山並みの手前(南側)には、松ヶ崎の村が見える。その山地の稜線には五箇所に小さな林が見られる。一方、図の視点とはやや異なるが、稜線部がほぼ均一なコナラやアカマツなどの林で覆われている現況は、写真2のとおりである。また、植生がない場合の地形モデルは、図8のようになる（視点は妙円寺の南方約280 m、標高78 m）。

この付近については、国土地理院発行の5 mメッシュ（標高）の地形データがあり、ここではそれを利用した。その地形データは、数値地図コンバータwDigitalMap（ダブリュ・エー・ティー社）によりAutoCAD（オートデスク社）で使用できるデータ形式に変換した。AutoCADによる地形モデルには、山の稜線など三箇所に高さ10 mの指標樹木モデル（図9）を挿入した。

第 3 章 近世から中世の植生景観　　　　　　　　　　　　177

図 7　「帝都雅景一覧」(松ヶ崎)

写真 2　松ヶ崎の現況

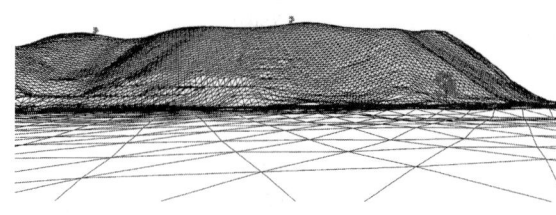

図 8　松ヶ崎の地形
AutoCAD による。
指標樹木モデル入り。

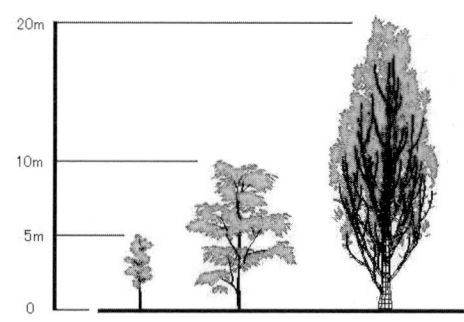

図 9　3 種類の指標樹木モデル

　これらの図や写真を比較してわかることは，図 7 の山の稜線は，それを描いた河村文鳳の画法の特徴として左方の部分が実際よりもかなり低く描かれているが，その他の部分の山地形状は概ね写実的に描かれているということである。そして，図 7 の山地の地形輪郭が細かな凹凸もなく滑らかであることなどから，その山地の大部分は，かなり低い植生か，植生の少ないようなところであった可能性が高いものと考えられる。また，図に描かれた小さな林は，実際にそれぞれの位置にあった可能性が高いと思われる。その林の樹高は，5 m 程度までのものが

多かったと思われるが，図の左手の二箇所については，樹高が 10 m を超えるものがあった可能性が考えられる。一方，村の近くには，挿入した指標樹木モデルや，家屋などとの比較から，一部には 10 m を超える樹木もあったものと考えられる。

3） 山端(やまばな)

山嘴春暮と題された図 10 は，図 7 の山並みの東側に位置する山嘴（山端）から高野川対岸の山地の風景を描いたものであり，図に見える山は上記松ケ崎の山の東端（右端）の部分である。山の稜線の部分には，さまざまな高さの小さな林が 5 箇所に描かれている。一方，現況は写真 3，植生がない場合の地形モデルは図 11 の通りである（視点は，山端橋の下流約 200 m の高野川左岸，標高 84 m）。ここでも，地形データは国土地理院発行の 5 m メッシュ（標高）を利用した。AutoCAD による地形モデルには，山の稜線 3 箇所に高さ 5 m の指標樹木モデルを挿入した。

図 10 「帝都雅景一覧」
（山嘴春暮）

写真 3 山端対岸の山の現況

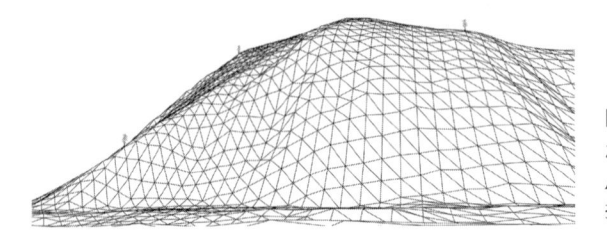

図 11 山嘴（山端）
から見える山の地形
AutoCAD による。
指標樹木モデル入り。

図 10 の山の稜線部分に描かれた小さな林の部分を除けば，山の形状は地形モデルや現況とよく似ている．これらの図やモデルなどを互いに比較してみると，図 10 の山の稜線は，概して写実的に描かれていることがわかる．ここでも，その山の地形輪郭が細かな凹凸もなく滑らかに描かれていることなどから，その山の大部分は，かなり低い植生か，植生の少ないようなところであった可能性が高いと考えられる．また，図に描かれた稜線上の小さな林は，山の稜線の形が透けて見えるような状態で，実際にそれぞれの位置にあった可能性が高いと思われる．それらの林の樹高は，5 m 程度までのものが多かったと思われるが，図左下の稜線部のものについては，一部に樹高が 10 m 前後のものもあった可能性が考えられる．また，図の中央付近から右手にかけての稜線上の林には，樹高 2～3 m 程度までの樹木が多かったものと思われる．一方，図 10 の下部に描かれているマツと思われる樹木のなかには，そこに描かれている人物などとの比較から，10 m を超えるものもあったと考えられる．

ところで，図 10 の山腹には，いくつもの大きな岩が描かれている．それらの岩は，現在でもあるが，今では山全体を高木の林が覆っているため，林に分け入らない限り，それらの岩の存在を確認することはできない．このことも，その山の大部分の植生は，かなり低いものだったことを示すものである．

3.2.4 まとめ

以上，「華洛一覧図」と「帝都雅景一覧」をもとにした考察例を少し示したが，両図の考察から，文化年間初期頃の京都近郊山地の植生景観は，おおよそ次のようなものであったと考えられる．

当時，京都近郊の山地には，今日とは異なり，かなり低い植生の部分や，場所によっては全く植生のないような所も広く見られたものと考えられる．とくに，比叡山から瓜生山，大文字山を経て大日山に至る東山の北部の山並みには，ハゲ山さえも少なくなかった可能性が高いことが考えられる．

社寺の周辺や，嵐山や東山の中央部や双ケ丘などの社寺有地などには，高木の比較的よい林の見られる所もあったが，それらの森林にしても，高木の森林が連続するところは稀だったものと考えられる．京都近郊山地のそのような高木の林の樹種は，主にアカマツであったと考えられるが，社寺のすぐ周辺などには，さまざまな広葉樹やスギなどの高木も少なくなかったものと思われる．

3.3 「出雲大社并神郷図」に見る鎌倉時代における出雲地方の植生景観
3.3.1 「出雲大社并神郷図」の成立と特徴
1) 図の描写範囲と制作年代

　出雲大社に残る「出雲大社并神郷図」(図12 (部分);以下では神郷図と略すこともある)は,杵築大社(現在の出雲大社;以下では大社と略す)とその周辺の大社領を主に描いたもので,そこには宝治2年(1248)遷宮の大社境内の様子が描かれていると見られている[4)5)]など。図の大きさは,縦が93.5 cm,横が130.6 cmである[6)]。

　その制作年代は,その遷宮の年代からその本殿が焼失する文永7 (1270) 年までのものとも考えられるが,一方で,その本殿焼失から半世紀にわたって仮殿の造営もままならなかった頃,本殿造営を希求して描かれたものである可能性も考えられる[7)]。いずれにしても,同図の制作は鎌倉時代と考えて間違いなさそうである。

2) 図の特徴

　制作から約700年から700数十年を経ていると見られるその図は,色彩の経年劣化もあり,また一部には絵の具の剥落により元の描写を確認できないところもある。そのため,近づいて見ないと描写がわかりにくくなっているところが多いが,近くから詳しく見ると,一見してかなり写実的な描写が多いことがわかる。その描写の特徴として,次の点などが指摘できる。

図12 「出雲大社并神郷図」
(部分)

建物：稲佐浜（出雲大社西方の浜）近辺から大社にかけての図の中心部には，大社本殿やその周辺の屋敷の他，小さな民家まで多く描かれ，省略が比較的少ないように見える。それに対して，そこから離れたところでは，神社の描かれている付近にも民家は少なく，省略がより大きいところが多い可能性が考えられる（地名については，図13を参照のこと）。

道：図には，陸上に道がほとんど描かれていない。筆者の知る洛中洛外を描いた図では，近世初期以降の図のなかには，洛外の主な道までも詳しく描いたものがあるが，そうした図とは対照的である。一方，海上には稲佐浜など，船が見られるところが多く，海が重要な交通路であったことを示唆している。

山：図に描かれている山は，大社の南あるいは南西方向から見えるものと海上から見えるものが中心に描かれ，それらの視点から見えないものは省略されているものが少なくないように思われる。描かれた山々は，全般に比較的丁寧に描かれている。大社に比較的近い弥山付近など，山に細かな皺が多く描かれているところが少なくない。弥山付近の山上や日御碕の南から南東にかけて描かれている山なみの上部には黒く塗られているところが数箇所ある。山地の植生描写の写実性については，ただちにはわからない。

島と海岸部：主な島はすべて描かれているかのような細かさがある。島に限らず海岸付近は概して詳しく描かれている。これらのことも，この図が海側からのスケッチも多くもとにして作成されたものであることを示唆している。また，図で海や海岸部も重視されていることを示すものでもある。

図13 出雲大社と周辺の主な山や集落などの位置関係

植生：たとえば，大社から稲佐浜付近にかけては，樹形からマツと見られる樹木が多く描かれている。大社境内とその近辺には紅葉した落葉広葉樹などの大きな木々が多く描かれている。マツは大社境内には見られないが，大社を囲む塀の南西外側には2本のマツと思われる高木が見える。大社東方の真名井の近くにも大きなマツが1本描かれている。蛇山（八雲山）などに見られる樹幹も，マツを表現している可能性が高い。また，山上の一部には，スギやヒノキのような直立した常緑針葉樹と思われる木立が見えるところがある。同じタイプの樹木は，大社北東の御子屋敷の近くにも少し見られる。これらの描写がどの程度写実的かは，ただちには述べることはできない。

季節：紅葉した樹木や田の様子などから，秋の景色を描いているように思われる。

彩色：白色系の色が稲佐浜とその近辺に広く見られる。また，その色は出雲大社境内とその近辺にも見られる。それは，砂浜や白っぽい小石の色を反映したものかもしれないが，大社から稲佐浜という，図の中心地域を目立たせる効果もある。また，山地の大部分と農地の一部などに見られる緑色系の色の部分は，なんらかの植生のあることを反映したものと思われる。また，山地や海岸付近の一部に見られる茶系の色は，草木のない裸地的な状態を示している可能性がある。また，赤色系の色が，神社関係の建築物の柱や樹木の紅葉を示すのに使われている。一方，いくつかの山上付近に見られる黒色の部分は，草木が燃えた跡地のようにも見えるが，なぜそこが黒色にされているかはただちにはわからない。なお，それらの山の色については，元素分析やスペクトル測定などの結果，銀泥が変色した可能性は低く，もとから黒く表現されていたものと考えられる[8]。

3.3.2　図の写実性の考察

「出雲大社并神郷図」には，今日の状況と比較して，写実的な描写であることがわかる部分がある。たとえば，その図に描かれている川の位置や弥山の山の形，また日御碕に近い経島（ふみしま）（図14，写真4）の柱状岩の様子などである。これらは，700年前後の年月を経ても大きく変わっていないと思われるものである。とくに，経島の一部に見られる柱状岩の描写などからは，画者がその小さな島を詳しく観察して描いたことがよくわかる。

第 3 章 近世から中世の植生景観　　183

　また，先年大社境内の発掘調査で発見された宝治 2（1248）年遷宮の本殿の心御柱下から大量のケヤキの葉が出土した[9]ことは，神郷図の大社付近に紅葉した落葉樹が多く描かれていることと矛盾がなく，その付近の植生景観が写実的に描かれていることを示す一助と考えられる。とはいえ，その図において，各部に描かれた植生景観が，それぞれどの程度写実的に描かれているかはただちにはわからない。

　そこで，以下では，「出雲大社并神郷図」における地形描写の写実性を検討することにより，当時の植生景観を考えてみたい。具体的に検討するところは，日御碕付近，大社の裏山にあたる八雲山付近，日御碕の東方の鷺浦付近，またそのさらに東方の鵜峠付近，大社東方の弥山付近の 5 箇所である。それらの場所は，上述のように，「出雲大社并神郷図」において比較的丁寧に描かれているように見えるところである。

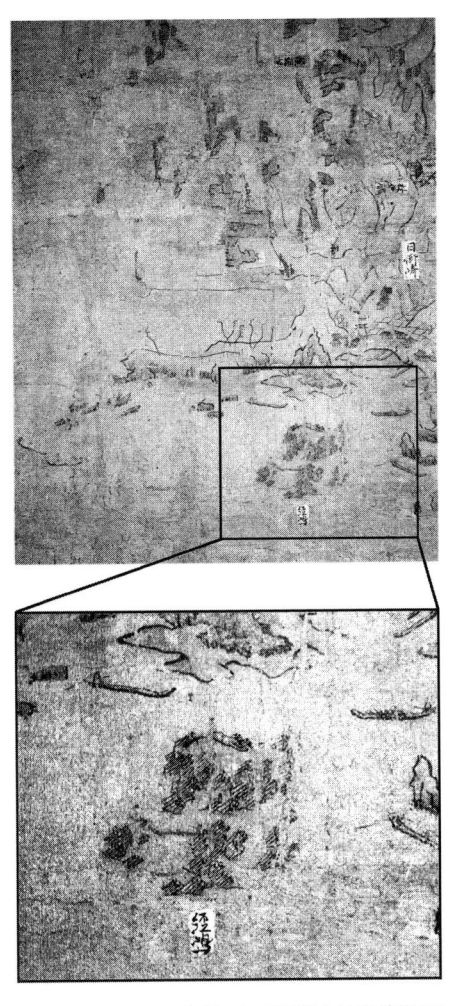

↑図 14　「出雲大社并神郷図」
　　　　日御碕付近〈上図〉
　　　　と経島〈下図〉。

←写真 4　経島

なお，地上に植生のない場合の状態（地形現況）を示すモデル作成には，2500分の1から25000分の1の地形図を適宜用い，独自に約10 mメッシュのデジタル地形データをLMS（SEC社）により作成し，それをAutoCAD（オートデスク社）上でモデル化した。作成した地形モデルはレンダリング（パソコン上で三次元の立体に色や陰影を付けること）をせず，ワイヤーフレーム（パソコン上で三次元の立体を表現する方法の一つで，立体の図形を，その入力点を結ぶ線のみで表現する手法）の状態で示した。

1）日御碕付近

図15は，「出雲大社并神郷図」に描かれた日御碕付近の様子である。図で日御碕と記されたところに近い左下方には，日御碕神社と思われる建物があり，そのさらに左下方に神社の鳥居が描かれている。その鳥居の近くやその右方には，10軒ほどの家屋が描かれている。それらの家々は，小さな湾を取り囲むように点在し，湾には4艘か5艘の小舟が着岸しているように見える。また，海上にも2艘の舟が描かれている。

陸地部分には明確にわかる植生はほとんど描かれていないが，2段に描かれた岬の上に計7本のマツと思われる高木が描かれている。岬の海に接した部分には，その先端に近い部分を中心に岩的な描写が多く見られる。また，集落と岬の間には，海に面した陸地部が，やや大きく崩落している様子を描いているように見える部分もある。

一方，図16は，岬の先端部より西へ約900 mの海上より日御碕方面を見た地形をAutoCADを用いて図化したものである（遠方の山並みは省略）。また，写

図15 「出雲大社并神郷図」（日御碕付近）

第 3 章 近世から中世の植生景観　　　185

図 16　日御碕西方海上よりみた日御碕付近の地形

写真 5　日御碕付近（西方海上より）

写真 6　日御碕付近の稜線の形

真 5 は，それに近い視点から見た日御碕付近の現状である。また，写真 6 は，写真 5 に見える日御碕付近の景観のアウトラインを示したものである。これらの図や写真と「出雲大社并神郷図」のその付近の描写を比較すると，さまざまな共通点や違いがあることがわかる。

　たとえば，神郷図では，岬は明瞭に 2 段に描かれているが，地形図をもとにして作成した図 16 では，岬は 2 段か 3 段となっているように見える。その段は，神郷図の描写ほど明瞭ではない。一方，木々が岬の大部分を覆っている現況では，そこに段があることははっきりとわからない。

　あるいは，「出雲大社并神郷図」では岬の先端部はややふくらみ，その右手の段の部分は，少しくぼんだ形状をしているが，地形図をもとにした図 16 では，そうしたふくらみは確認できない。また，図 16 で，岬に段が 3 段あると見る場合には，くぼみも確認できない（左方の 2 段にも見える部分を一体と見れば，そこにくぼみがあるとする見方もできる）。また，神郷図では，その右手上方（日御碕神社や集落に近い方）の段の部分も，最も左手の部分がややふくらみ，それから右手にかけてかすかにくぼんだ後，右方に高く盛り上がるという地形が描かれているが，地形図をもとにした図 16 でも，（左方の 2 段にも見える部分を一体と見た場合）その段に対応すると思われる部分の最も左手はかすかに盛り上がり，

そこから右方にかけてかすかにくぼんだ後，右手の山に至るという地形の輪郭が見られる．

　一方，現況を海上から眺めると，岬の先端部は神郷図と同様にややふくらみ，その右手の部分の景観のアウトラインは，少しくぼんだ形状となっている．また，その右方の，神郷図では2段目の地形として描かれているあたりの地形は，神郷図と似たところと異なるところがあるように見える．すなわち，神郷図と似たところとしては，2段目の段の左方部のあたりから右手にかけてややくぼみがみられる点である．一方，異なる点は，神郷図では2段目の段が，ややくぼんではいるものの，右手の山の下部まで比較的平坦であるのに対し，現況ではその右手の山の下部よりも少し左手に，わずかではあるが明らかな盛り上がりが見られる点である（写真6，Aの円内）．

　これらの地形図をもとにした図や現況と神郷図との比較から，次のようなことが考えられる．たとえば，「出雲大社并神郷図」では岬の先端部にややふくらみが見られるのに対し，地形図をもとにした図16では，そうしたふくらみが確認できない点については，ほぼ一定の高さの植生で覆われた岬の先端部が現況でもややふくらんで見えることから，神郷図の描写はリアルなものである可能性が高く，地形モデルを作成するもとにした地形図の岬の先端付近の標高データが，やや不正確である可能性が高いと思われる．地形図の標高データは，航空写真をもとにした測量によるものであり，森林で覆われたところでは，2～3m程度のわずかな誤差は生じやすい．標高データがわずかに異なるだけでも，景観のアウトラインの見え方は意外に異なってくるものである．一般に，人の地形の見かけとしては，実際よりも起伏が大きく感じられる．そのことは「出雲大社并神郷図」でも図の描写によく反映されているように見える．

　また，神郷図では岬の中程に明瞭な段が一つ見られるのに対し，地形図をもとにした図では，その段が一つか二つか明瞭でなく，また現況ではそうした段の存在の確認は難しい．その点については，地形図をもとにした図から，段の数はともかく，そこに段状の地形があることは確かと考えられ，神郷図の地形描写の写実性を示していると考えられる．なお，段の数の違いについては，神郷図で，段が一つ省略された可能性の他，図16と図15の視点とのずれや，図16では2段にも見える部分が一体に見えていた可能性などが考えられる．なお，現況で段状の地形が見られないのは，その付近一帯が高木の樹木で覆われているためと考え

られる。細かい地形は植生の高さが高ければ，容易に隠されてしまうからである。

　あるいは，神郷図では右手の段が比較的平坦であるのに対し，現況ではその右手の山の下部よりも少し左手に，わずかではあるが明らかな盛り上がり（写真6，Aの円内）が見られるのは，その盛り上がりの見られるあたりだけ地形が異なり，やや西方（図の手前方向）に盛り上がった地形が延びた形となっていて，その付近一帯を高木の樹木が覆っているためと考えられる（同じ高さのものは，視点に近いところのものの方が高く見える）。

　これらのことを総合すると，「出雲大社并神郷図」に描かれた日御碕付近の地形描写は比較的写実的であり，一方，その付近は西方の海上から，その地形がよく見えていたものと考えられる。岬に段状の地形が見られる点，またそのあたりの植生高が今日のように全般的に高ければ，海から見える景観のアウトラインは，元の地形とは異なってくる部分があることから，神郷図が描かれた鎌倉時代には，日御碕付近には，大きな樹木は少なく，地形が遠方からもよく見える状態であったと考えられる。とはいえ，神郷図に描かれている高木のマツと思われる樹木は，少ないながら高木の樹木もある程度存在していたことを示していると思われる。描かれている樹木の数は，民家の数などと同様に，それなりの省略があるものと考えられる。神郷図には，そうした高木の樹木が描かれているところが少ないにもかかわらず，岬に大きなマツが何本もあった可能性が高いのは，そこが日御碕神社にかかわる重要な場所であったためであるのかもしれない。

2）八雲山付近

　図17は，「出雲大社并神郷図」に描かれた八雲山付近の様子である。八雲山は，大社のすぐ背後にある山で，図には「蛇山」（虵は蛇と同じ）と記されている。その下方には「御子屋敷」，またその右には「亀山」の文字が見える。「御子屋敷」と記された場所には，今はそのような建物は何一つないが，「亀山」と記された大社東方の山は，今も亀山と呼ばれている。

　蛇山と記された八雲山のあたりには，ほとんど植生の表現は見られないが，よく見ると「蛇山」の文字の左上や右上などに，少し曲がった高木の樹木の樹幹と見られる描写がいくつかある。それが実際に樹木の樹幹を描いているのであれば，その形から，その樹種はマツと考えられる。上記の日御碕の場合でも，神郷図に同様に描かれているマツと見られる樹木があるため，元はそれらの樹幹の上部に

図17 「出雲大社并神郷図」
蛇山〈八雲山〉，亀山付近。

は，枝葉が明瞭に描かれていたものと思われる。

また，八雲山の山並みの上部や「蛇山」と記されたところの右方，「亀山」の文字のやや右上方には，通直な針葉樹の下部を表現していると思われる描写が見られるところがある。それらの樹木の上部が消えていたり，消えかけていたりするものも少なくないそれらの樹種は，スギやヒノキ科の針葉樹の可能性が高いように思われる。また，図17の上部右方には，針葉樹か広葉樹かもわからないが，なんらかの森林が描かれているように見える部分もある。

一方，図17の左下方，御子屋敷の文字の左方は，大社本殿の裏手にあたる部分で，紅葉した大きな落葉広葉樹が数本描かれている。また，御子屋敷のすぐ周囲にも，何らかの広葉樹や針葉樹が数本描かれている。そのうち，御子屋敷の上部に描かれた2本の樹木は，樹幹は比較的通直ではあるが，その枝葉の形からマツのようにも見える。また，御子屋敷の下方に描かれた1本の高木の針葉樹は，その形から，スギの可能性が高いように思われる。

一方，図18は，大社本殿より南へ約300 mの地点から八雲山方面を見た地形をAutoCADで図化したものである（遠い山並みは省略）。また，写真7は，今日では上記地点付近では八雲山方面を広く見ることができないため，大社本殿の南南東約600 mのところにある寺の墓地から見た八雲山方面の現状である。これらの図や写真と神郷図のその付近の描写を比較することで，次のようなことがわかる。

たとえば，神郷図（図17）の八雲山付近には，蛇山の文字の右下から右上に

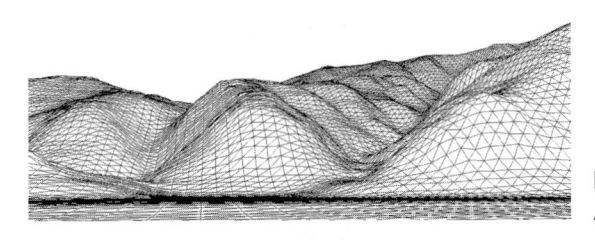

第3章 近世から中世の植生景観　　189

図18　出雲大社南方よりみた八雲山付近の地形

写真7　八雲山付近の現況

かけての八雲山の山体に，5つの山の襞が描かれている（手前の2つはややわかりにくい）。一方，今日の地形をもとにした図18では，数え方にもよるが，8つほどの山の襞が見える[10]。一方，八雲山全体が高木の木々で覆われた現在では，そのような山の襞を確認することは難しい。これらのことから，「出雲大社并神郷図」の八雲山付近の描写はかなり写実的であると考えられ，その図が描かれた鎌倉時代，八雲山の山体のあたり一帯には，高木の樹木が少なく，その細かな地形が遠方からもよく見えていたものと考えられる。

　以上のことから，「出雲大社并神郷図」の写実性は，八雲山付近でも高い可能性が考えられる。そして，その図が描かれた鎌倉時代の頃，八雲山のあたりには，高木の樹木が少なく，一部にマツの高木が見られるような状態であったのではないかと思われる。なお，神郷図で八雲山の山並みの上部に見られる通直な針葉樹林は，現況との比較から，図18では省略されている八雲山後方の山にあった可能性が高いように思われる。

3）鷺浦付近

　図19は，「出雲大社并神郷図」に描かれた鷺浦付近の様子である。湾の奥には数艘の舟や数軒の民家が描かれている。また，その右手には佐木社と記された神社の鳥居と社殿が見える。山の部分には，何も植生が描かれていないところが多

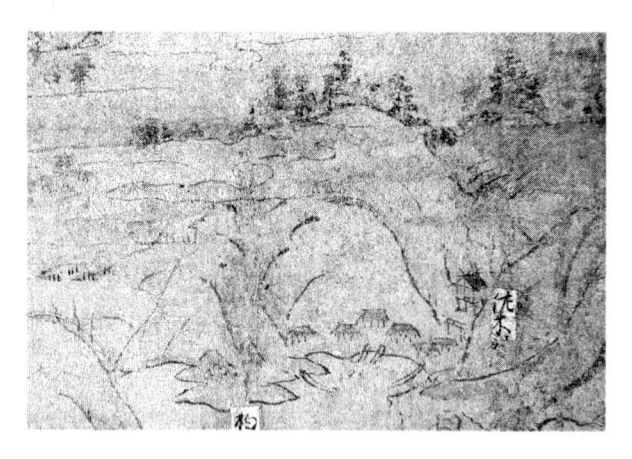

図19 「出雲大社幷神郷図」
（鷺浦付近）

いが，図の上部，山の稜線の背後のあたりには，スギなどの針葉樹と思われる直立した大木が横に並んで描かれているところがある。また，図の左方中央よりも少し下には，まださほど大きくない直立した針葉樹の林の下部を描いているように見えるところがある。そのすぐ下方には，樹形からマツと思われる高木の木が3本描かれている（ここでもマツの枝葉の顔料が剥落していると思われる）。

一方，図20は，湾の奥から北へ約400mの海上から見た鷺浦集落方向の地形をAutoCADで図化したものである（遠方の山並みは省略）。また，写真8は，図20の視点に近い海上から撮影した最近の鷺浦付近の写真である。これらの図や写真を互いに比較することで，いろいろなことが見えてくる。

図20や写真8と比較できる図19の部分は，その中程より少し左から右の部分

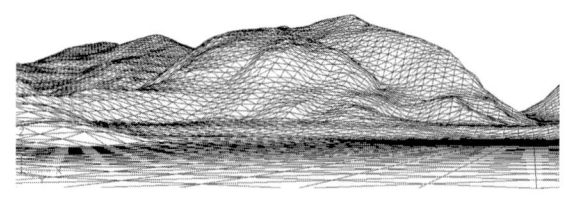

図20　鷺浦北方海上よりみた鷺浦の地形

写真8　鷺浦の現況

であり，その図の左方部分については比較できない。また，図20や写真8の左方部分は，図19では省略されていると見られ，やはり比較できない部分である。そうしたことはあるが，たとえば図19と図20の比較可能部分互いに比較すると，鷺浦の背後の山の形，また山腹の山の襞の形も互いによく似た部分が多いことから，「出雲大社并神郷図」の鷺浦付近も，実際に海上からの図をもとに描かれたものと考えられる。

一方，図19，あるいは図20と写真8の比較可能部分互いに比較すると，鷺浦の背後の山の形は互いによく似ているが，写真8では山腹の山の襞は，ほとんど見ることができない。これは，「出雲大社并神郷図」の頃と近年の植生の違いによるものと考えられる。すなわち，鷺浦の背後の山は今日では全面的に高い樹木や竹の植生で覆われているために，そうした植生が山の襞を隠してしまっているものと思われる。「出雲大社并神郷図」の鷺浦裏山の大部分は，目立った植生がないような描かれ方をしていることもあり，そのあたりの山の大部分は，当時は実際にかなり低い植生しかなかった可能性が高いものと考えられる。

また，鷺浦裏山だけでなく他の部分も含めた「出雲大社并神郷図」の写実性から考えると，図に描かれているように，山の稜線の背後のあたりにスギなどの針葉樹の大木がややまとまってあるところがあったこと，一部に通直な樹幹の針葉樹の林があったこと，また海岸に近いところにはマツの高木が少し見られるところもあった可能性が高いように思われる。

4）鵜峠付近

図21は，「出雲大社并神郷図」に描かれた鵜峠付近である。鵜峠は上記の鷺浦東方約1.5 kmのところにある集落である。図では，浜に3艘の舟が描かれ，その先に数軒の民家，また右端には宇道社の社殿が描かれている。白黒の図では明瞭ではないが，その宇道社のすぐ上方には，数本の大きな木々が横に並ぶ形で描かれている。そのなかには，マツのような樹形をした木も1本あるが，多くは何らかの広葉樹のように見える。原図では，図21の枠外ではあるが，そこからさほど遠くないところにも紅葉した木々の葉を示していると思われる赤系の彩色が見られることから，宇道社の上方に描かれた樹木は常緑広葉樹を表現している可能性が高いように思われる。

また，宇道社の左方，集落中央の背後には交差した形の大きな2本のマツと思

図 21 「出雲大社幷神郷図」
（鵜峠付近）

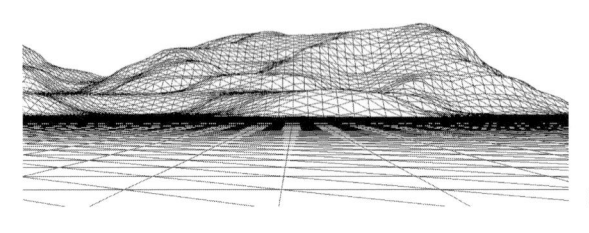

図 22 鵜峠北東方海上よりみた
鵜峠付近の地形

われる木々らしきものが描かれている。それは，山の襞の可能性も考えられるが，その線の下部が太く，上部が細いこと，また，山の稜線や山襞は黒色であるのに対し，それらは真っ黒ではなく少し茶系の色が入っていることから，樹木である可能性が高いと思われる。そのマツらしき木々の背後の山とその左方の山の上部には，わずかに通直な樹木の下部かと思われる描写も見られるが，その他には樹木とわかる明確な描写はない。

　一方，図 22 は，鵜峠の集落西方約 1 km の海上から見た鵜峠集落南東の陸地の地形を AutoCAD で図化したものである（遠方の山並みは省略）。図 21 と比較すると，集落上方の山の稜線の形状は，神郷図では山の起伏の表現がやや大きいとはいえ，比較的よく似ているように見える。また，図 21 の集落の左上方に描かれている山のラインは，図 22 の対応した付近に見える山の中腹の地形と比べると，少し省略された部分があるように見えるものの，よく似ている。なお，図 21 では，山地の襞は詳しく描かれていないように見える。

　この部分については，比較できる現況の写真がないため，現況も含めて考えることはできないが，この山の中腹のさほど目立たない地形が神郷図に明瞭に描かれているとすれば，その付近には当時高木の樹木はなかった可能性が高いと考え

第 3 章 近世から中世の植生景観

られる。一方，図 22 から，その集落背後のあたりの山の大部分が低い植生で覆われていたとすれば，図 21 で描かれている集落背後の山の部分には，山襞がもう少し見えると考えられることから，その山の部分にはやや高い植生があったところもあるということも考えられる。ただ，神郷図のそのあたりの山地描写は，あまり丁寧に描かれていないように見えることから，実際には見えていた山の襞が省略されて描かれており，その付近の山の大部分は低い植生で覆われていたのかもしれない。全体的に樹木が丁寧に描かれているところが多いように見える神郷図の描写からは，その可能性の方が高いように思われる。

5）弥山付近

図 23 は，「出雲大社幷神郷図」に描かれた弥山付近である。その山の先（背後）には，樹林を表現しているような部分も少しあるが，弥山の山体の大部分には樹木らしきものは描かれておらず，山体には多くの襞が描かれている。ただ，よく見ると，その山の比較的上部の谷に少し赤系の色が見え，落葉広葉樹の存在を示していると思われるところもある。山の上部が黒く塗られているところがあるが，それについては，上記のようにまだよくわからない。

一方，写真 9 は，出雲大社東方の弥山山麓より弥山を撮影した近年の写真であ

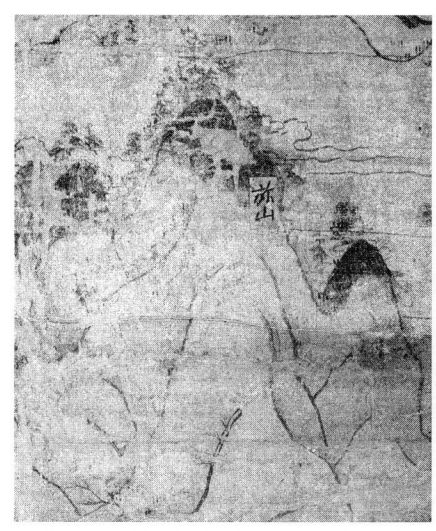

図 23 「出雲大社幷神郷図」（弥山付近）　　　写真 9　南西山麓より見た弥山

る。近年では、その山のほとんどが高木の樹木で覆われているため、そうした樹木がなければ見えるはずの、多くの山の襞は見えにくくなっている。

このような現状との比較から、神郷図が描かれた鎌倉時代の頃、弥山の大部分の植生は、かなり低いものであった可能性が大きいと考えられる。その植生が、草原だったのか、あるいは柴地であったのかよくわからないが、もし山の上部の植生がススキなどを中心とした草地であったのであれば、図に表現された季節が晩秋であることから、「出雲大社幷神郷図」で黒く塗られた弥山の上部などは、枯草が燃えたために、そのように見えていたのかもしれない。弥山は標高が500m余りのさほど高い山ではないが、山の上部は山麓に比べ気温が低いため、霜などによって、より早くから草は枯れてゆくことになり、気象条件によって燃えやすい状態になる場合があると思われる。あるいは、茅が刈られた跡地に火が入れられた状態が描かれているのかもしれない。筆者の郷里でも比較的近年まで行われていたように、かつて屋根葺き用の上質の茅は、秋の終わりに山の上部で刈られることが少なくなかった（本書：1.1.2）。そこで刈られたススキのかす、また刈り残されたススキなどが燃やされたということかもしれない。

3.3.3 むすび

今日まで残されている鎌倉時代の希少な絵図類の一つである「出雲大社幷神郷図」は、出雲大社とその周辺の主要な地を中心に描いたもので、上記のように場所によりある程度の差はあるものの、描かれているところは実際に見た状況をもとにして、植生も含めかなり写実的に描かれているところが多いのではないかと考えられる。

その図のさまざまな考察からは、それが描かれた鎌倉時代の頃、出雲大社周辺の山地には、一部にはマツやスギやヒノキなどの針葉樹やなんらかの広葉樹の森林もあったと考えられるが、出雲大社裏山の八雲山、その東方の弥山も含め、山地の多くの部分は草地か草地的な低い植生で、高木の樹木は少なかったものと思われる。比較的容易に森林が成立しやすい日本の自然風土を考えると、そのような植生の状況は、山地の植生に対して人為的影響が大きかったことをよく示していると見ることができる。

絵図類からのこうした考察例は多くはないが、京都や天橋立付近の絵図類の考察から、室町時代には、高木の樹木が少ない山が多く、所によっては、草木の

全くないハゲ山も出現していたのではないかと考えられる[11)][12)]。その背景には，一揆や飢餓が頻発したその時代の厳しい社会状況があり，人里近くの山の植生に大きな人為的圧力があったのではないかと思われるが，ここで検討した「出雲大社并神郷図」は，その考察から明確なハゲ山の存在は確認しにくいとはいえ，草地あるいは草地的な低い植生の山が，鎌倉時代にはすでに珍しくなかったことを示すものと考えられる。

註
1) 森銑三「圓山應擧傳箚記」『美術研究』第 36 号，10-19，1934
2) 小椋純一『絵図から読み解く人と景観の歴史』雄山閣出版，1992
3) ここでは上記註 2 に記した方法論の概要を一部加筆しながらまとめる。
4) 井上寛司「出雲大社并神郷図」『大社町史 上巻』(大社町)，575-577，1991
5) 佐伯徳哉「「出雲大社并神郷図」は何を語るか」『日本歴史』No.662, 42-56，2003
6) 山本信吉「出雲大社並びに神郷図」『仏教芸術』86，69-71，1972
7) 上記註 5 など
8) 朽津信明「『出雲大社并神郷図』に用いられた顔料について」『古代文化研究』15, 41-47，2007
9) 大量に出土した葉の樹種については，筆者が直接確認した。
10) 八雲山の名の由来は，このような山の襞がかつて多く見えていたことによるのかもしれない。
11) 上記註 2
12) 小椋純一「絵図からみた日本の植生史」『地球環境史からの問い』(岩波書店)，87-102，2009

第Ⅱ部

変化する植生史の常識

日本の平野部や比較的平坦な地の大部分は，今日では農地や集落や市街地などとなっているが，それでも山地部を中心に国土の約 3 分の 2 は森林で覆われている。そのような日本の植生は，森林が基本であり，先史時代から今日まで，農地などを除けば，なんらかの森林が主要な植生として存在してきたと，近年まで一般に固く信じられてきた。

　しかし，実際は必ずしもそうではなかったことは本書 I 部で述べたことからも明らかである。また，近年では，かつて火入れなどにより維持されていた草原や草原的植生の広大さ，またその時間的長さが明らかになるにつれ，そうした一般的な日本の植生史観も大幅に見直されつつある[1)2)など]。とはいえ，森林至上，さらには原生的森林至上の考え方が専門家も含め，長く人々の意識を支配してきたこともあるためか，そうした新しい見方が研究者の間にもまだ充分に広がり定着しているようには思われないし，ましてや一般の人々までよく広まっているとも思われない。

　この II 部では，筆者のここ十年間ほどの仕事の一部をまとめながら，まだ転換途上のそうした植生史の"常識"を問う。ここでは，まず，かつての日本の植生として，森林とともに重要であった草原について，明治以降の統計や微粒炭分析などをもとにその歴史を考える。次に，"入らずの森"と表現されることもある神社林（鎮守の森）の変遷を明らかにし，それらの大部分は"入らずの森"ではなかったことや，とくに明治以降大きく変化して今日に至っていることを述べる。

▶第4章

草原の歴史

4.1　日本の草地面積の変遷

　今日の日本では，九州の阿蘇などの一部地域を除き広大な草地を見ることは珍しい。日本の平地部は主に農地や宅地・市街地が広がり，山地部を中心に見られる植生の大部分は森林となっている。

　近年の日本の草地面積については，国のいくつかの統計がある。たとえば，『第85次農林水産省統計表』（農林水産省大臣官房統計部 2011）[3]によると，日本の林野面積のうち，森林以外の草生地の面積は，約39万 ha となっている。国土面積の1％あまりという数字である。一方，『第六十回日本統計年鑑』（日本統計協会 2011）[4]では草地に含められうるものとして，原野（Grassland）と採草放牧地（Meadows and Pastures）がある。その一番新しい平成19（2007）年の数字では，原野が28万 ha，採草放牧地が8万 ha となっている。

　それらの両地目を草地として見る場合，原野と採草放牧地の面積を合計した36万 ha が日本の草地面積ということになる。その数字は日本の国土面積の1パーセントにも満たないものである。

　ところが，かつての日本の草地面積は今日とは比較にならないほど大きかった。筆者の郷里である岡山県北部の中国山地でも，30年ほど前までは広いススキ草原がよく見られたが，今日ではその面影はほとんどなくなってしまっている（本書：1.1）。

　そうした草地は，かつては牛の放牧地や茅場などとして利用されていたところであるが，今ではスギやヒノキなどの人工林となったり，あるいは草地が放置されることにより植生の遷移が進み，しだいに森林化して雑木林となったりしているところがほとんどである。しかし，筆者が知る郷里のかつての草原は，過去にはもっと広大であったようである。そのことは，1994年に100歳に近い年で亡くなった祖母からも聞いていたし，また明治期の地形図からも確認できる。この

筆者の郷里のような例は必ずしも特別なものではなく，同様な植生の変化が見られた地域は他にも少なくない。ここでは，かつての日本の草地面積がどの程度あり，どのように推移して今日に至っているかを，明治期以降の統計資料などをもとに考えてみたい。

なお，本書では，草原と草地という語をほぼ同じ意味で用いており，それらを厳密に区別して用いているわけではない。その表記を「草地（草原）」などとすることもできるが，簡略化のためにも，いずれかの表記としている。本章では，タイトルなどの一部を除き，主に「草地」を用いる。

4.1.1 さまざまな草地的植生

草地という語が意味する概念はかなり限定的な響きがあるが，植生の歴史などを調べていると，いろいろな草地的植生があったことがわかる。そのため，ここで「草地面積の推移」を考えるにあたり，どのような植生を草地とするかを考えておく必要がある。そのことを考えるうえで，「原野」は重要なキーワードである。上記の『日本統計年鑑』でも原野という語が使用され，その英訳としてGrasslandという語が使われている。上で原野を迷うことなく草地に含めたのはそのためでもある。

しかし，原野は今日必ずしも草本植物中心の草地を意味する言葉ではないし，過去においてもそうではなかったようである。たとえば，『本邦原野に関する研究』（大迫 1937）[5)]では，「原野とは，農業地目（耕地・草地・林地・水敷・雑種地）の一たる草地（Grassland）中の，天然草地（Natural Grassland）に属し，一般に穎花植物（禾本科及莎草科）其の他の草本植物（雑草）及灌木類の自生せる地を謂ふ。」とし，原野を人工草地と区別したうえで，草本植物および灌木類が自生する地と規定している。また同書では，原野を利用上より分類する場合は，牧野（放牧地・採草地），柴草山または柴山，萱場の三種に大別することができるとし，草の割合が小さい柴山（灌木地）も原野に含めている。

草本植物がほとんど含まれない柴山も草地に含めるというのは妙ではあるが，「原野」と称される植生の草本と木本の割合は場所によってさまざまであるため，たとえば草地と柴草地，あるいは柴草地と柴地を区別するとすれば，どこでそれらを区別するかはかなり難しい判断となる。また，それは遠くから眺めれば一般の森林とは異なり，植生高が低いことから類似の光景となる。そうしたことから，

草本，灌木，篠（ササ）などからなる低植生地は「原野」として一括されたものと考えられる。ただ，後でも述べるように，かつての柴と草の需要などを考えると，「原野」と称される地には，木本植物の割合が小さいところが多かったものと考えられる。そのことは，明治10年代の関東地方の地形図である迅測図，あるいはその作成と平行して記された『偵察録』（国土地理院蔵）からもわかるところである[6]（本書：2.2.4，2.3.2）。

一方，地域によっては，木本植物の多い柴草山または柴山が多く見られたところもあった。たとえば，明治中期の地形図などの考察から，京都の比叡山や鞍馬周辺などでもそのような植生地がかなり広く見られたものと考えられる[7,8]（本書：2.3.1）。とはいえ，明治以降の統計で多く使用されてきた「原野」における草本類と木本類の割合が明確に記された資料が少ないことから，草本植物の少ない柴地なども含めて，ここでは草地と考えることにしたい。そのような植生は，これまで統計などでは「原野」の他に「無立木地」，「森林以外の草生地」，「荒地」などと呼ばれてきたところである。

4.1.2 統計からみた明治以降の草地面積の推移

明治以降の草地面積の推移は，国の統計からその概要を知ることができるはずである。ここでは，とりあえず『林野面積累年統計』（林野庁経済課 1971）[9]，『農林省統計表』，『農林水産省統計表』をもとにして「原野」の推移を見てみたい。そのうち『林野面積累年統計』は，『山林局年報』，『山林局統計年報』，『農商務統計表』，『農林省統計表』によって明治13年〜昭和40年の林野面積の統計値をまとめたものである。なお，統計で明治期などに「原野」とされているところが，大正から昭和初期にかけて「無立木地」と表現される時期がある。また，昭和45（1970）年以降の農林省統計（途中より農林水産省統計）では「森林以外の草生地」と表現されている。

その統計に原野面積の数字が最初に現れるのは明治17（1884）年で，その面積は約1200万haとなっている（元の単位が町となっているものはhaに換算。以下同様。）。それに対して同年の森林面積は約560万haである。ただし，これは国有林野のみを対象とした数字である。次に，公有林野と私有林野の数字も入ってくるのが明治24（1891）年で，その時の原野面積は約680万ha，森林面積は約1890万haである。公有林野と私有林野が加わったにもかかわらず，この

間に原野面積が大幅に減少したのは，国有林野の原野が約 1200 万 ha から約 580 万 ha へと大幅に減少したためである。

その後，明治 28（1895）年に御料林野の森林と原野の面積も加わって，日本全土の森林と原野の数字が出揃うことになる。ただ，森林と原野の合計の数字がその前年（明治 27 年）から大きく変わることから，その頃，分けて扱われるべき御料林野が国有林野にも重複して含められるなど，統計上の問題があったものと考えられる。その統計上の問題が解消されるのは，明治 31（1898）年になる。その年の日本の原野面積は約 270 万 ha，森林面積は約 2250 万 ha である。

同様な統計上の問題は，公有林野と私有林野が独立して記されるようになる明治 38（1905）年にも起こっているものと考えられる。その年は，公有林野に私有林野が含められ，私有林野の面積が重複して計算されることにより，日本全体の林野面積は前年よりも約 720 万 ha 増加している。この問題は翌年には解消される。

これらの統計上の明らかな問題箇所と思われる部分を省くことにより，明治期から昭和 40（1965）年における日本の原野面積統計値の推移概要がわかる。一方，明治 28（1895）年の御料林野の数字および，明治 24（1891）年の公・私有林野の数字から明治 10 年代半ばの原野面積をある程度推定することができる。すなわち，明治 28（1895）年の御料林野および，明治 24（1891）年の公・私有林野の原野面積（約 120 万 ha）がそれよりも数年から十年あまり前でも変わらなかったとしたら，明治 17（1884）年頃の日本の原野面積は約 1320 万 ha ということになる。この数字は国土の 3 分の 1 以上，林野の半分近くが原野であったことを意味する。

この原野面積はかなり大きなものであるが，明治 16（1883）年に出された『大日本山林会報告』第 17 号には全国土地反別として，山野が約 1360 万 ha，森林が約 1670 万 ha という数字が記されている[10]。山野とは，その数字が記されている記事に「予カ巡回中毎々見ル所ナルカ山野ノ頗ル広大ナルモノアルニ因リ是程広キ草場カ無レハ…」との記述が見られることから，草地（草場）を指し，『林野面積累年統計』での「原野」に対応する語と考えられる。このことからも，明治 10 年代の後半，日本国内に広大な草地がしばしば見られ，まだ『山林局年報』に原野の面積が記されない頃から，原野面積は森林面積に匹敵するほどのものであるとされていたことは確かのようである。

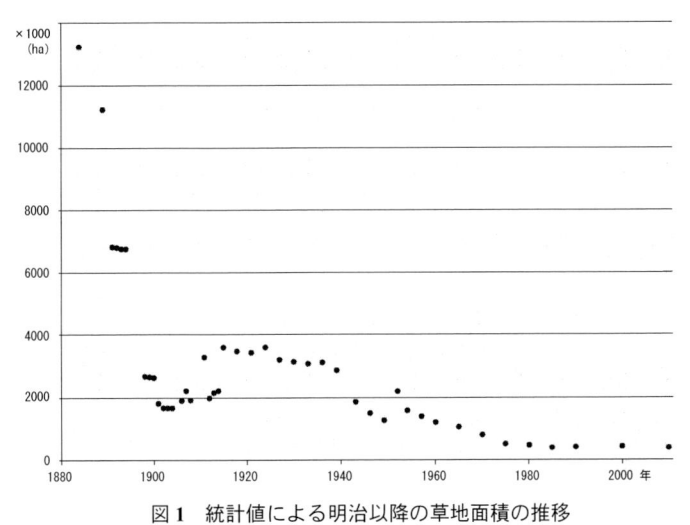

図1 統計値による明治以降の草地面積の推移
『林野面積累年統計』（林野庁経済課 1971）などより作成。
1913年までの値にはとくに大きな問題があるところが多い。

以上の『林野面積累年統計』からわかる，あるいは推定される明治10年代後半以降の原野面積の数字とともに，昭和40（1965）年以降の数字を『農林省統計表』と『農林水産省統計表』から得ることによって，明治10年代以降における原野面積の推移の概要を示すグラフを描くことができる（図1）。

なお，上記『大日本山林会報告』第17号の記事で示されている全国の土地面積の合計は，約3826万haと今日の全国土面積（3779万ha）よりもやや多いが，当時千島列島を領有していたこともあり，実際の数字とさほど大きな誤差はない[11]。

4.1.3 統計値の問題点

しかし，その原野面積の推移のなかで，原野面積が明治期に急減する点，また一方で大正初期にそれが急増する点など，その変化が急で不自然に思われるところがある。それらの点について，『林野面積累年統計』のもとになった『農商務統計表』などからその理由を知ることができる部分がある。

まず，明治期に原野面積が急減する点については，『第三次農商務統計表』(1888)に明治18（1885）年の統計の注記として「北海道三縣及沖縄ハ官林調査未済ナルヲ以テ悉皆山野ノ部ヘ算入セリ」とあることから，その頃の原野面積の7割前後を北海道が占めていたことの理由がわかる。当時，北海道と沖縄では官有林野

調査ができていなかったために，森林も「山野」とされていたのである。その「山野」という地目は明治20（1887）年の統計値を記した『第五次農商務統計表』まで使われ，『林野面積累年統計』ではそれが「原野」として記されている。「山野」は，上記『大日本山林会報告』第17号のように，草地的植生を意味する「原野」と同義語として使われたこともあるが，明治期の写真や文献などから考えると，明治前期の北海道の林野がすべて草地的植生であったとは考えにくい。『農商務統計表』において，明治20（1887）年の統計値まで使われた「山野」は，「森林と原野」といった意味であったのではないかと思われる。いずれにしても，図1の明治20年代初頭までの原野面積の数字は，北海道と沖縄の数字は正しくなく過大であると考えられる。

　北海道と沖縄における官有林野の森林面積の数字が原野面積とともに最初に現れるのは，明治23（1890）年の統計値を記した『第七次農商務統計表』（1892）である。そこには，北海道の原野面積として，約490万ha，森林面積として約390万haとある。この原野面積の数字にも未調査部分が含まれている可能性もあるが，後述のように，北海道にもかつて原野が少なからずあったことから，この数字がどの程度過大なものであるか否かは，ただちには確認できない。

　一方，明治24（1891）年の民有林野面積の数字については，『第八次農商務統計表』（1893）に「民有山林及原野ノ調査ハ本省未夕之ヲ行ハス因テ第十一統計年鑑ニ就キ民有山林原野ノ反別地価ヲ採録シ以テ参考ト為ス但シ此調査ハ有税地ノミノモノナリト知ルヘシ」とあることから，農商務省が独自に調査したものではなく，『日本帝国統計年鑑』にある有税地の数字に拠るものであり，実際とは異なる数字であると考えられる。

　また，『第三十二次農商務統計表』（1917）には，下記のような注記があり，明治43年と大正4年については，立木地（森林）と無立木地（原野）が実測され，大正4年については実測されたものは実測面積で，また実測されていないものは見込面積により調査がなされていることがわかる。

　　明治四十三年及大正四年ニ於テハ林野面積ヲ立木地及無立木地ニ区分調査シ立木地ヲ森林ニ無立木地ヲ原野ニ計上セリ而シテ大正四年ニ於テハ様式改正ノ結果実測シタルモノハ実測面積ニ依リ実測セサルモノハ見込面積ニ依リ調査シタルヲ以テ前数年ニ比シ多少ノ増減ヲ生セリ（以下略）

その大正4（1915）年の林野面積の表には，旧来の土地台帳の面積とともに，より実態に近い立木地および無立木地の面積を記した見込面積が記されている。そして，林野面積累年比較表では大正4年の数字として見込面積のものが使われ，その原野面積の数字は前年までの値よりもだいぶ大きいものとなっている。明治43（1910）年の統計値については明記されてはいないが，その年に関しても同様な措置がとられたものと思われる。

　また，大正4（1915）年の土地台帳に記された原野面積の数字が，前年までの数年間，すなわち明治44（1911）年から大正3（1914）年の数字に近いことから，その間の原野面積の数字は土地台帳のものであり，実際の数字よりもだいぶ小さいものと考えられる。それは，『第三十二次農商務統計表』（1917）に記された明治39（1906）年から明治42（1909）年の数字についても同様と考えられる。

　一方，『林野面積累年統計』などの統計をもとに，森林面積と総林野面積を加えたグラフを描くと図2のようになる。そのなかで，1900年頃から1940年頃に近年よりも総林野面積が明らかに少ない点，また1940年代後期に総林野面積がその前後よりも著しく落ち込むところがある点は特徴的である。そのうち，1940年代後期に総林野面積がその前後よりも著しく落ちこむ点については，その落ちこみ面積が全農地面積ほどもあることから，統計になんらかの誤りのある可能性

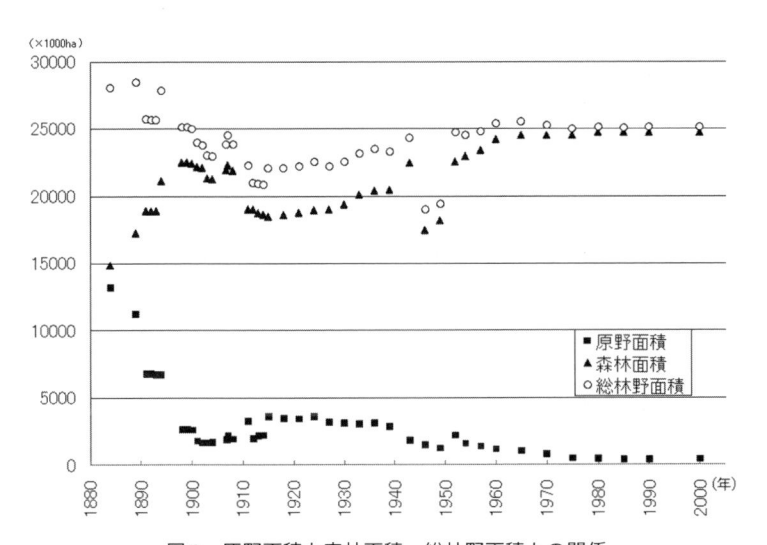

図2　原野面積と森林面積・総林野面積との関係
『林野面積累年統計』（林野庁経済課 1971）などをもとに作成。

が大きいように思われる。ただ，その時期は第二次世界大戦後の混乱期で，林野の一部が農地などになっていた時期でもあり，実際の総林野面積もある程度減っていたことは考えられる。

　もう一つの点，1900年頃から1940年頃に近年よりも総林野面積が明らかに少ない年が多いことについては，上記の通り『第三十二次農商務統計表』(1917)の注記から，問題の一部がわかるところもある。また，『国有林野事業累年統計書』(林野庁1969)[12]に例示された大正11(1922)年から昭和14(1939)年における日本(北海道と内地)の総林野面積[13]は，約2400万haと，近年の数字よりもやや小さいとはいえ，比較的安定したものとなっていることからも，図2における1900年頃から1940年頃の総林野面積の落ち込みについては，統計上の誤りがある可能性が高く，また仮に実際に落ちこみがあったとしてもそれは小さなものであったと思われる。そのため，図1や図2のその時期の原野面積は，実際はそこに示されたものよりも大きかったことになる。

　こうして，明治前期のように，過大な原野面積が統計値になった時期もあれば，明治後期から1940年頃のように過小な原野面積の数字が統計値となっていると考えられる時期もあることがわかる。原野面積の統計値にはそのような問題もあ

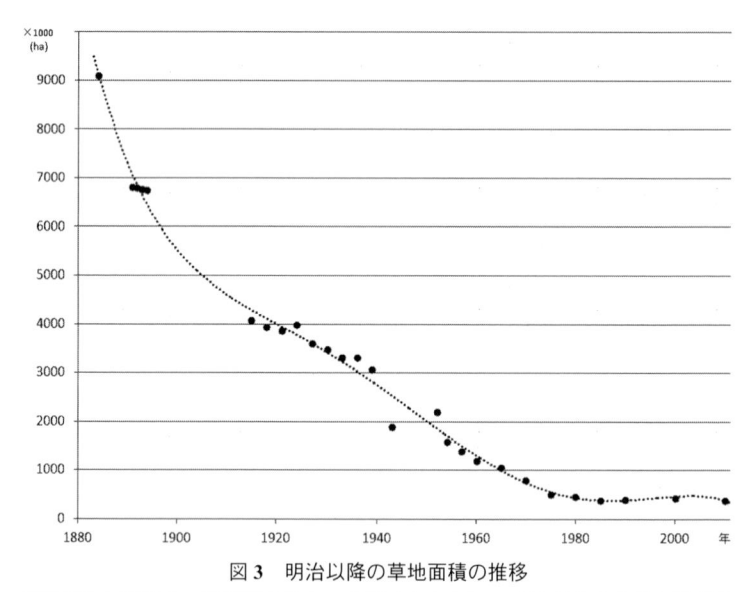

図3　明治以降の草地面積の推移

統計値として明らかに問題あるものを省くとともに，1940年よりも前の時代の統計値の多くを補正・修正し，多項式近似曲線を加えることにより作成。

るが、そうした問題点を明らかにするとともに、後述の江戸時代における草地の広がりや明治期の原野面積推移の事例[14]などを考えると、20世紀初頭の頃にはおそらく500万ha前後の原野が日本に存在したのではないかと思われる。また明治初期にはそれよりもずっと広い面積の原野があったものと思われるが、その後原野面積は大きく減少し今日に至っている。

図3は、上記考察から明らかになった統計の問題点などを踏まえて見えてくる明治前期以降の原野面積の推移である。グラフの作成にあたっては、上記考察から統計値としてとくに採用すべきでないと考えられる統計値は省くとともに、1900年前後から1930年代の林野の総面積が明らかに少ないと思われる期間については、林野の総面積が実際は2500万haであったとして、値を補正した。また、明治17 (1884) 年の原野面積については、北海道と沖縄の原野面積が、それらの地の林野の4分の1が原野であったと仮定して、元の統計値を修正した。

4.1.4 北海道の明治中期の原野面積

ところで、北海道の明治20年代初期までの原野面積の数字は明らかに過大なものであったが、その林野の過半が原野という明治20年代中頃の数字はどの程度正しいのだろうか。はたして、実際にそれほど広い原野が当時の北海道にあったのだろうか。たとえば、『明治大正期の北海道』（北海道大学附属図書館編 1992）[15]には、明治から大正にかけての北海道の写真が多く収録されているが、明治期の写真でも森林を伐採し開拓している様子を撮影した写真が多く、とてもそのように広大な原野があったとは思われない。

しかし、幕末に北海道を踏査した松浦武四郎の手記を見れば、当時の北海道には原野も少なからずあったことがわかる。その一例として、松浦武四郎は『十勝日誌』のなかで安政5 (1858) 年5月6日に次のような手記を残している。

「扨爰（ここ）より眺るに東はピエの麓（三り位）、西はソラチの西の山々迄凡十二三里、南北は五六里の間目に遮る物無原也。一封内をなし、地味山に囲る故に暖にして内地に比すれば相応の一ヶ国と思ハる。飯田も実に長歎し、如此地有る事誰もしらず、帰て此事を説共誰か信とせんと云。土人に火を放しめ寝るに、火気立に随ひ風起り、夜に入四面に燃延び天をも焦す勢也。」（『松浦武四郎紀行集（下）』冨山房、1977より）

すなわち，幕末の十勝方面に，東西50 km程度，南北20 kmあまりという江戸時代の一国にも相当する広大な原野が存在していたことがわかる。また，松浦武四郎の手記を見ると，上記の原野ほど広くはないが，原野的植生地が少なくなかったことをうかがわせる記述が少なくない。
　そうした植生は，松浦の手記にあるように広大な原野に人が火を放つことによって維持されたところもあったと思われるが，シカがそうした原野の植生を維持していた場合もあったものと考えられる。たとえば，安政4年の『夕張日誌』のなかには「此辺鹿多く恰も蜘蛛子を散らせるが如し」(『松浦武四郎紀行集(下)』，冨山房，1977より) といった記述が見られる。また，沼の周辺や川の近くにはヨシやオギが見られるところが多かったが，それは河川の氾濫などを含む水の影響によりそうした植生が維持されていたものと思われる。
　このように，幕末から明治前期の頃の北海道には，一般に考えられている以上に，広大な原野や水辺の草地が存在したことは確かと思われる。ただ，その詳細については別途詳しく検討される必要がある。

4.1.5　江戸時代の草地需要

　明治の前の時代である江戸時代の原野面積は，どの程度あったのだろうか。その頃，原野は肥料や家畜の飼料（秣）としての草木を大量に得るために広大な面積が必要であった。それについて，たとえば『近世林業史の研究』[16]では，信濃国松本藩領の村々における近世中期（享保〜安永期）における村明細帳の記載をもとに，苅敷・秣確保のために田畑の10〜12倍の林野面積が必要であったと推定されている。その林野とは，苅敷・秣確保のためということから，草地あるいは柴草地・柴地であったものと考えられる。なお，同じ村の明細帳の記載などから，その他に燃料用の木柴取得地として刈敷取得用地の四分の一程度が必要であったと推定されている[17]。
　あるいは，少し後の時代のものではあるが，明治16年発行の『大日本山林会報告』第15号では，秣や肥料用の草地面積は土地の肥瘠などにより大きく異なると断った上で，おおよその数字として田畑1反に対し2反7畝，また馬1頭に対し6反，牛1頭に対し8反としている[18]。仮に，農家1戸あたり牛1頭を飼い，田畑の耕作面積が5反あるとすれば，農家一戸あたりに必要な草地面積は，2町あまり，耕地面積の4倍あまりとなる。これは上記の村明細帳から考えられる数

字に比べると小さく、またそこで示された牛馬に必要な草地面積も、それに関する昭和初期の統計値[19]と比べても約4分の1から3分の1と小さなものである。もし、その昭和初期の統計値を使えば、必要な草地面積は耕地面積の9倍あまりとなる。なお、この『大日本山林会報告』の記述は、山に樹木を植えることによって秣や肥料用の草が不足する心配に対しての答えであり、その雑誌の趣旨から考えても、控え目の数字が示されているものと考えられる。

　これらのことから、かつて必要とされた草地は、かなり控え目に見ても農地の5倍前後、おそらくは田畑の10倍前後であったものと考えられる。江戸後期の日本の農地面積については、明治前期の『日本帝国統計年鑑』の統計値などから、400万ha以上あったと考えられるが、江戸後期の頃に農地のすべてが草肥に依存していたとしたら、控え目に見積もっても2000万ha以上、また一般的な数字としては4000万ha以上の草地が必要であったということになる。その後者の数字は全国土面積を上回るものである。さらに燃料や用材などを確保するための林地も、別途かなりの面積が必要であった。これらのことからも、人糞尿や干鰯などの金肥がなければ、当時の農業が維持されなかったことがよく理解できる。

4.1.6　江戸時代の草地面積

　一方、『草山の語る近世』(水本2003)[20]では、正保年間 (1644～1648) に幕府の命により作成された郷帳から、日本のいくつかの地域における当時の山の概観が考えられている。それによると、たとえば河内 (大阪府) では、草山と記載されていることの多い草柴系の山が約3割、小松の山である場合がほとんどの木山系が3割弱、その中間的な草木混在系の山が約4割となっている。そのうち、草木混在系の山の半分が草柴山と見れば、河内の山の約半分が草柴山だったことになる。

　同書には、他にも阿波 (徳島県)、越中 (富山県)、陸奥 (東北地方北部) の各国の例が示されているが、そのうち越中では草木混在系の山を除く草柴系の山だけで75％を超え、陸奥でもそれがほぼ7割を占める。また、阿波でも河内と同様な見方をすれば、山の7割以上が草柴山だったことになる。また、同書に一緒に取り上げられている正保郷帳関連の記録と見られる飯田藩 (長野県南部) の史料でも、その地域の山の7割近くが草柴山であったことが推測される。

　このように、正保郷帳などから、江戸初期の頃、北海道を除く日本の山の5割

から7割以上が当時は草柴山であった可能性を見ることができる。ただ，以上の結果は，正保郷帳などにある各村の山の植生に関するわずかな記載から，各村の山をいずれかのタイプの植生として考えたものであるため，上記の数字は実際とはある程度食い違うものと思われる。

一方，広島藩が享保10 (1725) 年に村ごとに作成を命じた『御建山御留山野山腰林帳』には，林野の面積までも記されており，それをもとに賀茂郡などの広島県南部地域を対象として江戸中期の山の植生を検討した研究がある[21]。それによると，柴草山や牛飼い場などとの注記が多い「野山」とされているところが林野植生の過半を占めるところが多く，内陸部では地域によっては林野の8割近くが「野山」となっている。ただ，島嶼部や沿岸部では，「野山」が比較的少ないところも見られる。

なお，上記の正保郷帳からわかる大阪の河内，また『御建山御留山野山腰林帳』からわかる「野山」の割合が比較的小さい島嶼部や沿岸部は，どこも小松が多い地域であることが史料から確認できる。そのうち広島藩の史料では，小松は樹高2間以下，最大幹周1尺の分類よりも下の最も下のクラスとなっている。その文面通りであれば，樹高は約3.6以下，最大直径が約10 cm以下ということになるが，同様な表現が用いられている京都近郊の明治期の森林についての考察結果[22]などから，その実態は樹高がせいぜい1間 (1.8) 程度，最大幹周もせいぜい5寸 (最大直径5 cm) 程度のかなり小さなマツが多かった可能性も考えられる。

マツは植生遷移の初期に侵入する先駆種で，普通の樹木が育たない貧栄養の場所でも比較的よく成長するが，草柴地 (野山) の割合が比較的小さいところに，かなり小さなものばかり多くあったということは，人間により山地の植生が酷使されてきたために，小松しか育たないような植生の状態になっていた可能性が高いと考えられる。おそらく，京都近郊の例でもわかるように，その地の植生が落ち葉までも利用されるなどして長年酷使され，マツでさえ成長しにくいほどの貧栄養の地になっていたものと思われる[23]など。そうした場所は，草地にしたくても，それが容易ではなかったものと考えられる。京都など近畿の大都市周辺や，瀬戸内海沿岸などには，そのようなところが少なくなかった。

4.1.7 むすびと補足

ここでは，まず明治期以降の草地面積の推移を考えるうえで，国の統計値を参

第4章 草原の歴史

考にした。しかし，それは必ずしも実態を反映したものではなく，いろいろと問題のある箇所が多いことが明らかになった。それでも，その問題箇所を押さえながら実態に近い数字を推定することにより，明治初期以降における草地面積の減少傾向は大まかに捉えることができた。その草地減少の背景には，明治初期以降における火入れの厳しい規制とそれと一体となった植林の推進，また金肥使用量の増大などの要因があったものと考えられる[24)25)]。

明治期における火入れの厳しい規制については，本書の第Ⅰ部でも，京都府の場合について述べたが，それは京都府に限ったことではなかった。それについて，『火入ニ関スル事例』（山林局 1912）は大いに参考になる。

その冊子の冒頭には，「本書ハ火入カ林野荒廃ノ原因ニシテ国土保安上及林野産物採取上有害無益ナルヲ明カニスヘキ事例ノ一部ヲ蒐録シタルモノナリ」として，火入れ廃止を目的とし，火入れがさまざまな害を及ぼすことを説くとともに，火入れ廃止後の改善実績などについて全国各地の例を挙げている。その内容は興味深いものが多く，次にその一部を紹介してみたい。以下は，基本的には原文のままであるが，一部を省略し，また明らかな文字の間違いについては改めている。順番は冊子の掲載順である。

東京府西多摩郡戸倉村字刈寄谷ほか（面積約二百町歩）
本地ハ多摩川ノ水源地ニシテ…（中略）…連年火入ヲ行ヘル結果地被物ヲ焼燼シ已ニ地カノ減退ヲ来シ全然立木ヲ有セス　僅ニ短小ナル萱，蕨等ヲ疎生スルニ過ギズ　而シテ火入ノ害ハ啻ニ如此林野ヲ荒廃セシメタルニ止マラズ往々附近造林地ニ延焼シ以テ森林ヲ烏有ニ帰セシメタルコト亦一再ニ止マラズ

神奈川県中郡高部屋村，比々多村，東秦野村ほか（面積約三千二百町歩）
連年火入ヲ行フ結果ハ地被物ヲ焼尽シ甚シク地カヲ衰退セシメタルガ為普通樹木ハ殆ンド其ノ生育ヲ完フスルヲ得ズ僅ニ耐火性ヲ有スル楢，櫟等ノ根株所ニ残存セルヲ見ルモ是亦火入ノ為年々其ノ萌芽ヲ焼尽セラルルヲ以テ成木スルヲ得ズ　今ヤ粗悪ナル萱，萩類及荊蕀等ノ繁茂ヲ見ルニ過ギザル惨況ヲ呈シ…

岩手県江刺郡伊手村字阿原山（面積約二千町歩）
本地ハ北上山系ニ属スル大団地ニシテ…（中略）…本地永年間ノ火入及
濫伐ノ結果ハ大部分ヲ無立木地タラシメ且土地著シク乾燥シテ瘠悪トナレ
リ現今産物トシテハ野草，小灌木，材木ナルモ野草小灌木類ハ其ノ発生成
育極メテ不良ニシテ林木ニハ赤松，栗，楢，赤楊等アルモ何レモ野火ノ為
其ノ生育ヲ害サレ或ハ立枯シ或ハ枝條ノ枯死セルアリ而シテ稀ニ其ノ被害
ヲ免カレタルモノナキニアラザルモ何レモ地上二三尺ノ部分迄ハ樹幹ノ表
皮黒焦トナリ生育不良殆ド林成ノ見込アルモノナキ状況ナリ

　　　神奈川県中郡東秦野村字丹澤山（面積約千町歩）
本地ニ於テハ従来採草上ノ障害タル古株ノ焼却又ハ境焼，害虫駆除等ノ目
的ヲ以テ年々火入ヲ為シタリシガ明治二十九年以来之ヲ全廃スルニ至レリ
火入廃止前ニ於テハ山骨点々露出シ土壌一般ニ浅クシテ不毛ノ地尠カラザ
リシガ之ヲ廃止シタル以来未ダ幾何ナラザルニ既ニ森林経営ニ依ル多大ノ
利益ヲ得タルノミナラズ又地力恢復ノ為火入当時ハ雑草ノ如キ僅カニ四五
寸ノ成長ヲ為シタルニ過ギザルニ現今ハ四五尺ニ達スル部分アリ為ニ農業
上ノ利益尠カラザルガ如シ

　　　兵庫県宍粟郡富栖村内（面積約千四百町歩）
明治二十六七年…（中略）…厳ニ火入ヲ禁止スルニ至レリ…（中略）
…火入廃止ノ当初ニ於テ一部落住民中焼畑作業及採草上ノ困難大ナリトシ
苦情ヲ唱フル者尠カラザリシモ廃止後ノ結果ヲ見ルニ採草地ノ如キ一火入
当時ノ面積ニ比シ約其ノ三分ノ一ナルニ拘ハラズ其ノ採草量ハ従来ノ約三
倍ニ達シ又農業上ノ利益多キ為今ヤ皆昔日ノ公有林野整理火入ノ廃止ヲ讃
歌スルニ至レリ

　以上のように，その冊子では，具体的な地域で，かつて火入れにより草山が維
持されていたこと，また火入れによるさまざまな害[26]や火入れ廃止のメリット
などについて述べられている。また，それらの記述からは，大正初期に至っても
火入れが続いているところもある一方で，明治中期には火入れが廃止されていた
ところも少なくなかったこと，あるいは，火入れ地においても，ナラ，クヌギ，

クリ，アカマツなどの樹木のなかには，火の害を受けながらも生き残っていたものがあったことなどがわかる。

　そのうち，火入れ地で生き延びていた樹種の話からは，かつてコナラやクリが主要な樹種であった場合が多い里山の雑木林の中には，明治以降の森林保護・増加政策により火入れが困難になった後，元の火入れ地が放置された後，自然に変化したものも少なくなかったことが推察されて興味深い。

　なお，明治初期からの厳しい火入れの規制にもかかわらず，すぐに火入れがなくなるわけではなかったが，明治30（1897）年の森林法などにより，火入れに関する制限はいよいよ厳しいものになっていった。それによって起こる草地の減少は，農業生産上欠くことのできない肥料の減少にもつながるものであったが，『日本林野制度の研究』（古島1955）[27] などによると，明治期以降，魚肥，大豆粕，化学肥料の普及により，採草地は不足するどころか，相対的に過剰化する傾向が出てきたという。こうして，明治以降，草原が減少する一方で森林が急速に増えることになった。

　一方，明治より前の時代においては，火入れの規制も小さく，また肥料や牛馬の餌などのための草地の必要性がより大きかったために，明治の頃よりもさらに多くの草地が存在していたものと考えられる。その詳しい面積の推定は難しいが，上記の広島藩の例などのように，地域によっては山の7～8割，あるいはそれ以上が草地，あるいは草地的なところであったところも珍しくなかったものと考えられる。

　しかし，当時はそれでも草地は慢性的に不足しているところが少なくなかった。たとえば，京都近郊では，山のある農村部でも田畑の肥料は町からの下肥に多く依存していた[28]。1960年前後まで続いていたその下肥の依存度の高さは，古老の話からも知ることができる。なお，京都近郊や瀬戸内沿岸などでは，かつて小マツが中心の植生であったところが多く，また草木のないハゲ山も珍しくなかった[29] が，そうした植生やハゲ山は長年にわたる森林や草地などの植生酷使の結果と考えられる。

　ここでは，江戸時代より前の草地面積については検討しなかったが，それについては，この後で触れることにしたい。

4.2 微粒炭分析に見る日本の植生の歴史

これまで述べてきたことからも明らかなように，かつての日本では，草原の景観が広がる地域が珍しくなかった。そして，草原は森林とともに，日本の重要な植生の要素であったが，それはいつの時代からなのであろうか。

草原は，新しい草が芽を出す前の早春の頃などに火が入ることによって維持されていたところが多かったことから，筆者は1990年代の後半の頃から，土壌や泥炭中に残る微粒炭から，その草原的植生の歴史を知りたいと思うようになった。その頃，国内では山野井徹氏の微粒炭に着目した黒色土の成因に関する論文[30]，また国外ではUmbanhowarらによる微粒炭の起源植物に関する論文[31]が出ていたことは，微粒炭から植生史を考えたいと思う大きな契機になった。また，1996年から1997年にかけての英国での在外研究中に，考古学等における炭の重要性を知ったことも，そうしたことを考える別の背景としてあった。

そこで，1990年代の終わりから，微粒炭の形態と母材植生との関係についての独自の基礎研究を始めるとともに，応用的研究も少しずつ進めてきた。その研究はまだ基礎的研究も充分にできていないような段階のものではあるが，ここでは，これまでの研究の一部を紹介しながら，微粒炭分析から見えてくる日本の植生の歴史について少し述べてみたい。

4.2.1 微粒炭分析のための基礎 ―微粒炭の形態と母材植物との関係―

過去の植生や，それに対する人為などによる火の影響を知るうえで，泥炭や土中に含まれる微粒炭は重要な手がかりになると考えられる。また，微粒炭は，たとえば一般の地層中には残りにくい花粉とは異なり，とくに完新世の地層中には普遍的かつ連続的に含まれる場合が多いため，それによって従来の植生史研究の方法では得られない貴重な情報が得られる可能性がある。

微粒炭の研究において，泥炭や土壌中の量的変化を把握すること[32]は，それぞれの場所や地域の植生に対する過去の火の影響度などを考えるうえで重要であることはもちろんであるが，その一方で，微粒炭の母材植物が明らかになれば，具体的な過去の植生を明らかにするうえで貴重な情報となる。炭の母材植物を明らかにする試みの歴史は古く，粉末状となった炭の母材に関する研究も80年以上前に溯る[33]。それは活性炭に関する研究であったが，その後の研究では，木

本微粒炭の母材種を明らかにすることが可能とされ，その考古学的応用が期待されているものもある[34]。また，比較的近年の海外の研究例では，微粒炭の起源となった植物や植生のタイプをある程度明らかにしたとして発表されている研究もある[35][36]など。しかし，微粒炭の母材植物の識別については，まだそれが容易に行われるという状況ではない。

そのようななか，筆者がまず関心を持ったUmbanhowarとMcGrathによる研究[37]は微粒炭の長短軸比に注目したもので，イネ科草本植物と木本植物などではその値が大きく異なり，湖底堆積物などに含まれる微粒炭の長短軸比を調べることにより，微粒炭の元となった植生タイプ（たとえば，イネ科草原，森林など）がわかる可能性があるというものである。ただ，その研究では，調査の対象となった植物が日本の自生種ではなく，また対象とされた種数が限られるため，日本国内での微粒炭に関する研究のためには，日本に自生する植物を使った独自の検証研究が必要であった。

泥炭などに含まれる微粒炭の母材植物が明らかになれば，かつて広く存在した日本の草原の起源などを明らかにすることにつながると考えられるため，筆者は日本国内でのその検証研究を手始めに，微粒炭に関する研究を他の研究とともに続けることになった。ここでは，筆者のこれまでの微粒炭に関する基礎研究の概要を，関連する国内外の研究についても触れつつ述べる。

なお，国内外の研究において，微粒炭は一般的には長さが1 mmにも満たない微小な炭化片をさし，また近年では，そのサイズによりミクロ（microscopic charcoal）とマクロ（macroscopic charcoal）に分けられることが多い[38]。しかし，仮に堆積物中から長さが1 mmよりも大きな微小炭化片が出てきた場合，それも過去の植生を復元するうえで重要な意味を持つ可能性がある。そのため，筆者は，これまでは最大の微粒炭の大きさを厳密に定義することなく研究を進めてきた。

1) 微粒炭の長短軸比と母材植物

i 日本国内に自生する植物の微粒炭の長短軸比についての予備的考察

微粒炭の形態のなかで，長軸と短軸の比に着目した上記UmbanhowarとMcGrathの研究（1998）を受け，筆者は日本国内に自生する植物の微粒炭の長短軸比について検討した[39]。日本国内に自生する針葉樹5種，広葉樹6種，草本類7種（ササ2種とワラビを含む）を母材植物として選び，針葉樹については枝

（先端部付近の太さ 12 mm までのもの）と葉，広葉樹については枝（先端部付近の太さ 12 mm までのもの），草本類については地上部全体を試料とした．

　試料は約 20℃の室内で数週間乾燥させた後，燃焼させ，残った炭と灰を指で軽く圧力を加えて粉状にし，それに 10％の塩酸を加え 10 〜 15 分置いた後，500 μm と 250 μm と 125 μm のメッシュの篩を重ねて篩い，125 μm のメッシュの篩に残ったもの（125 〜 250 μm クラス）について主に調べた．主に 125 〜 250 μm クラスの微粒炭について調べたのは，土壌などのフィールド試料から抽出される長さが 100 μm に満たないような小さな微粒炭は，その発生場所（火が燃えた所）が近くか遠くかわからないのに対し，長さが約 125 μm 以上の微粒炭は，その発生場所が比較的近いところにあると考えられること[40]，また応用研究においても主としてそのクラスの微粒炭を研究することになると予測したためである．

　微粒炭の長軸（長さ）と短軸（幅）の長さを顕微鏡下でマイクロメーターにより測定し，長軸と短軸の比（長短軸比：長軸／短軸）を求めた．微粒炭の長短軸比は，小さいもので 1.9，大きいもので 8.5 と，植物や組織により大きな違いが見られた（表1）．イネ科草本と樹木の微粒炭の長短軸比は，アメリカでの先行研究（Umbanhowar & McGrath 1998）の結果と比較的近く，イネ科草本の微粒炭の長短軸比は樹木の微粒炭のそれに比べると，概して明らかに大きい．イネ科のススキとシバとネザサの微粒炭の長短軸比が，他の草本類や樹木のものよりも顕著に大きく，なかでもシバとススキの微粒炭の長短軸比は，8.5（シバ）と 7.4（ススキ）で，樹木の葉や枝の微粒炭の平均値よりも約 3 倍大きい数字であった．しかし，同じイネ科の草本でも，シバとススキとヨシでは，その値にはっきりとした差があり，とくにヨシは他の 2 種に比べると小さい値となっている．また，同じイネ科の植物であるネザサとチシマザサの 2 種類のササについても，微粒炭の長短軸比の値が大きく異なり，ネザサの平均値が 5.9 であるのに対しチシマザサの平均値は 2.7 であった．なお，草本類全般を見ると，シバやススキのように，微粒炭の長短軸比が顕著に大きいものから，ヨモギやチシマザサのように樹木の葉や枝と変わらないものまで，植物によって大きな差があった．

　一方，針葉樹 5 種の葉と枝，また広葉樹 6 種の枝を母材とした微粒炭の長短軸比は，針葉樹と広葉樹の葉や枝ごとにまとめると，その平均値は 2.5 〜 2.6 であり，互いにほとんど変わらない結果となった．ただ，コナラの枝（長短軸比：3.9）やモミの葉（長短軸比：3.6）のように，一般的な樹木よりも微粒炭の長短軸比

第4章 草原の歴史

表1 植物の微粒炭長短軸比（125 ～ 250 μm クラス）

	測定数	長軸平均 (μm)	短軸平均 (μm)	比（平均）
アカマツ（葉）	400	362	161	2.9
スギ（葉）	400	277	140	2.4
モミ（葉）	200	322	143	3.6
ツガ（葉）	200	334	184	2.0
ヒノキ（葉）	200	220	130	2.0
針葉樹（葉）平均		303	152	2.6
アカマツ（枝）	200	320	171	2.1
スギ（枝）	200	346	149	3.4
モミ（枝）	200	220	97	2.9
ツガ（枝）	200	355	176	2.3
ヒノキ（枝）	200	332	164	2.4
針葉樹（枝）平均		315	151	2.6
ブナ（枝）	200	303	174	1.9
ミズナラ（枝）	200	312	175	1.9
アラカシ（枝）	200	306	143	2.4
トチノキ（枝）	200	311	162	2.2
リョウブ（枝）	200	306	124	3.0
コナラ（枝）	209	596	194	3.9
広葉樹（枝）平均		356	162	2.5
シバ	200	323	59	8.5
ススキ	200	360	80	7.4
ヨシ	200	365	125	4.7
ヨモギ	200	243	112	2.5
ワラビ	200	299	105	4.1
ネザサ	200	370	114	5.9
チシマザサ	200	350	151	2.7
チシマザサ（葉）	200	254	116	2.6
チシマザサ（幹）	200	339	138	3.0

がかなり大きいものもあり，樹種や組織によっては，最大で約2倍の違いが見られた。

　この結果から，日本においても，微粒炭の長短軸比は燃えた植生のタイプを考えるうえでそれなりに参考になる場合もあると考えられる。分類群により微粒炭の長短軸比が異なる傾向があるのは，それぞれの細胞の形状や炭化した際の物理的特性の違いなどによるものであろう。しかし，微粒炭の長短軸比が比較的小さいものが多い樹木でも，コナラの枝やモミの葉のようにやや大きな値を示すものもある。また，その一方でチシマザサのように，草本にも分類されうるイネ科植物でも，その値が比較的小さいものもある。あるいは，草本にはヨモギのように，その値が木本植物と同程度のものも見られる。ここで検討した植物の種数は限ら

れたものであるとはいえ，これらのことから，微粒炭の長短軸比だけで燃えた植生のタイプを常に正しく判断することは難しいと考えられる。

ii　樹木の幹枝の太さ，組織の相違による微粒炭の長短軸比の違い

　上記の予備的考察に関連して，微粒炭を落射光で観察したところ，樹木の幹枝は材と樹皮ではその組織が大きく異なることが確認されたため，それらを分けて微粒炭の長短軸比を調べる必要があると思われた。また，幹枝の太さにより，異なる樹皮の組織が現れる例が見られた。そのため，日本国内に自生する木本植物数種の幹枝の太さ，また材と樹皮との組織の相違による微粒炭の長短軸比の違いについて調べてみた[41]。

　微粒炭の母材植物として，日本国内に自生する針葉樹として，モミとスギ，広葉樹としてコナラとリョウブを選んだ。モミとスギは，天然林にも存在する日本の代表的な針葉樹の例として，またコナラとリョウブは，古くから人が利用してきた里山の広葉樹の例として選んだ。それぞれの樹木について，太さの異なる幹枝の部分をいくつか円盤状または円柱状に切り，それぞれを樹皮と材に分けて試料とした。ただし，リョウブについては，樹皮が薄く，また樹皮と材をうまく分離することが難しかったために，試料は材の部分のみとした。

　試料とした樹木の幹枝の直径は 18 ～ 2 cm の太さのものである（表2）。また，それぞれの樹種のNo.1からNo.3の試料の大部分は，樹種ごとに同じ個体から採ったものである。それらの試料は，室内で約2箇月乾燥させた後，燃焼させ，残った炭や炭化材を指で適度に圧力を加えてつぶし，125 μm のメッシュの篩に残ったもの（125 ～ 250 μm クラス）についてプレパラートを作成した。

　微粒炭の長短軸比については，透過光による顕微鏡画像を，パソコンの分析ソフト（Scion Image）を用いて測定した。その測定数は，それぞれ200とした。

表2　試料とした幹枝の直径と年輪数

樹種 No.	1	2	3
モミ	18 cm / 42	10 cm / 21	2 cm / 16
スギ	10 cm / 15	7 cm / 9	2 cm / 3
コナラ（1）	11 cm / 34	4 cm / 14	2 cm / 11
コナラ（2）	13 cm / 26	5 cm / 18	2 cm / 8
リョウブ	8 cm / 29	4 cm / 26	2 cm / 24

表3　各試料の微粒炭の長短軸比（125～250μm クラスの平均値）

樹種 \ No.	1	2	3
モミ（材）	4.3	3.4	4.0
モミ（樹皮）	1.9	2.0	1.8
スギ（材）	3.3	2.7	3.5
スギ（樹皮）	5.9	7.4	3.3
コナラ（1）（材）	3.0	2.8	2.1
コナラ（2）（材）	2.6	2.6	3.3
コナラ（1）（樹皮）	2.2	1.6	2.0
リョウブ（材）	4.4	4.2	3.9

　微粒炭の長短軸比は，樹種の組織にかかわらず，幹枝の太さが変わっても，さほど大きく変わらないものの割合が多かった（表3）。しかし，スギの樹皮（長短軸比：3.3～7.4）は，幹枝の太さによってその比が大きく異なった。その結果から，微粒炭の長短軸比は，もとの樹木の幹枝の太さ（あるいは齢）によって，同じ樹種でも大きく異なる場合があることがわかる。

　なお，スギの樹皮の微粒炭長短軸比が幹枝の太さ（あるいは齢）によって異なる原因については，幹枝がやや太くなると，細長い微粒炭ができる樹皮組織の割合が多くなるためと考えられる。このことについては，上記試料とは別の直径32 cm，年輪数44のスギの樹皮を母材とした微粒炭の観察においても，やはり細長いものが多くできることを確認した。なお，同じ針葉樹でスギと対比されることも多いヒノキ（直径28 cm，年輪数41）の樹皮の微粒炭についても同様の観察を行ったが，ヒノキの樹皮の場合には，幹枝の太さにかかわらず細長い微粒炭は見られなかった。

　一方，リョウブ（材）の微粒炭の長短軸比は，3.9～4.4とやや大きな値であった。また，上記の予備的考察では，コナラ（枝）の微粒炭の長短軸比は3.9とやや大きな値であったが，後の研究では，コナラの材や樹皮の長短軸比はそれほど大きくない結果（2.1～3.3）となっているなど，微粒炭の長短軸比は何らかの条件によりやや大きな誤差が出る場合があると考えられる。

　このように，木本植物の微粒炭にも，やや大きい長短軸比を示すものがある。また，微粒炭の生成条件により長短軸比がやや大きく変わる可能性がある。その生成条件は不明であり，少なくとも日本においては，微粒炭の長短軸比から燃えた植生タイプを推定するには，より慎重である必要があるものと考えられる。

2) 透過光および落射光による微粒炭の形態観察による母材植物識別

微粒炭の長短軸比を調べるために，微粒炭を一つずつ見ていると，微粒炭のなかにはその母材植物を示す特徴的なものがあることがわかる。はじめにも記したように，それに関する研究は決して新しいものではないが，微粒炭の母材植物の識別はまだ一般的なものではないため，微粒炭の形態からどの程度母材植物がわかるものか，植物を燃焼させて生成した試料や，実際に泥炭中などに含まれる微粒炭から検討した[42)][43)][44)][45)][46)][47)][48)][49)]。

i 透過光による微粒炭の形態観察による母材植物識別

微粒炭からその母材植物を知ることは，花粉分析のように容易ではない。それは，微粒炭の形態は花粉のように植物の分類群と基本的に1対1で対応するような関係ではないためである。しかし，透過光による顕微鏡観察でも，微粒炭から母材植物を知る手がかりを見つけることができる場合がある。

そうした手がかりとしては，微粒炭の輪郭の形，微粒炭上のトゲ状突起や毛の形や大きさ，気孔の形や大きさや配列，気孔を除く孔の形や大きさ，微粒炭の厚さなどがある（写真1）。

なお，透過光で見た場合，微粒炭上のトゲ状突起や毛は存在していても常にそれが観察できるわけではない。観察できるのは，それが端に見やすい形でついているような場合に限られる。また，微粒炭の厚さも，それがかなり薄い場合には，

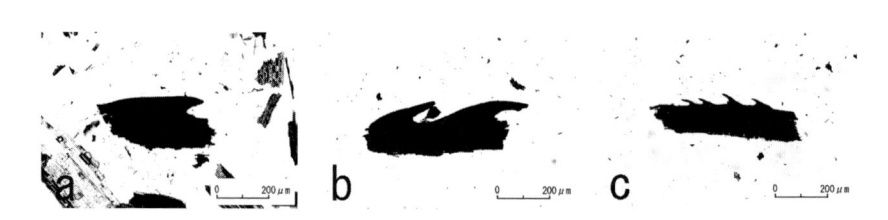

写真1 透過光による顕微鏡観察で見える特徴的微粒炭の例
（a：ススキ，b：ヨシ，c：シバ）

aの微粒炭のトゲ状突起は，長さの割に基部の幅が大きく，短太い形となっている。それに対し，bとcのトゲ状突起はaよりもやや長細い形となっているが，その両者の大きさは全く異なり，cに見られるトゲ状突起はbに見られるものの3分の1程度の大きさしかない。また，トゲ状突起の曲がり方などにもそれぞれ特徴が見られる。このように，同じイネ科の植物でも種によっては特徴的なトゲの形態を持つ可能性がある。多くの種についてこのようなデータがそろえば，種や特定の分類群の同定につながる可能性がある。

透過光でもそのことが容易にわかるが，普通の顕微鏡では厚さがわかりにくいことが多い。あるいは，気孔などが見えるのも，透過光では微粒炭が薄い場合に限られる。

ii 落射光による微粒炭の形態等観察による母材植物識別

　実験的に野外で植物を燃焼させることにより生成した微粒炭を上方からライトを当ててその表面を顕微鏡で見ると，光の反射の様子から草本類の微粒炭は樹木のそれに比べて光の反射が少ないものが多いことが比較的低倍率の観察でもわかる。微粒炭の反射率は，炭化時の温度に関係し，高温で炭化すると反射率が高くなるとする報告[50]などもあるが，後述のように草本植物をいくつかの温度設定で燃焼させてみても，草本植物の場合はススキなどのように，高温で炭化しても反射率がさほど変化しないものが少なくない。

　また，落射光により，高倍率で微粒炭の表面形態を観察することにより，その母材植物に関する手がかりをより多く得ることができる。その場合，200倍程度よりも400倍程度以上の高倍率で観察することにより，微粒炭の表面構造をより明確にとらえることができる。そして，微粒炭の表面形態の特徴から，母材植物を特定できる場合もある（写真2）。

　しかし，他の植物とよく似た表面形態をもつ微粒炭が少なくないため，微粒炭の母材植物を識別することは，なかなか容易ではない。また，微粒炭は1種の植物からもさまざまな形態をもつものが出現することもあり，数多くの植物種を対象とした場合，微粒炭の識別は，いよいよ容易ではなさそうである。

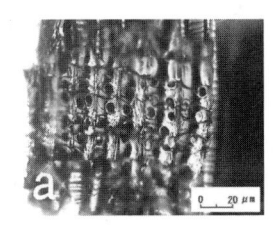

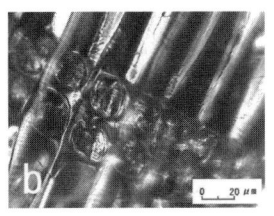

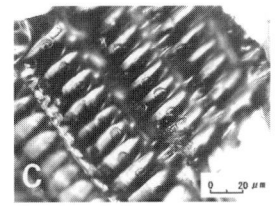

写真2　種の特定も可能な微粒炭の例
（a：カヤ，b：アカマツ，c：スギ）

針葉樹の分野壁孔が見える微粒炭の例であるが，このような分野壁孔は，針葉樹起源の微粒炭には割合は小さいもののある程度含まれる。それに基づく種や分類群の特定は，樹木解剖学の成果を応用することで可能となる。

そのような微粒炭識別の困難さから，筆者はしばしば出現する微粒炭を便宜的にタイプ分けすることにより，母材植物・植生を検討してきた[51]。なお，微粒炭をタイプ分けすることによる研究例は他にも見られ，たとえば Enache & Cumming (2006)[52] は，透過光による微粒炭画像を外形などからタイプ分けしている。それは，落射光による微粒炭画像を主にその表面形態からタイプ分けする筆者の分類に比べ，比較的簡単なものとなっている。

これまでの標本試料の観察から，以下のことが明らかとなった。

①植物起源の微粒炭の表面形態は，ふつうそれぞれの母材植物の組織を反映しており，ある母材植物の材や樹皮などの組織ごとにいくつかのタイプに分類することができる。ただ，その分類の難易は，植物種によって，また樹皮か材かなどの組織によって異なる（表 4，写真 3）。

表 4　組織ごとの微粒炭のタイプ別割合（200 倍での観察による；数字は％）

樹種・組織	Type	Type 1	Type 1'	Type 2	Type 3	Type 4	その他
モミ（材）	No.1	62	30	-	-	-	8
モミ（材）	No.2	87	10	-	-	-	3
モミ（材）	No.3	67	27	-	-	-	6
モミ（材）	No.4	88	8	-	-	-	4
モミ（樹皮）	No.1	54	27	-	-	-	19
モミ（樹皮）	No.2	81	10	-	-	-	9
モミ（樹皮）	No.3	52	32	-	-	-	16
モミ（樹皮）	No.4	67	18	-	-	-	15
スギ（材）	No.1	61	26	-	-	-	13
スギ（材）	No.2	83	7	-	-	-	10
スギ（材）	No.3	79	15	-	-	-	6
スギ（樹皮）	No.1	52	9	18	12	-	9
スギ（樹皮）	No.2	59	-	33	-	-	8
スギ（樹皮）	No.3	28	-	61	-	-	11
コナラ (1)（材）	No.1	51	8	15	8	8	10
コナラ (1)（材）	No.2	61	-	5	30	1	3
コナラ (1)（材）	No.3	80	1	5	8	-	9
コナラ (1)（樹皮）	No.1	76	-	4	-	-	20
コナラ (1)（樹皮）	No.2	84	7	-	-	-	9
コナラ (1)（樹皮）	No.3	77	4	7	6	-	6
リョウブ（材）	No.1	67	24	-	-	-	9
リョウブ（材）	No.2	84	7	-	-	-	9
リョウブ（材）	No.3	67	20	-	-	-	13

第 4 章 草原の歴史

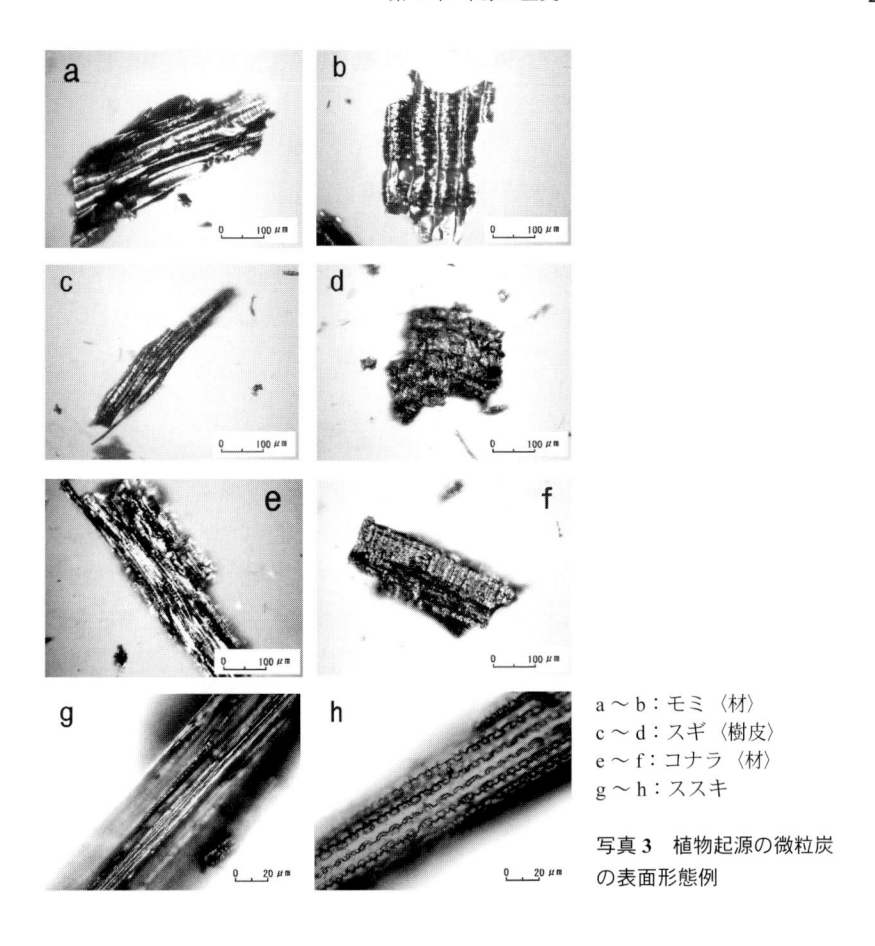

a〜b：モミ〈材〉
c〜d：スギ〈樹皮〉
e〜f：コナラ〈材〉
g〜h：ススキ

写真 3　植物起源の微粒炭の表面形態例

② 樹木の材の場合，針葉樹と広葉樹では，その微粒炭の形態は概して大きく異なり，微粒炭の形態から針葉樹と広葉樹かを容易に識別できるものが多い。ただし，一部にはその識別が難しいものもある。
③ 樹木の樹皮を 200 倍程度の倍率で観察する場合，針葉樹か広葉樹かを問わず，その微粒炭の形態は材や葉の組織とは全く異なり，互いに似たものが多く見られる。一方，スギやヤマザクラなどのように，特徴的な樹皮の微粒炭が多くできるものもある。
④ 樹木の葉の微粒炭には，多様な形態のものがある。そのなかには，樹皮に多いタイプのものやイネ科草本に見られるタイプのものなども含まれる。
⑤ 微粒炭のなかには，ススキの微粒炭のように，光の反射が少なく斜め上方か

らの光では表面形態が観察しにくいものがある。そのような微粒炭の観察には，垂直落射光源が必要である。

⑥針葉樹の分野壁孔の部分などを 400 倍以上の倍率で観察することにより，一部の微粒炭からその母材植物を特定ないし絞ることができる。その際，植物組織に関する既存の文献は大いに参考になる [53)] [54)] [55)] など。

⑦そのように母材植物を特定ないし絞ることができる鍵となる組織（痕）としては，針葉樹の分野壁孔の他に，針葉樹の仮道管のらせん肥厚，樹脂道，広葉樹の道管側壁の壁孔，気孔などがある。

3）燃焼温度の違いによる微粒炭の形態変化

以上のように，微粒炭からその母材植物・植生を知るなんらかの手がかりが得られると考えられる。しかし，実際にどのような微粒炭が泥炭や土壌中から見つかるかを調べてみると，実験的に燃焼させて生成した微粒炭標本では見られないタイプのものがある一方，標本では時々見られる気孔などの特徴的な組織はほとんど見られない [56)]。

その原因としては，微粒炭の抽出方法に問題のある可能性や，微粒炭が泥炭や土壌中で変化したり一部消滅したりした可能性も考えられるが，微粒炭が生成される際の温度条件の違いが大きく影響していることも考えられる。そのため，ススキ，ヨシ，ネザサ，イタドリ，ヨモギ，ワラビ，スギ，クリの 8 種の植物を対象として，温度条件の違いにより微粒炭の形態がどのように変化するかを調べた [57)]。

そのうち，草本植物のススキ，ヨシ，ネザサ，イタドリ，ヨモギ，ワラビについては地上部全体を試料とし，またスギとクリについては，葉を含む枝全体を試料とした。それらの植物は，室内で乾燥させた後，各植物種の葉や茎などの組織の割合ごとに試料をつくり，電気炉内で 400℃，600℃，800℃でそれぞれ 2 分間燃焼させ，残った炭化物を指で圧力を加えて粉状にした。それを 500 μm と 125 μm のメッシュの篩により篩分けし，500 μm の篩を通過し 125 μm のメッシュの篩に残ったもの（125〜500 μm クラス）について垂直落射光により顕微鏡で観察した。微粒炭の観察は 400 倍の倍率で行い，画像はデジタルカメラで撮影した。

その後，それぞれの試料ごとにプリントした写真を微粒炭の表面形態のパターンで分類し，どのようなパターンが出現するかを見た。それぞれの試料を燃焼さ

せてできた微粒炭は,「その他」を除き 10 のタイプ[58]に分類し,その結果を表やグラフにまとめた。なお,微粒炭のタイプ分けは,応用研究に対応したものでもあり,微粒炭識別の困難さを克服し微粒炭の母材植物を特定する試みとして行ったものである。

主な結果は次の通りである。

①同じ植物種でも,燃焼温度の違いにより,一般に生成される微粒炭の形態タイプの割合は変化する。
②燃焼温度の違いによる微粒炭の形態タイプの割合変化のパターンは,植物種により異なる(図4)。
③一般に比較的低温の 400℃前後までの温度での燃焼では,気孔の見える微粒

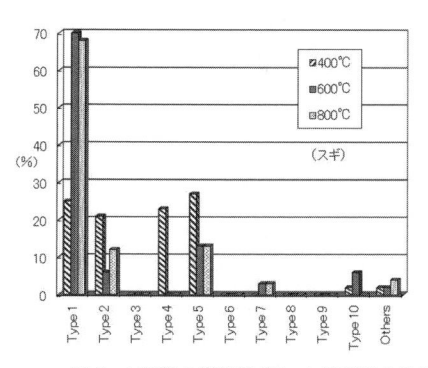

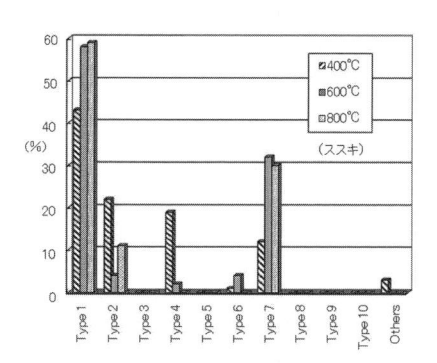

図4　3種類の燃焼温度により出現する微粒炭タイプの割合(スギとススキの場合)

Type 1：少し盛り上がった直線的なラインを基調とするタイプ。ただし,そのライン間を仕切るラインの見られるもの (Type 2),気孔の見られるもの (Type 4),突起の見られるもの (Type 6) は除く。
Type 2：少し盛り上がった直線的なラインを基調とするものの中で,そのライン間を仕切るラインの見られるもの。
Type 3：通道組織と思われる特徴的な組織が見られるもの。
Type 4：気孔が見られるもの。
Type 5：定形または不定形の窪みがまとまって見られるもの。ただし,ヨモギとワラビで見られるものは別のタイプとした。
Type 6：トゲ状などの突起が見られるもの。
Type 7：表面が溶解したように見えるもの。
Type 8：不定形な窪みがまとまって見られるもののなかで,これまでに調べたものではヨモギ特有のもの。
Type 9：不定形な太いラインと溝が連続して見られるもので,これまでに調べたものではワラビ特有のもの。
Type 10：スギの木口面。

炭が残りやすい種も少なくないが，600℃以上の高温での燃焼では気孔の見える微粒炭が残る種はかなり少ない（図4）。

④表面が溶解したように見えるタイプ（Type 7）の微粒炭は，一般に400℃での燃焼では全く，あるいはわずかしか出現しないが，600℃以上の燃焼になると大幅に増える例が見られる（図4・ススキ）。確認したもののなかで，そうした傾向の見られる植物としては，ススキ，ヨシ，ネザサのイネ科植物3種とイタドリがある。

このように，燃焼温度変化に伴う微粒炭の形態変化は，それぞれの種における組織の温度変化に伴う変化特性などにより大きく異なる。ただ，これまでに検討した植物種の数は限られたものであるため，今後さらに多くの植物種についての検討が必要である。また，燃焼温度や燃焼時間の設定を，さらにさまざまに変えることにより，それに伴う植物組織の変化特性は，より明らかになるものと考えられる。

4）まとめと補足

上述の微粒炭の長短軸比についての研究は，米国での先行研究を受けて進めたものであるが，それは燃えた植物や植生のタイプを考えるうえで参考になる場合も多いと思われるものの，例外的な値を示す木本植物や草本植物がいくつも確認できる。また，樹木の幹枝の太さにより，微粒炭の長短軸比が変わるものもあることなどから，その値から燃えた植生タイプを推定するには慎重である必要があると考えられる。

そのため，微粒炭の母材植物を正しく知るためには，その表面形態観察を行うことが不可欠である。それは，落射光により400倍程度以上の高倍率で顕微鏡観察することにより，より明確にとらえることができる。しかし，微粒炭は1種の植物でも，組織ごとにそれぞれいくつかの形態のものができる。また，微粒炭が生成される際の温度条件の違いなどにより，微粒炭の形態タイプの割合が変化することも実験的に確認される。これらのことだけからも，微粒炭分析のための標本とする微粒炭は，組織ごとにいくつもの条件で作る必要があると考えられる。

さらに，母材の乾湿度の違いにより炭の収縮率や化学構造が変化するとの報告もある[59]。あるいは，速く燃えるかゆっくり燃えるかといった母材の燃え方の

違いにより，炭の形態・構造が変化するとの報告もある[60]。おそらく，それらも植物の種や組織によって変化の程度は異なるものと思われるが，それらの点についても，今後いろいろな植物種や組織について実験的に確認してゆく必要があるように思われる。

微粒炭の母材植物に関する研究は，生成する微粒炭の形態がすでに述べたようなさまざまな要因に支配されるため，多くの基礎的研究が必要である。そのため，その研究に対して感じられる困難さから，研究を進めることが躊躇されるかもしれない。筆者も，当初は，まだ温度条件の違いなどを考慮しない時でさえ，そうした困難さを強く感じたことがある。しかし，実際に堆積物中からどのような微粒炭が出現するかを見てみると，出現する微粒炭の種類が明らかに単純な場合がいくつもあった。たとえば，島根県の三瓶小豆原埋没林の埋没土壌の微粒炭分析[61]では，出現した微粒炭の大部分はスギ起源と思われるものであった。また，後で概要を述べる阿蘇外輪山の草原の起源についての研究[62]でも，出現した微粒炭の主なタイプはわずかしかなく，古くから比較的単純な組成の草地が維持されていたことが推定された。また，その後の燃焼温度の違いによる微粒炭の形態変化についての研究[63]から，阿蘇で出現した微粒炭の大部分はススキなどのイネ科草本が起源である可能性が高いと考えられる。これらの例は，研究対象地に残る大型植物遺体や，現存する主要な植物から，その起源植物が特定されやすかったものである。これらの例から考えると，他にも花粉分析や植物珪酸体分析などの古植生についての成果があれば，微粒炭の分析からの考察を加えることによって，より詳細な植生復元が可能となる場合があると考えられる。

一方，これも後に概要を示す京都の深泥池の泥炭に含まれる微粒炭に関する研究[64]では，より多くのタイプの微粒炭が出現した。そのなかには起源植物を特定できる特徴的な微粒炭は少なかったが，それでも明らかに木本起源の特徴を持つ微粒炭が見られなかったことなどから，出現した微粒炭の大部分は草本起源のものと推定された。

筆者がこれまで行った応用的研究は限られているが，それでもそれぞれの場所で出現する微粒炭を総合的に見ることにより，以上のようにそれぞれの地でかつて燃えた植物，またその集合としての植生を，何らかのレベルで明らかにすることができた。もちろん，木本起源と草本起源の微粒炭が複雑に出現するなどして，そのようにうまくいかないケースも想定されるが，とりあえず微粒炭から何がど

の程度わかるかどうかの試みは積極的に行われてもよいのではないだろうか。

　その際，微粒炭から，どの程度のレベルで過去に燃えた植物や，その集合としての植生を明らかにすることができるかどうかは，元の植生の組成がどの程度単純あるいは複雑であったかどうか，微粒炭の母材植物を知る手がかりの有無，あるいは微粒炭に関する基礎的研究の深さなど，いくつかの要因に左右されるものと思われる。そのうち，微粒炭に関する基礎的研究の深さは，努力次第でより深いものとなるはずである。現生の植物がどのような形態の微粒炭を生成するかを広く研究することは，針葉樹の分野壁孔や広葉樹の道管側壁における壁孔などのように，種の特定にも結びつく特徴的形態をもつ微粒炭の識別をより多く可能にすることにつながると思われる。また，電子顕微鏡などを用いた高倍率での観察等によって，分類上の手がかりはまだ多く見つかってゆく可能性があろう。

　ただし，これまで観察した泥炭などの堆積物中に含まれる微粒炭には，そのような特徴的形態を持つものの割合が小さいため，微粒炭の基礎的研究を深めても，種や分類群の特定ができるのは，やはり一部に留まることが予測される。また，種や分類群の特定については，一般的にはこれまでの樹木や草本に関する解剖学が明らかにしてきた部分（木材組織など）については，微粒炭の基礎的研究がそれを超えることは難しいと思われる。しかし，たとえば樹皮のように，これまで植物に関する解剖学が充分明らかにしていない部分，あるいは温度条件などにより，元の組織が変わる場合については，微粒炭の基礎的研究は新たな手がかりをより多く見いだすことになるであろう。

4.2.2　深泥池の微粒炭分析に見る人と植生のかかわりの歴史

　京都盆地の北部に位置する深泥池（みぞろがいけ／みどろがいけ）は，周囲が約1.5 kmの池で，北西方向から時計回りに南東方向にかけて低い山並みで囲まれている（写真4）。そこにはミツガシワやホロムイソウなど，氷河期からの生き残りとされる植物などが見られ，学術的にも貴重であるため，その池は国の天然記念物にも指定されている。池の歴史は十数万年と考えられ[65]，そこでは更新世から完新世にかけての連続した堆積物を採取することができる。そのため，その池の堆積物から，これまでにいくつかの花粉分析が行われている[66][67][68]。

　そのうち，30年ほど前に深泥池の詳細な花粉分析を行った中堀謙二氏（信州大学農学部）は，花粉分析で抽出された黒色物質が微粒炭であるかどうか不明とし

第 4 章 草原の歴史

写真 4　深泥池
春；水際にはミツガシワの
白い花が多く見られる。

て，微粒炭については調べていなかった．しかし，もしその黒色の物質が微粒炭であれば，過去にその付近の植生に火が入った歴史を知ることができ，それによって花粉分析でわかる植生の変遷の背景などがある程度説明できる可能性もある．また，過去に火が入った原因を充分明らかにすることは容易ではないとはいえ，火を介した人間と植生とのかかわりの歴史なども考えることができる可能性がある．筆者はそのことを中堀氏に伝え，中堀氏から花粉分析用試料（花粉分析用プレパラート，花粉分析用に処理された試料など）の提供を受けることができた．

筆者の微粒炭分析についての基礎研究は，充分といえる段階にはほど遠かったが，微粒炭分析の試みとして，中堀氏から提供を受けた花粉分析用試料に含まれる微粒炭の起源やその量的変化などについて検討した[69]．ここでは，その概要を示す[70]．

1）方法

まず，中堀氏が作成した花粉分析用試料に含まれる黒色物質の大部分が微粒炭であることは，花粉分析用に処理された試料の一部を厚紙上に固定し落射光により顕微鏡でその表面を観察（倍率 400×）することにより確認した．次に花粉分析用プレパラートを，透過光および落射光で顕微鏡観察（倍率 40×）することにより，各プレパラートに微粒炭がどの程度含まれているかを概観し，微粒炭が多く含まれる層を中心に微粒炭の起源を詳しく検討する部分を約 20 点選んだ．

そして，それぞれの層で花粉分析用に処理されていながらプレパラートにされずに残されている試料を金属顕微鏡（垂直落射顕微鏡）で観察できるように濃度

調節をして厚紙上に固定した。それを金属顕微鏡により 400 倍の倍率で観察し，長さが 100 μm 以上のもの[71]についてデジタルカメラで 2 倍の光学ズームを使用して各層につき順次 50 枚撮影した。撮影の際には，重なっているものは除きながら，意図的に写真が撮られないように順次撮影した。その後，それぞれの試料ごとにプリントした写真を微粒炭の表面形態のパターン（タイプ）で分類し，どのようなパターンが出現するかを見た。そして，それぞれの試料ごとにプリントした写真のなかから，典型的なパターンの比較的きれいに撮影できたものを全体数にほぼ比例した形で 12 選んで 1 枚のシートとし，試料ごとの微粒炭の形態を概観できるようにした。また，それとは別に，トゲ状突起や気孔などが見える特徴的な微粒炭については，微粒炭の大きさにかかわらず撮影した。

一方，層ごとに微粒炭がどの程度含まれているかについては，透過光により撮影したプレパラート画像を，パソコンの画像処理ソフト Scion Image を用いて微粒炭の面積を測定した。その結果は，パソコンの表計算ソフト（エクセル）を用いてグラフ化した。また，一部の試料については，微粒炭の長さと幅についても測定し，微粒炭の長短軸比を調べた。

2）主な結果

微粒炭についての基礎的研究はまだ充分ではないとはいえ，中堀氏が作成した花粉分析用試料に含まれる黒色物質のほとんど，あるいはすべてが微粒炭であることは，それが花粉分析のための薬品処理後に残ったものであること[72]，また，それを落射光により顕微鏡観察すると，その表面形態がこれまでに現生の植物を燃やしてできた微粒炭のそれとよく似たものが多いことからも考えられるところである。

ここでは，各層の具体的な例を少し示しながら，その微粒炭の起源について検討したい。また，試料ごとに含まれる微粒炭の量的変化について調べ，微粒炭の量的変化と花粉分析結果との関連などについても検討したい。

ⅰ　深泥池の花粉分析試料に含まれる微粒炭の起源

中堀氏が作成した各花粉分析用プレパラートを顕微鏡で観察することにより，それぞれに微粒炭がどの程度含まれているかを概観し，微粒炭が多く含まれる層を中心に微粒炭の起源を詳しく検討する層を 21 点選んだ。具体的な層の深さは，

300, 321, 351, 381, 411, 435, 441, 450, 471, 501, 540, 630, 660, 669, 690, 720, 765, 795, 810, 855, 910 の各層である（数字の単位は cm；試料は最も深いところで 930 cm）。なお、その深さは中堀氏の試料に記された数字であり、元の採取試料は、それらの数字よりもそれぞれ 3 cm 深いところまでを含んだものである。

　花粉分析用のプレパラートは、カバーグラスがあり金属顕微鏡では観察しにくいため、それぞれの層で花粉分析用に処理されながらプレパラートにされずに残された試料を金属顕微鏡で観察できるように濃度調節をして厚紙上に固定した。それを上記の方法で記したようなやり方で観察・撮影し、各層における微粒炭の写真をその表面形態のパターン（タイプ）で大まかに分類した。

　深泥池の花粉分析試料に含まれる微粒炭を層ごとに形態分類すると、大まかに 10 ほどのタイプに分類をすることができた。たとえば、少し盛り上がった直線的なラインを基調とするタイプ（Type 1）、規則的な波形のラインの見えるタイプ（Type 2）、表面が不定形でやや溶解したように見えるタイプ（Type 3）、方形的組織が列状に並んでいるタイプ（Type 4）、球状で表面に独特のパターンの見えるタイプ（Type 5）などである（写真 5）。そのうち Type 1, Type 2, Type 3 は全層にわたって見ることができた。なかでも Type 1 はどの層においても最も多く見られ、大部分の層で全体の 50 パーセント前後を占めていた。一方、Type 6 ～ 10 はごく一部の層でのみ見られた。とくに、Type 7 ～ 10 は、それぞれ一つの

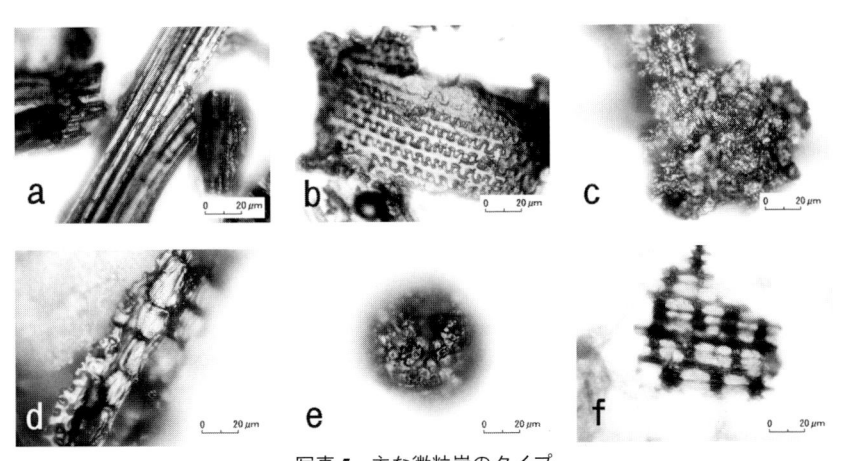

写真 5　主な微粒炭のタイプ
a：Type 1, b：Type 2, c：Type 3, d：Type 4, e：Type 5, f：Type 7。

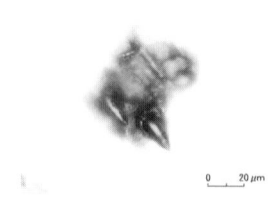

写真6 トゲ状突起の見える微粒炭（その1）

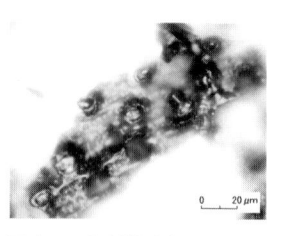

写真7 トゲ状突起の見える微粒炭（その2）

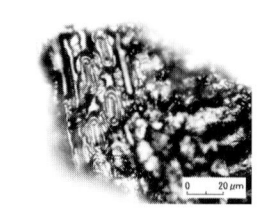

写真8 気孔の見える微粒炭

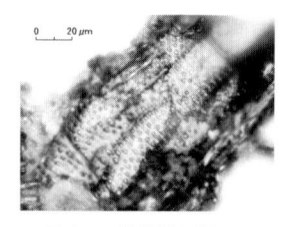

写真9 特徴的形態の微粒炭（その1）

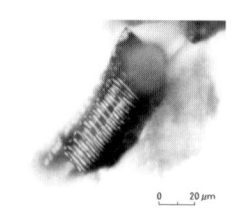

写真10 特徴的形態の微粒炭（その2）

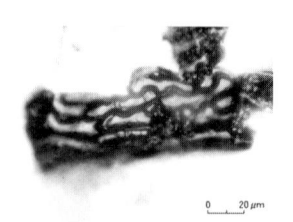

写真11 特徴的形態の微粒炭（その3）

層でごくわずかに見られたものである。なお，Type 5 は球状のものであるため，写真ではその上部のみが写っていて長さが短く見えている。

トゲ状突起や気孔などの特徴的な形態が見える微粒炭は少ないが，それでもそれぞれの層における試料のなかからある程度見つけることができた。ここでは，トゲ状突起の見える微粒炭（写真6～7），気孔の見える微粒炭（写真8），その他特徴的形態の見える微粒炭の例（写真9～11）を示す。

現生植物の微粒炭との比較

微粒炭についての基礎的研究はまだ充分でないとはいえ，深泥池の花粉分析試料からよく出てくる微粒炭のなかには，これまでに筆者が観察した現生植物の微粒炭とよく似た形態のものがある。たとえば，Type 1 はヨシやススキなどのイネ科草本などの微粒炭に時々見られるタイプのものである（写真12）。また，Type 2 としたものは，ススキなどのイネ科植物特有の微粒炭のタイプと思われる（写真13）。あるいは，Type 3 はススキなどを含むたいていの野草を燃焼させることである程度生成される微粒炭のタイプであり，またそれは樹皮からよく生成される微粒炭のタイプとも似ている（写真14）。

第 4 章 草原の歴史

写真 12　現生植物の微粒炭（ヨシ〈茎〉）

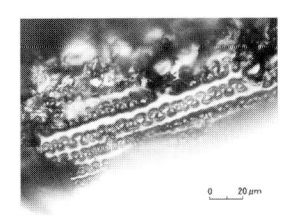

写真 13　現生植物の微粒炭（ススキ〈葉〉）

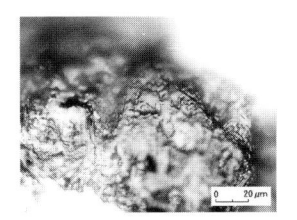

写真 14　現生植物の微粒炭（イタドリ）

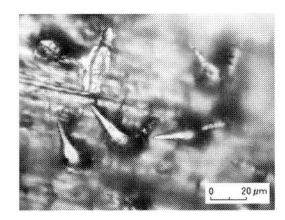

写真 15　現生植物の微粒炭（ヨシ〈茎〉）

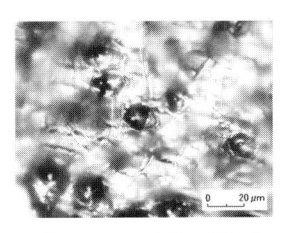

写真 16　現生植物の微粒炭（ヨシ〈茎〉）

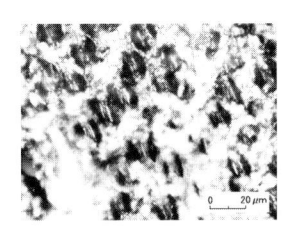

写真 17　現生植物の微粒炭（ヨシ〈茎〉）

　一方，Type 5 などのように，植物の燃焼から得た微粒炭では，まだ観察したことのないタイプのものもあるが，Type 1 ～ 3 などある程度比較することのできる微粒炭で見る限り，深泥池の花粉分析試料に含まれる微粒炭は草本起源のものが大部分であるように思われる。そのことは，出現数は多くはないものの，トゲ状突起などの特徴的形態をもつ微粒炭（写真 6 ～ 7）のほとんどが草本の微粒炭と見られることからも考えられることである。たとえば，深泥池の試料に含まれるトゲ状突起のある微粒炭は，ヨシやススキなどのそれによく似ている（写真 15 ～ 16）。あるいは，深泥池の試料に含まれる気孔を含む微粒炭は，その気孔の形や配列がヨシのそれ（写真 17）に似ているものが少なくない。また，写真 9 のタイプの微粒炭も，ヨシに見られる微粒炭の一タイプである（写真 18）。あるいは，写真 10 はガマの微粒炭に見られるものとよく似ている（写真 19）。あるいは，写真 11 の微粒炭は，ヨモギのそれによく似ている（写真 20）。

　以上のことなどから，深泥池の花粉分析試料に含まれる微粒炭の起源植物としては，ヨシ，ススキ，ガマ，ヨモギなどを具体的に可能性のあるものとして挙げることができる。

写真 18　現生植物の微粒炭　　写真 19　現生植物の微粒炭　　写真 20　現生植物の微粒炭
（ヨシ〈茎〉）　　　　　　　　（ガマ）　　　　　　　　　　（ヨモギ）

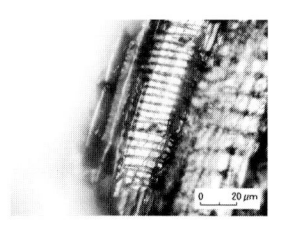

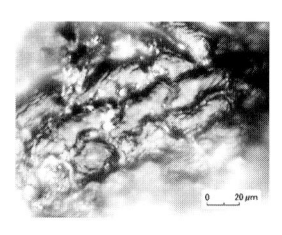

微粒炭の長短軸比

　微粒炭の長軸と短軸の比を統計的に見ることによって，微粒炭の起源をある程度考えることができることは，上記の微粒炭分析のための基礎の項で記した通りである。ここでは，深さ 441 cm と 669 cm の層の微粒炭について長短軸比の平均値を求めてみたが，その値は深さ 441 cm の層で 3.4，669 cm の層で 3.8 であった。木本植物のなかにも，スギ樹皮の微粒炭のようにその値が大きいものもあるが，そうした特別な樹木起源と思われる表面形態をもつ微粒炭も見られないことから，これらの数字も深泥池の花粉分析試料に含まれる微粒炭の大部分が草本起源のものである可能性が大きいことを示している。

微粒炭のタイプ別出現比率の推移

　ここで詳しく観察した各層（深さ 300〜910 cm）における微粒炭の主なタイプ別出現比率の推移をグラフにすると，図 5 のようになる（ここではグラフを簡略化するために Type 4，Type 6〜10 と"その他"は省いた）。先にも少し述べたように，Type 1，Type 2，Type 3 は全層にわたって見ることができ，Type 1 はすべての層においても最も多く見られる。それは大部分の層で全体の 50 パーセント前後を占め，多いところでは約 3 分の 2，また少ないところでも全体の約 3 分の 1 を占める。

　グラフを全体的に見ると，微粒炭のタイプ別出現比率はある程度の変動はあるものの,全層にわたって概して変動はさほど大きくはないようにも見える。ただ，Type 1 が比較的少ない一方で Type 5 の割合が Type 2 や Type 3 以上に大きくなる深さ 795 cm の層など，いくつかの層については他とかなり異なった面を見ることができる層もある。そのうち，深さ 795 cm の部分では，球状の Type 5 がかな

図5 微粒炭の主なタイプ別出現比率の推移

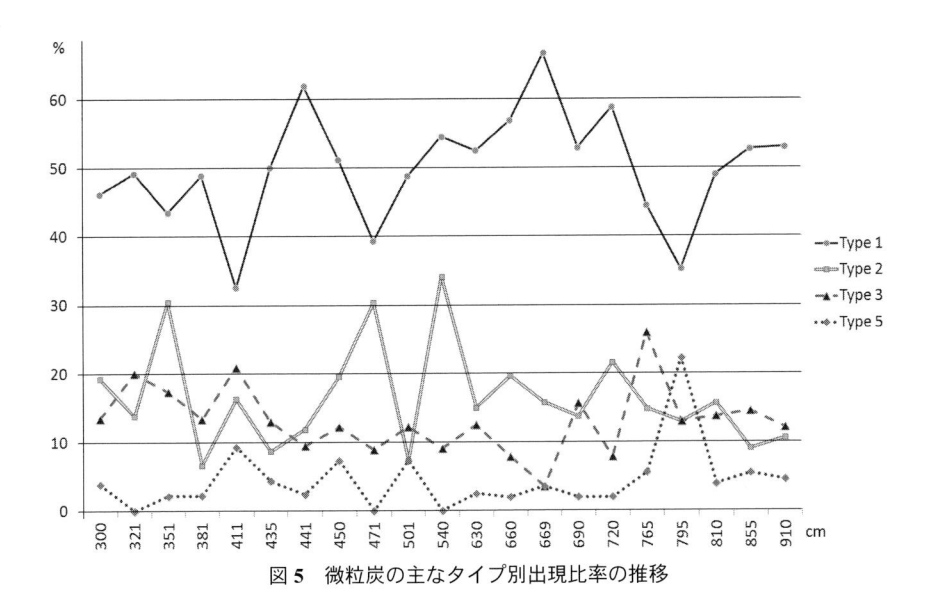

り多いことや，また図5のグラフでは省いたが，他には珍しいType 7やType 8が出現することで，他の層とはかなり大きく異なっている。Type 5やType 7（写真5のf）は特徴的な形態をしているが，その起源植物についてはまだ明らかではない。その層は，花粉分析でもマツ属やトウヒ属など針葉樹の多い植生からコナラ亜属の多い植生へと急激に変化するところで，日本各地での花粉分析結果からも同様な変化が見られる。それは縄文時代草創期の始まりの頃で，年代は今から約13000年前と考えられる。

なお，層の年代がおおよそわかるところとしては，他にアカホヤ火山灰が出てくる360〜363 cmの地点があり，そこは暦年代で約7300年前と考えられる。また，深さ480〜540 cm付近は，試料の年代測定結果[73]から，今から9000年から1万年あまり前頃と考えられる。

ii 微粒炭の量的変化

層ごとに微粒炭がおおよそどの程度含まれているかについては，深さ30 cmから975 cmにおける花粉分析用プレパラートのなかから，一部を除きほぼ30 cm間隔で利用可能なものを透過光により顕微鏡撮影し，その画像をパソコンの画像処理ソフトScion Imageを用いて微粒炭の面積を測定した。そのデータを表計算

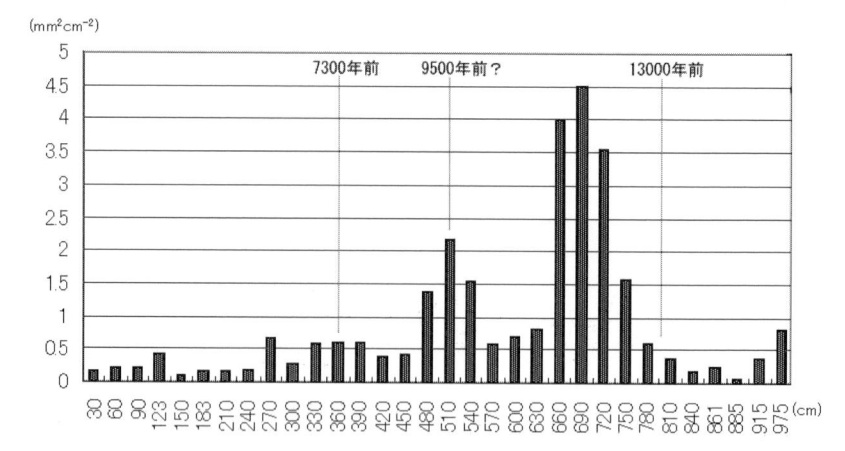

図6 各層における微粒炭の量

　ソフトのエクセルを用いてグラフ化したものが図6である。なお，花粉分析用プレパラートは，作成後20年以上を経過して変色してきているところがあったため，かなり低い倍率で広範囲を撮影するとパソコンの画像処理ソフトでうまく処理できなかった。そのため，ここでは微粒炭の濃度がそれぞれのプレパラートでの平均的なところを選び，40倍の倍率で撮影してその画像を処理した。

　図6では，大まかな傾向しか捉えることはできないが，それでも660〜750 cm付近，また480〜540 cm付近にはかなり多くの微粒炭が連続的に出現する層があることがわかる。そのうち，660〜750 cm付近の層では微粒炭がとくに多く，最も多いところでは，それが少ない層の数十倍もある。

　一方，微粒炭の量が比較的少ない層としては，深さ30 cmから450 cm，また深さ780 cmから915 cmの層がある。そのうち，30〜90 cm，150〜240 cm，840〜885 cmのあたりではとくに微粒炭の量が少ない。また，570〜630 cmの層も，微粒炭が多く出てくる層の間にあって比較的少ないところである。

　なお，ここで用いた花粉分析試料には，定量的な分析ができるようにフウ属（*Liquidamber*）の花粉も入れられているが，今では花粉を見ることができなくなっている。また，そのプレパラートを作成した中堀氏によると，微粒炭の多い層では花粉の観察をしやすくするために密度を薄めてプレパラートを作成しているという。そのため，微粒炭の多い層では，実際はここで示された数字以上に多くの微粒炭があるということになる。

微粒炭の量的変化と花粉分析結果との関連

ここでは微粒炭の量的変化を大まかにしか見ていないが、それでもその変化と花粉分析結果の関連が明確に見られる部分がいくつかある。たとえば、660〜750 cm付近と480〜540 cm付近では微粒炭がとくに多く出現するが、花粉分析ではその付近でハンノキ属（*Alnus*）やトネリコ属（*Fraxinus*）が大幅に減少する一方で、カヤツリグサ科（Cyperaceae）が急増する。また、イネ科（Gramineae）も640〜740 cm付近でかなり増え、また470〜540cm付近でも増加傾向が見られる。一方、470〜540 cm付近では、トチノキ属（*Aesculs*）、胞子（Spore）、マツ属（*Pinus*）が急増する（図7）。これらは、微粒炭の量的変化となんらかの関係がある可能性が考えられる。たとえば、ハンノキ属などの急減やカヤツリグサ科の急増などは、上記の微粒炭の起源植物についての検討も踏まえると、深泥池の水辺付近の植生が火やなんらかの人為的影響などを受けて変化した可能性があることを示しているように思われる。また、胞子やマツ属などの増加は、火など

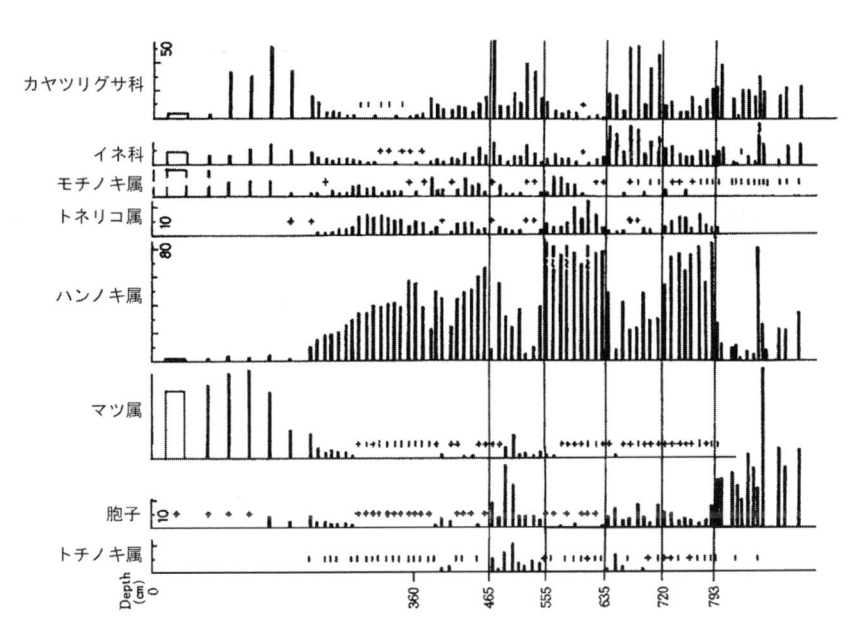

図7　深泥池の花粉分析結果の一部
中堀，1981より（一部改変）。

の人為的影響を大きく受けた植生は水辺の植生だけではない可能性も示しているように思われる。

また，微粒炭増大期におけるトチノキ属の増加は，人間による食糧確保と関係があった可能性も考えられる。ちょうどその頃からヒノキ科タイプ（Cupressaceae type；このタイプにはヒノキ科の他にイヌガヤ属やカヤ属が含まれる）やエノキ属タイプ（Celtis type）の樹木の花粉が急増するが，もしそれらの具体的な樹種がカヤやムクノキであれば，トチノキ属の場合と同様なことも考えられる。ちなみに，深泥池から数 km ほどしか離れていない縄文時代の遺跡である京都大学北部構内の遺跡でもトチノキが多く出土しているが，そこではその他にカヤやムクノキも比較的多く出土している[74]。なお，微粒炭増大期は縄文早期頃と思われるが，その時期の遺跡で深泥池から比較的近いものとしては上賀茂遺跡（縄文早期・中期）や修学院離宮遺跡（縄文早期）などがある[75]。

その他にも，5 葉のマツ属（Pinus）の他にトウヒ属（Picea）やツガ属（Tsuga）などの針葉樹の多い植生から，それらがほとんどなくなりコナラ亜属（Lepidobalanus）の多い植生へと急激に変化する 800 cm の深さのあたりは，それまで少なかった微粒炭が増加し始める時期であり，それらの樹木の急激な増減も火となんらかの関係がある可能性も考えられる。

一方，微粒炭の量が全般に少ない 450 cm より浅いところでは，微粒炭の量の少なさもあり，微粒炭の量的変化と花粉分析結果との間には明瞭な関連は見つけにくい。

3）むすび

微粒炭に関する基礎研究はまだ決して充分といえる段階ではないが，以上のように深泥池の花粉分析試料をもとにして，そこに含まれる微粒炭の起源とその量的変化などについて検討してみた結果，深泥池の花粉分析試料に含まれる微粒炭の大部分は草本起源のものである可能性が高いこと，深さ 660 ～ 750 cm 付近と 480 ～ 540 cm 付近では微粒炭がとくに多く出現すること，またそれと花粉分析による植生の変化との相関があると考えられることなどが明らかになった。

大量の微粒炭出現の背景としては，試料採取地点（ボーリング地点）から比較的近いところで長期にわたり連続的に植生に火が入っていた可能性が高い。その火の原因を充分明らかにすることは難しいとはいえ，日本列島の気候的条件を考

えれば，その原因は自然発火というよりは人為的なものである可能性が高いように思われる。日本では，花粉分析において，一般に微粒炭が重視されない時代が長かったが，微粒炭の量的変化も調べた一部の花粉分析結果や近年の微粒炭に関する研究から，深泥池とほぼ同様かそれよりも古い時代から微粒炭が急激に増加する例が多く見られる[76)77)78)]など。また，後述の筆者らの阿蘇外輪山での微粒炭分析の試みでも，約1万年前から多量の微粒炭が出現するようになる。こうした例からも，深泥池付近においても縄文時代早期から，火による人の植生への大きな影響があった可能性が高いと考えられる。

4.2.3 微粒炭分析から見た阿蘇外輪山の草原の起源

熊本県の阿蘇山周辺は，今日，日本で最大の草原が見られる地域である（写真21）。その草原は，8世紀の初めに成立した『日本書紀』の記述から，すでにその当時から存在していたものと考えられるが，その草原の起源はどこまで遡るのだろうか。

微粒炭をもとに植生の歴史を考え始めていた10年ほど前（今世紀初頭），微粒炭分析の試みとして，阿蘇外輪山で採取した黒色土を中心とした土壌試料に含まれる微粒炭の形態，また黒色土最下層の年代などを調べることにより，その草原の起源や歴史を検討した。その年代測定などで名古屋大学のご協力をいただき，主な結果を2002年にまとめることができた[79)]。ここではその報告書に記せなかったことも一部補足しつつ，その概要を記すとともに，その後発表された関連の論文についても簡単に触れる。

写真21 阿蘇外輪山上部の一部

1) 調査地点と採取土壌

土壌試料採取地は，阿蘇山の北方，阿蘇外輪山の北部に位置し，阿蘇山とその周辺部を見渡せる観光スポットである大観峰（遠見ケ鼻）の北東約 500 m のところである（図 8）。

その地点における工事法面（斜度 60°）の上端（地表部）から，法面に沿って下方 170 cm までの土壌試料を 5 cm ごとに 34 点採取した（写真 22）。そのほとんどは黒色土であるが，上端から 82 cm のところから下に 16 cm ほどの厚さで赤茶色のアカホヤ火山灰の層がある。また，その下方 154 cm までの土層の色は，アカホヤ火山灰の上よりも黒色がやや薄く焦茶色と表現できる色である。また，それよりも下方の土の色は薄い茶色である。

2) 方法

採取した土壌試料の半分（偶数番号のもの）について，それぞれ 2 cm³ を花粉分析に準じた方法で薬品処

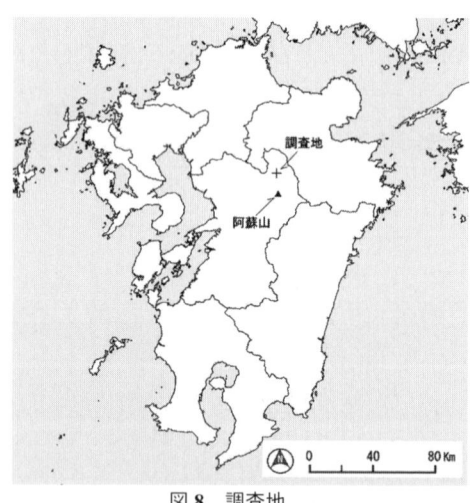

図 8　調査地
試料採取地点は＋印。

写真 22　試料採取地の土壌断面

理をして微粒炭を抽出した．その後 63 μm のメッシュで篩い分けをし，篩に残った微粒炭を厚紙上に固定して金属顕微鏡で観察した．金属顕微鏡の倍率は 400 倍とし，長さが 100 μm 以上の微粒炭について，デジタルカメラで 2 倍のズームを使用して順次 50 枚撮影した．撮影した微粒炭は試料ごとに形態分類をし，どのようなタイプの微粒炭が各層にあるかを見た．

一方，プレパラート上の微粒炭の面積を Scion Image で測定することにより，土壌中に含まれる微粒炭量（mm^2/cm^3）を測定した．また，土壌の年代測定は，名古屋大学年代測定総合研究センターのタンデトロンＡＭＳにより行った．

3）結果

各層に含まれる微粒炭を見ると，写真 23 〜 26 のようなタイプのものが多く見られた[80]．微粒炭の形態が比較的単純に分類できたことから，元の植生は比較的単純なものであった可能性が高く，微粒炭の表面形態からは，その起源植物の大部分が草本植物と考えられた[81]．

各層の試料に見られる微粒炭のタイプが，試料ごとにどのような割合で含まれ

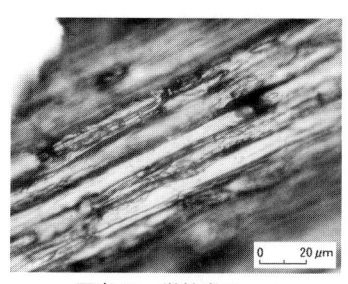

写真 23　微粒炭 **Type 1**
（**800 ×**）

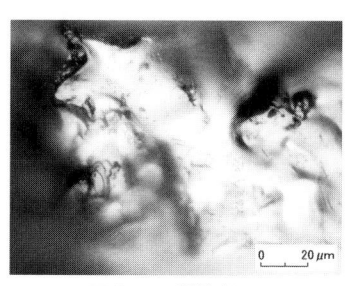

写真 24　微粒炭 **Type 2**
（**800 ×**）

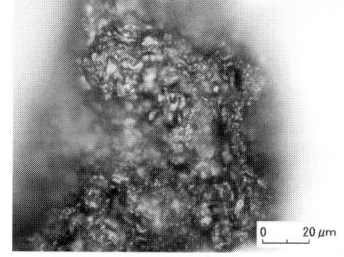

写真 25　微粒炭 **Type 3**
（**800 ×**）

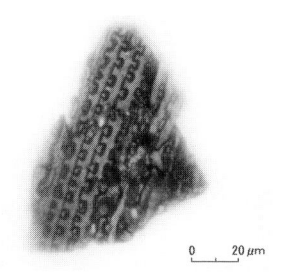

写真 26　微粒炭 **Type 4**
（**800 ×**）

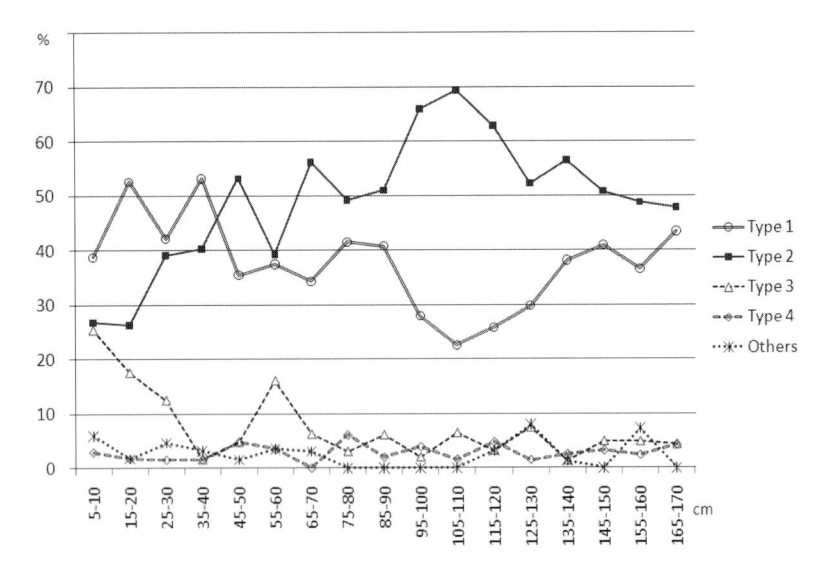

図9　各層に含まれる微粒炭のタイプ別出現頻度

ているかをグラフにすると図9のようになる。このグラフでわかるように，Type 1 と Type 2 の微粒炭が全層にわたって大部分を占めるが，45 〜 50 cm 以下では Type 2 の方が多く，それよりも浅いところでは Type 1 の方が多いこと，25 〜 30 cm から浅いところでは Type 3 もしだいに増えてくることなどがわかる。この微粒炭のタイプの割合が層により変わる原因についてはまだ充分明らかではないが，起源植物種の構成の違い，燃焼温度の違い，またそれらの複合などの原因が考えられる。

　一方，各層に含まれる微粒炭量は図10の通りであった。上部から150 cm の深さまでの土層には，アカホヤ火山灰の層を除き微粒炭が豊富に含まれていた。その微粒炭が多く出現しはじめる最下部付近の土壌の年代を名古屋大学に依頼して測定したところ，その年代は 8640 ± 35 yrBP であった。較正した暦年代[82]は 7726 calBC 〜 7724 calBC（1.6%），7710 calBC 〜 7701 calBC（8.0%），7678 calBC 〜 7662 calBC（15.1%），7653 calBC 〜 7594 calBC（75.4%）［測定番号：NUTA2-2016］であることから，当該地の草原植生は，おおよそ1万年前から頻繁に火が入ることにより維持されてきたものと考えられる。

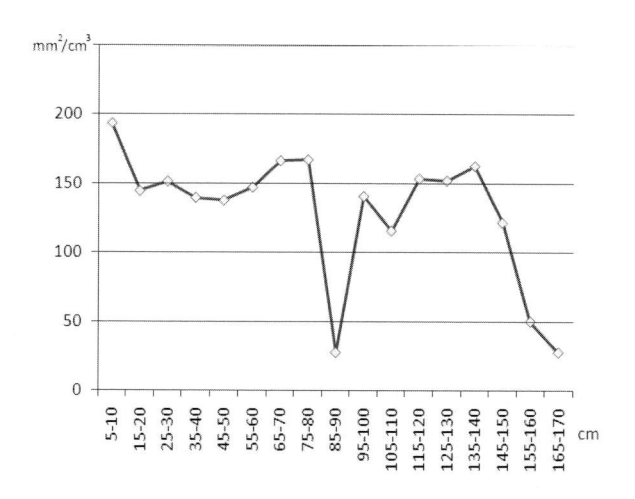

図10　各層に含まれる微粒炭量

4）まとめと補足

　筆者がこの微粒炭の研究で最初に阿蘇にかかわった今世紀初頭の頃，阿蘇の草原は「千年の草原」といわれていた。8世紀に成立した『日本書紀』からは，そこに広大な草原が広がっていたことをうかがわせる記述があり，また10世紀初期の『延喜式』の記述から，すぐれた馬を生産する牧（原野）の存在が確認できるためである[83]。しかし，この微粒炭の研究からは，それは少なくとも「万年の草原」である可能性が考えられる。また，もし動物の摂食など，火とは異なる植生への大きな圧力が，土壌中に微粒炭が増え始める前にあったならば，その起源はさらに遡ることになることになる。

　本研究は，阿蘇の草原の歴史を知る簡単な試みのようなものであったが，その後，阿蘇地域では微粒炭とともに植物珪酸体や花粉をもとにしたいくつもの詳しい調査研究[84][85][86][87][88][89][90]がなされてきている。多くの地点でなされたそれらの研究から，阿蘇外輪山の草原に頻繁に火が入り始めた時期は，遅いところでも1万年ほど前で，早いところでは13500年ほど前に遡るものと考えられる。そして，少なくとも植生に頻繁に火が入り始めた時期以降，草原の景観が続いてきたと考えられる。さらに，過去約3万年を対象とした植物珪酸体をもとにした研究では，それ以前にもササ中心の草原が広がっていたところがあることが示唆さ

れているものもある[91]。それについては，今後の研究でより明らかになるものと思われるが，このように多くの研究によって，阿蘇外輪山の草原は，少なくとも約1万年の歴史があり，それは長期にわたり火によって維持されてきたことが確かなものとなってきている。一方，阿蘇外輪山は草原であったのに対し，外輪山に囲まれたカルデラ底の阿蘇谷，あるいは阿蘇谷から外輪山に至るカルデラの急な斜面には，森林も比較的多く存在していたと考えられている。

　ただ，植物珪酸体をもとにした研究では，阿蘇外輪山のかつての草原の中心となる植物がササであったとする論文が多く，ススキを中心とした草原が長期にわたり広がっていたとするものは，阿蘇火山東方の波野での研究[92]だけであるのは気にかかる。その波野での研究では，火が植生に入り始めてから，継続してススキ草原が維持されてきたと考えられているが，その他の地点での研究では，火が植生に入り始めた頃はササ属（ミヤコザサやクマザサなどがこの属に含まれる）のササが中心で，その後，アカホヤ火山灰降下（約7300年前）以降の微粒炭量がさらに増える時期にはメダケ属（ネザサ類など）が，そうしたササの中心的な植物と考えられている。筆者が微粒炭分析を行った地点と近いところでなされた植物珪酸体をもとにした研究でも，同様な研究結果[93]が出ている。

　この点に関して，筆者の阿蘇外輪山の研究で多く出てきた表面がきれいに溶解したようなタイプの微粒炭（その研究ではType 2とした：写真24）は，その後の研究[94]から600〜800℃の高温での草本植物の燃焼で生成されやすいことがわかっているが，ネザサの場合，その温度帯で生成されるその微粒炭の割合は少なく1割未満しかない[95]こと，またススキ草原は，春などの乾燥時期には枯れ草が非常に燃えやすく，条件次第ではかなりの高温に達するが，ササ中心の草原が高温で燃えることは考えにくい。そうしたこともあり，阿蘇外輪山の微粒炭分析で多く出てきた，表面がきれいに溶解したようなタイプの微粒炭の起源植物として，筆者はススキを筆頭に考えていた[96]ので，植物珪酸体からの研究結果は，すぐに納得できないところがある。

　ただ，筆者のこれまでの微粒炭分析に関する基礎研究は決して充分なものではないので，この疑問点はそれによるものかもしれない。たとえば，現生植物の燃焼実験は，筆者はこれまで電気炉で行うことが多かったが，野外でネザサを高温で燃やすと，電気炉とは異なる結果が出るのかもしれない。また，数十年に一度といわれるササの一斉枯死後の乾燥期などに，ササ草原がよく燃えることはある

のかもしれない。しかし，植物珪酸体からの研究では，最も地表に近い試料（おそらく過去100年以内に生成された土壌も含まれると思われる）の分析でも，そうしたササ中心の植生が考えられている。しかし，それらの調査地は，今はススキが多い草原地帯であり，今と同様に火入れや放牧などによって維持されたススキ中心の草原の起源はかなり古い可能性が高いと思われるため，やはりササ中心の草原というのは，にわかには考えにくい。

　阿蘇外輪山の微粒炭分析で出てきた，表面がきれいに溶解したようなタイプの微粒炭は，筆者のその後の微粒炭分析でも，かつて草原であったと考えられるところの山の上部で出やすいことがわかってきている[97)][98)]など。筆者は，それは風が強い山の上で，火の勢いが強く，高温の燃焼のため，あるいは燃焼時間が長いために多く生成されるのではないかと，今のところ考えている。植物珪酸体は，一般的にはかなり高温に耐えられるようであるが，たとえばススキの場合も，そのような高温下でも，あるいは燃焼時間が長くても，その植物珪酸体は充分耐えられるのだろうかなどといった疑問も感じられる。いずれにしても，筆者としても，ここでの疑問をさらに考えるためにも，これまでの研究を再確認することも含め，まだ不充分なところが多い微粒炭分析のための基礎研究をいっそう深めてゆく必要がある。

4.2.4　微粒炭から考えるかつての日本の草原の広がり
1）黒ボク土と草原

　約1万年以上の歴史のある阿蘇の草原地域には，有機物が多く含まれる黒ボク土とも呼ばれる黒色の土壌が広く見られる。それは，阿蘇だけでなく，日本の火山周辺などでしばしば見かけられる土壌で，かつては単に火山灰土の一種と考えられていたが，そこに含まれる植物珪酸体や微粒炭から，それはほとんどの場合，草原的植生下で長い年月をかけて生成されてきたことが明らかになってきている[99)][100)][101)][102)]など。黒ボク土は，黒色土とも呼ばれ，北海道から九州まで日本全国に広く分布する。黒色土は林野土壌分類による名称で，黒色土亜群と淡色黒色土亜群の2つの亜群に分けられる[103)]。一方，黒ボク土は農耕地土壌分類による名称で，有機物集積層の厚さと有機物含量の違いから，厚層多腐植質黒ボク土や淡色黒ボク土など，5つの土壌統群に分けられる[104)]。その土壌は，厚さが地表から1m以上あるものもあり，国土の約17パーセント（面積約6.5万

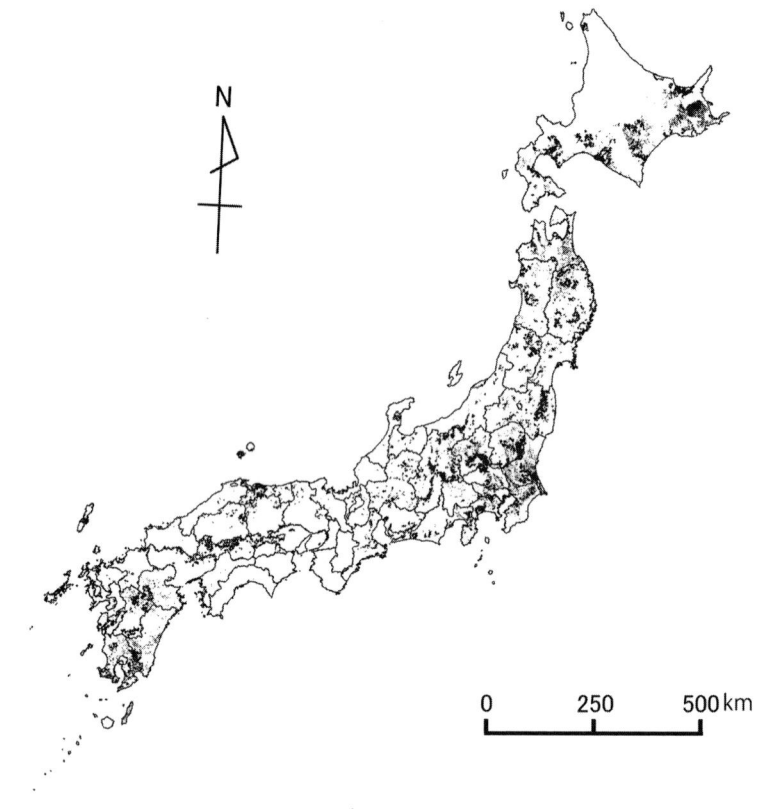

図 11　黒ボク土の分布状況
農業環境技術研究所　土壌情報閲覧システムより（一部改変）。

km²）を占める（図11）。

　黒ボク土には，長さが約 125 μm 以上の大きさの，いわゆるマクロ微粒炭も多く含まれているため，炭はその付近で生成されたと考えられる。その微粒炭の元になった植物の識別は必ずしも容易ではないが，筆者のこれまでの研究でも，一部例外はあるものの，ふつう樹木は少なく，ススキなどの草本が起源と考えられるものが多い。そのことは，上記の阿蘇の例のように，植物珪酸体の研究結果からも同様に考えられている。

　なお，筆者のこれまでの研究で，黒ボク土中の微粒炭の起源となった植物に木本の割合が高かった例が二度ある。その最初は，島根県の三瓶山に近い三瓶小豆原埋没林の埋没直下土壌の微粒炭を調べたときのことである。その埋没林は，ス

ギの大木を中心とした林が，約4000年前の三瓶山の火山活動により埋没したもので，筆者が調べた埋没直下と見える黒色土壌上層部，約20 cmの土壌各層からは，スギの小枝の材と樹皮が燃えてできたと思われる微粒炭が高い割合で見つかった[105]。

その黒色土壌の最上層部と最下部の土壌の年代を測定したところ，その最上層部と最下部の年代は，それぞれ4150 ± 40 yrBPと4160 ± 50 yrBP（ともにδ ^{13}C補正年代），較正暦年代は2880 calBC～2620 calBCとBC2886 calBC～2587 calBCであった［Beta-184769, Beta-184770］。この測定結果は，2003年の島根県の報告書に間に合わなかったため，ここで初めて記すものであるが，この黒色土壌の最上層部と最下部の年代がほぼ同じと考えられること，またその付近でのボーリング調査によると，同様な黒色の有機質土壌の見られる地点は限られている[106]ことから，その黒色の土層は火山活動など何らかの要因による付近の杉林の火災でできた微粒炭が短期間に集積したものである可能性があるように思われる。また，その年代測定値が正しければ，その値は，埋没林が埋没したとされる年代よりも数百年溯るため，埋没林より前のスギを中心とした林が燃えたということになる。それはともかく，樹木起源の微粒炭を中心にした黒色土もあることを，筆者はそのときに初めて認識した。

その後，筆者の郷里の微粒炭分析を行ったとき，大ヶ山という山の比較的平坦な山頂付近における黒ボク土の微粒炭分析の結果，おそらくスギと思われる針葉樹起源の微粒炭が，やや高い割合で連続的に出現する層が多く見られたことがあった[107]。筆者の微粒炭分析の件数は，まだ決して多くないにもかかわらず，このような例が複数あることから，木本植物の割合が高い黒ボク土も存在することは間違いないと思われる。しかし，これまでの筆者の微粒炭分析の結果でも，またこれまでの黒ボク土についての他者の微粒炭などをもとにした研究でも，黒ボク土は概して草原起源の土壌と考えられている[108][109]など。

これまでの多くの研究によると，そうした黒ボク土が生成され始めた年代は，一部に2000年前よりも新しいところもあるが，数千年から1万年前に溯るところが多いと考えられる。こうして，少なくとも国土の約17パーセント（面積約6.5万km^2）を占める黒ボク土地帯の多くのところが，かつてそうした長い歴史のある草原地帯であったということになる。

2) 黒ボク土地帯でない所に草原がどの程度あったのか

　黒ボク土地帯には，かつて長期にわたり草原が広がっていたところが多いと考えられるが，そうした黒ボク土地帯以外にも，かつて広大な草原が見られたところが少なくなかったものと思われる。たとえば，明治期の地形図を見ると，中国地方の西部，山口県のあたりにも，ススキ草原である場合が多い「荒地」の記号が広く見られ，そのあたりにも広大な草原が多かったことがわかる。今でも，その一部には秋吉台の草原があり，その名残が見られるが，秋吉台のあたりも含め，かつて広大な草原が見られたところに黒ボク土はほとんど見られない[110]。また，やはり明治期の地形図によると，四国南西部では，足摺岬北方数十 km のかなり広い範囲にわたり，草原が広がるところが多かったことがわかるが，そのあたりにも黒ボク土はわずかしか見られない。また，それは九州の佐賀県北部のあたりも同様である。あるいは，筆者の郷里の中国山地東部も，かつて草原の広がるところがかなり多く見られたところであったが，そのかつての草原の広がりに比べると，土壌図に記された黒ボク土の部分はかなり小さい。

　これらのことからだけでも，かつての日本の草原は，今日見られる黒ボク土地帯の面積を大きく上まわるものであったものと考えられる。黒ボク土は，かつては単に火山灰土の一種と考えられていたように，火山灰が多く含まれることが多い土壌であるため，土壌の母材に火山灰が多く含まれていない場合などは，長く草原の植生が続いても，黒ボク土が生成されないものと思われる。実際，筆者の

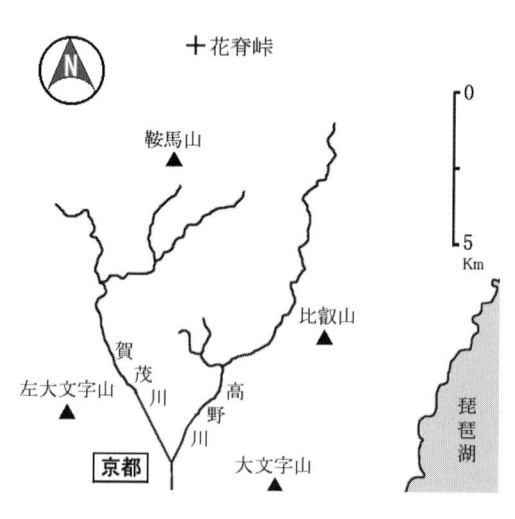

図 12　花脊峠付近の位置
（上部の＋印）

微粒炭分析の経験からも，黒ボク土とは呼べない淡色の土壌からも，比較的多くの微粒炭が検出されたことがある。

たとえば，京都市の北方，鞍馬の北に位置する花脊峠付近の非黒色土壌からも草原起源と思われる微粒炭が比較的多く検出された[111)][112)]（図12）。その付近は，いわゆる黒色土地帯ではないが，一部に黒色の土壌が見られるところで，その付近の黒色土と非黒色土に含まれる微粒炭を調べたところ，非黒色土にも黒色土中に含まれる程度の量の微粒炭が連続的に検出された。そのことから，その付近もかつては草原的植生が長期にわたり広がっていた可能性が高い。

なお，その花脊峠付近の微粒炭分析では，微粒炭が多く検出されるようになる年代が，非黒色土よりも黒色土の方が数千年古いという年代測定結果が出ている。それらの非黒色土の場所と黒色土の場所は，数十mほどしか離れていないことから，非黒色土では，何らかの要因で微粒炭が蓄積され始める年代が，かなり遅くなった可能性が高い。その原因が，もし非黒色土の場所の地滑りかそれに類したものであれば，それは何も不思議ではないが，もしそれとは違う要因であれば，非黒色土で微粒炭が増え始めた年代を考えるには，^{14}C年代だけを知るのでは不充分ということになる。この点についても，さらなる研究が必要である。

そのように気になる点もあるとはいえ，現在黒ボク土地帯でないところでも，かつては草原が広がるところが少なくなかったのは，疑いないところである。土壌中に含まれる火山灰が少ないなどの理由で，かつて草原が長く続いたにもかかわらず，黒ボク土が生成されなかったところの面積はかなりのものになると思われる。また，場所や地域によっては，地形などの関係で黒ボク土が生成されても，それが自然に流出してしまったところもあるであろう。あるいは，近畿地方など古くから人口密度の高かった地域では，黒ボク土を含む表層の土壌が採取されたり，強度な地掻きなどの人為的影響によって土壌が流出してしまったりしたところもあるのではないかと思われる。そのようなところがどの程度あるかについては，微粒炭分析のための基礎的研究をもう少ししっかりとしたものにしつつ，古土壌が残っている所での微粒炭分析を数多く行うことなどにより，かなり明らかになるのではないかと思われる。

3）縄文時代から広大な草原が存在した理由

ところで，かつて農業との関係で草原が多く必要であったことは先に述べたが

(4.1.5)，草原が農業のために必要とされなかったと思われる縄文時代にも，少なからぬ草原が存在し，おそらくそれが人によって長く維持されていたことの正確な理由を知ることは難しい。しかし，たとえば九州の阿蘇では，カルデラ西側の下野(しもの)一帯において，中世の頃，「下野の狩」として知られる大規模な狩神事が行われていたが，それは草原への火入れを伴うものであったことが，それについて記した古文書から確認できる[113]。そうしたことから，さらに古い時代にも，野を焼くことにより狩が行われていたことも考えられる。また，肥料を使わない焼畑農業であっても，農作物への獣害を防ぐために，おそらく獣の数をコントロールする必要もあったのではないかと思われる。あるいは，ワラビやゼンマイなどの山菜確保のために，草原が必要であった面もあるのかもしれない。

一方，フィリピンに何年か滞在していた友人から，現地の人が乾期に草原に火を入れるので，なぜそうするのか尋ねたところ，明確な答えは得られなかったという話を聞いたことがある。人間は森林も必要とするが，見通しのよい草原的な環境を好む面もある。草原の草が枯れて乾燥した時期には，広大な草原でも簡単に燃やし尽くしてしまうことができ，それによって草原が森林に遷移することなく維持できることから，火山周辺などで縄文時代から草原が存在していたところでは，特別な意識もなく（しかし，それはさまざまな効用も生んだのだが···）それが維持されてきたということもあったかもしれない。

註

1) 湯本貴和 編，佐藤宏之・飯沼賢司 責任編集『野と原の環境史 日本列島の三万五千年―人と自然の環境史2』文一総合出版, 2011
2) 須賀丈・岡本透・丑丸敦史『草地と日本人 日本列島草原1万年の旅』築地書館, 2012
3) 農林水産省大臣官房統計部編『第85次農林水産省統計表』農林水産省大臣官房統計部, 2011
4) 総務省統計研修所編『第六十回日本統計年鑑』日本統計協会, 2011
5) 大迫元雄『本邦原野に関する研究』日本林業技術協会, 1937
6) 小椋純一『植生からよむ日本人のくらし』雄山閣出版, 1996
7) 小椋純一『絵図から読み解く人と景観の歴史』雄山閣出版, 1992
8) 小椋純一「明治中期における京都府南部の植生景観」『京都府レッドデータブック下』京都府企画環境部環境企画課，口絵9～11本文354-371, 2002
9) 林野庁経済課『林野面積累年統計』林野庁経済課, 1971
10) 髙島得三「造林ノ目的」『大日本山林会報告』第17号，278-282, 1883
11) 千島列島の総面積（104万ha）を考えると，全国土面積の数字は，むしろ実際よりもやや

第 4 章 草原の歴史　　　　　　　　　251

小さいということになる。
12) 林野庁『国有林野事業累年統計書』林野庁，1969
13) 森林と原野の区分はされていない。
14) 土屋俊幸「山村」『日本村落史講座 3 景観 II』(日本村落史講座編集員会)，181-197, 雄山閣出版，1991
15) 北海道大学附属図書館編『明治大正期の北海道』北海道大学図書刊行会，1992
16) 所三男『近世林業史の研究』吉川弘文館，1980
17) 水本邦彦『草山の語る近世』山川出版社，2003
18) 船津伝次平・澤田駒次郎「質疑応答　秣及肥草生地積ノ答」『大日本山林会報告』第 15 号，162，1883
19) 中堀謙二「肥料が変えた里山景観」『森林サイエンス』(信州大学農学部森林科学研究会編)，川辺書林，37-58，2003
20) 上記註 17
21) 佐竹昭「広島藩沿海部における林野の利用とその「植生」」『海と風土』(地方史研究協議会編)，雄山閣出版，231-255，2002
22) 上記註 7 など
23) 本書 I 部 2.4.1
24) 上記註 14
25) 本書 I 部 2.5.2
26) 『火入ニ関スル事例』の記述の中には，火入れにより，地力が甚だしく衰退するなどといった誤った記述も散見される。それは，その書が火入れ廃止を目的としていることと大いに関係しているように思われる。
27) 古島敏雄『日本林野制度の研究』東京大学出版会，1955
28) 京都市『京都の歴史　第 5 巻』京都市史編さん所，1972
29) 上記註 7 など
30) 山野井徹「黒土の成因に関する地質学的検討」『地質学雑誌』102，526-543，1996
31) Umbanhowar, C.E., Jr and McGrath, M.J. 「Experimental production and analysis of microscopic charcoal from wood, leavesand grasses」『The Holocene』8，341-346，1998
32) 花粉分析において微粒炭の量的変化を把握することは，日本ではかつてあまり行われていなかったが，近年ではかなり増えてきている。
33) Tanner, H.G. 「The identification of Norit and other wood charcoals」『Industrial Engineering Chemistry』17，1191-1193，1925
34) Paulssen, L.M. 『Identification of active charcoals and wood charcoals』Universitetsforlaget (Oslo)，1964.
35) Orliac, C. 「The woody vegetation of Easter Island between the early 14th and the mid-17th centuries AD」『Easter Island Archaeology and Research on Early Rapanui Culture』(CM. Stevenson and W. S. Ayres, eds.)，211-220，2000
36) Wooller M. J. et al. 「Late Quaternary vegetation changes around Lake Rutundu, Mount Kenya, East Africa」『Journal of Quaternary Science』18 (1)，3-15，2003
37) 上記註 31
38) ミクロとマクロのサイズの定義は研究者によってやや異なるが，100 μm (0.1mm) がその

境にされることが多い。
39) 小椋純一「微粒炭の形態と母材植生との関係 (1)」『京都精華大学紀要』第 17 号, 53-69, 1999
40) Clark, J.S.「Particle motion and the theory of charcoal analysis: source area, transport, deposition and sampling」『Quaternary Research』30, 67-80, 1988
41) 小椋純一「微粒炭の形態と母材植生との関係 (2)」『京都精華大学紀要』第 19 号, 45-64, 2000
42) 上記註 39
43) 上記註 41
44) 小椋純一「微粒炭の形態と母材植生との関係 (3)」『京都精華大学紀要』第 20 号, 31-50, 2001
45) 小椋純一「深泥池の花粉分析試料に含まれる微粒炭に関する研究」『京都精華大学紀要』第 22 号, 267-288, 2002
46) 小椋純一・山本進一・池田晃子「微粒炭分析から見た阿蘇外輪山の草原の起源」『名古屋大学加速器質量分析計業績報告書』XⅢ, 236-239, 2002
47) 小椋純一「三瓶小豆原埋没林埋没土壌の微粒炭分析」『三瓶埋没林調査報告書Ⅲ』(島根県環境生活部景観自然課編), 90-98, 2003
48) 小椋純一「燃焼温度の違いによる微粒炭の形態変化について」『京都精華大学紀要』第 25 号, 247-266, 2003
49) 小椋純一「心御柱発掘坑における微粒炭分析」『出雲大社境内遺跡』(大社町教育委員会編), 385-389, 2004
50) Jones, T.P., Scott, A.C. and Cope, M.「Reflectance measurements and the temperature of formation of modern charcoals and their implications for studies of fusain」『Bulletin of the Geological Society of France』162, 193-200, 1991
51) 上記註 39, 44 ～ 49
52) Enache, M.D. and Cumming, B.F.「Tracking recorded fires using charcoal morphology from the sedimentary sequence of Prosser Lake, British Columbia, Canada」『Quaternary Research』65, 282-292, 2006
53) 島地謙・伊東隆夫『図説木材組織』地球社, 1982
54) 佐伯浩『木材の構造』日本林業技術協会, 1982
55) Watson, L., Dallwitz, M.J.『The Grass Genera of the World』C.A.B. International, 1992
56) 上記註 45 ～ 47, 49
57) 上記註 48
58) 微粒炭のタイプ分けについては,そうすることによるメリットがある一方で,数はさほど多くないことが多いものの,充分客観的に分類しにくい微粒炭が存在するという問題もある。
59) Bryden, M., Hagge, M.G.「Modeling the combined impact of moisture and char shrinkage on the pyrolysis of a biomass particle」『Fuel』82 (13), 1633-1644, 2003
60) Kurosaki, F., Ishimaru, K., Hata, T., Bronsveld, P., Kobayashi, R. and Imamura, Y.「Microstructure of wood charcoal prepared by flash pyrolysis」『Carbon』41, 3057-3062, 2003
61) 上記註 47
62) 上記註 46

63）上記註 48
64）上記註 45
65）藤田昇・遠藤彰 編『京都深泥池 氷期からの自然』京都新聞社，1994
66）深泥ケ池団体研究グループ「深泥ケ池の研究（1），（2）」『地球科学』30，15-38，122-140，1976
67）中堀謙二「深泥池の花粉分析」『深泥池の自然と人 深泥池学術調査報告書』（京都市）163-180，1981
68）Sasaki N. & Takahara H.「Late Holocene human impact on the vegetation around Mizorogaike Pond in northern Kyoto Basin, Japan: a comparison of pollen and charcoal records with archaeological and historical data」『Journal of Archaeological Science』38（6），1199-1208，2011
69）上記註 45
70）元の小論は，画質は悪いが，下記 URL で見ることもできる。
http://www.kyoto-seika.ac.jp/event/kiyo/pdf-data/no22/ogura.pdf
71）中堀氏は試料処理の過程で 177μm のメッシュで大型ゴミを除去しているため，最終的に処理された試料中には，長さが 100μm 以上の微粒炭も多く含まれている。
72）炭は花粉分析で使用されるアルカリや酸などの薬品に対して耐性が強く，それらによる処理の後にも残る。
73）中堀氏から提供いただいた試料のうち，3 点の C14 年代測定を加速器分析研究所に依頼して行った。そのうち，深さ 477 cm の試料の年代は約 1 万年前（較正暦年代：IAAA-40588），また深さ 543 cm の試料の年代は約 9 千年前（較正暦年代：IAAA-40589）であった。おそらく何らかのかく乱により，浅い層の年代の方が古いという測定結果であったため，図 6 では，2 つの試料の深さの中間点を「9500 年前？」とした。なお，もう 1 点の試料は，花粉分析でマツが増加し始める深さ 258 cm の地点のもので，その年代は西暦 236 〜 414 年（較正暦年代：IAAA-40587）という結果であった。
74）島地謙・林昭三・伊東隆夫「木材，北白河追分遺跡の発掘調査」『京都大学構内遺跡調査年報 昭和 59 年度』（京都大学埋蔵文化財調査センター），32-38，1987
75）千葉豊・矢野健一「京都盆地縄文時代遺跡地名表」『先史時代の北白川』（京都大学文学部博物館），80 − 82，1991
76）Tsukada M.「Glacial and Holocene vegetation history: Japan」『Vegetation History』（Kluwer Academic Publishers），459-518，1988
77）井上淳・高原光・吉川周作・井内美郎「琵琶湖湖底堆積物の微粒炭分析による過去約 13 万年間の植物燃焼史」『第四紀研究』40，97-104，2001
78）井上淳・高原光・千々和一豊・吉川周作「滋賀県曽根沼堆積物の微粒炭分析による約 17000 年前以降の火事の歴史」『植生史研究』13，47-54，2005
79）上記註 46
80）微粒炭のタイプ分けについては，試行錯誤を重ねていることもあり，上記の微粒炭分析のための基礎，深泥池の微粒炭分析と阿蘇の微粒炭分析ではタイプの分け方が，それぞれ少し異なっている。
81）この判断は，元は上記註 39，41，44 によるものであったが，後の上記註 48 の研究などから，より確かと思われる。
82）^{14}C をもとにして測定した年代（BP 年代）は，実際の年代と誤差があるため，年代が正確

にわかる樹木の年輪年代などとの照合により較正した実際の年代が，較正年代，あるいは暦年代である．その較正結果を西暦で示す場合は，「calBC」（紀元前）あるいは「calAD」と記す．

83) 大滝典雄『草原と人々の営み　自然とのバランスを求めて』一の宮町（熊本県），1997
84) 宮縁育夫・杉山真二「阿蘇カルデラ東方域のテフラ累層における最近約3万年間の植物珪酸体分析」『第四紀研究』45, 15-2, 2006
85) 宮縁育夫・杉山真二「阿蘇火山南西麓のテフラ累層における最近約3万年間の植物珪酸体分析」『地学雑誌』Vol.117 No.4, 704-717, 2008
86) 宮縁育夫・杉山真二・佐々木尚子「阿蘇カルデラ北部，阿蘇谷千町無田ボーリングコアの植物珪酸体および微粒炭分析」『地学雑誌』Vol.119 No.1, 17-32, 2010
87) Miyabuchi Y., Sugiyama S, Nagaoka Y.「Vegetation and fire history during the last 30,000 years based on phytolithand macroscopic charcoal records in the eastern and western areas of Aso Volcano, Japan」『Quaternary International』in Press, doi:10.1016/j.quaint.2010.11.019
88) 佐々木章・佐々木尚子「植物珪酸体と花粉，微粒炭からみた阿蘇・くじゅう地域の草原と人間活動の歴史」『野と原の環境史　日本列島の三万五千年—人と自然の環境史2』（文一総合出版），169-182, 2011
89) 長谷義隆「堆積物が語る環境変遷」『野と原の環境史　日本列島の三万五千年—人と自然の環境史2』（文一総合出版），83-100, 2011
90) Kawano T., Sasaki N., Hayashi T., Takahara H.「Grassland and fire history since the late-glacial in northern part of Aso Caldera, central Kyusyu, Japan, inferred from phytolithand charcoal records」『Quaternary International』in Press, doi:10.1016/j.quaint.2010.12.008
91) 上記註85
92) 上記註84
93) 上記註90
94) 上記註48 など
95) 上記註48
96) 小椋純一「微粒炭の母材植物特定に関する研究」『植生史研究』(15) 2, 85-95, 2007
97) 小椋純一「岡山県北部中国山地における微粒炭分析 (1)」『第22回植生史学会大会要旨集』, 2007
98) 小椋純一「花脊峠付近における微粒炭分析 (1)」『日本第四紀学会講演要旨集』39, 124-125, 2009
99) 山野井徹「黒色土の成因に関する地質学的検討」『地質学雑誌』102 (6), 526-544, 1996
100) 鳥居厚志・金子真司・荒木誠「近畿地方の3地点の黒色土の生成，とくに母材と過去の植生について」『第四紀研究』37 (1), 13-24, 1998
101) 佐瀬隆・細野衛「植物ケイ酸体と環境復元」『土壌を愛し，土壌を守る：日本の土壌，ペドロジー学会50年の集大成』（博友社），335-342, 2007
102) 岡本透「土壌に残された野火の歴史」『信州の草原　その歴史をさぐる』（ほおずき書籍）23-46, 2011
103) 金子真司「関西地域の森林土壌 (4)　黒色土」『森林総合研究所関西支所研究情報』No.67, 4, 2003
http://www.fsm.affrc.go.jp/Joho/67/p4a.html （2012.2.12 最終確認）
104) 農業環境技術研究所「土壌分類解説　黒ボク土」

http://agrimesh.dc.affrc.go.jp/soil_db/explain_03.phtml（2012.2.12 最終確認）
105）上記註 47
106）島根県環境生活部景観自然課編『三瓶埋没林調査報告書Ⅱ』島根県環境生活部景観自然課，2002
107）上記註 97
108）河室公康・鳥居厚志「長野県黒姫山に分布する火山灰由来の黒色土と褐色森林土の成因的特徴」『第四紀研究』25（2），81-98，1986
109）石塚成宏・河室公康・南浩史「黒色土および褐色森林土腐植の炭素安定同位体分析による給源植物の推定」『第四紀研究』38（2），85-92，1999
110）菅野均志「読替えデジタル日本土壌図」
http://www.agri.tohoku.ac.jp/soil/jpn/images/new-soil-map-j.pdf（2012.2.12 最終確認）
111）小椋純一「花脊峠付近における微粒炭分析（2）」『日本生態学会第 57 回全国大会講演要旨集』P1-280，2010
http://www.esj.ne.jp/meeting/abst/57/P1-280.html（2012.2.12 最終確認）
112）Ogura J.「Where had charcoal fragments gone? Or not burnt? : Questions from charcoal analyses around the Hanase Pass, Kyoto, Japan」『ⅩⅧ INQUA Congress Abstract Details』2150，2011
113）飯沼賢司「火と水の利用からみる阿蘇の草原と森の歴史」『野と原の環境史　日本列島の三万五千年　―人と自然の環境史 2』（文一総合出版），183-199，2011

▶第5章

鎮守の森の歴史

　今日，鎮守の森（神社林・社叢[1]）には，ふつうの森林には見られない珍しい樹木や巨木などがしばしば存在する。関東や関西地方の低地部を含む日本南部における典型的な鎮守の森は，常緑広葉樹林（照葉樹林）であり，それは古くから人の手があまり入ることなく続いてきたものと考えられることが多い。下記の本の記述も，そのような考えに基づくものである。

　「入らずの森」にはどんな木があるの？

　　ツバキの葉っぱを想像してください。葉っぱは大きくて，厚ぼったくて堅いでしょう。こういう葉っぱの木は，冬になっても青々としています。逆にいえば，寒い冬にも葉っぱが枯れないために葉っぱを厚ぼったく堅くした，といえるでしょう。
　　これらの木は，落葉樹や針葉樹ではなく常緑広葉樹ですが，日本にあるそれは，葉っぱの表面がテカテカと光っているので，とくに照葉樹といいます。昔から日本に多かった植生です。寒い冬にも枯れないので，針葉樹などとどうよう，その多くが「聖樹」として尊ばれました。鎮守の森などはたいていこの照葉樹でした。こういった木は，ツバキのほかにカシ，シイ，クスノキなどがあります。亜熱帯から暖帯にかけて多い樹木です。
　　しかし，今日，薪炭や建築用材などを確保するために，第二次大戦後，とくに昭和40年ごろから，日本の山々にスギやヒノキなどが多く植えられるようになって，いまでは照葉樹は，鎮守の森以外にはあまり見られなくなりました。したがって，いまとなっては「入らずの森」の木は大切なものとなったのです。

　　　　　　　　　　　　　　『探求「鎮守の森」』上田正昭編（2004）より

第5章 鎮守の森の歴史

　しかし，明治期以降の文献，地形図，写真をもとにした考察からも，そうした通念は誤ったものであると考えられる。たとえば，関東地方の社寺林の明治前期における状況については，初期の近代的地形図『迅速図』の測図と同時に作成された『偵察録』の記述からも知ることができる。それによって，その神社の植生に関する多くの記述から，明治初期における関東地方の神社の森には，大木や老木がしばしば見られたものの，その樹種はマツ，スギ，ヒノキが中心であり，カシやシイやクスノキなどの照葉樹は多くなかったことがわかる[2]。あるいは，鎌倉の鶴岡八幡宮や京都の八坂神社など，古い写真が残る神社についてのいくつかの検討例からは，それら神社の森のかつての植生は主にマツやスギである場合が多く，常緑広葉樹の森が多い今日とは大きく異なっていたことがわかる[3][4][5]。また，明治後期の地形図（正式2万分1）をもとに，滋賀県の神社周辺のかつての植生を考察した研究では，針葉樹が中心の森をもつ神社が多かったと考えられている[6]。

　一方，明治期よりも前の神社の植生についてわかる例もある。たとえば，東京都府中市にある大国魂神社については，文化12（1815）年の社叢調査の詳しい記録などが残されており，たとえば文化年間の調査時には，その神社の樹木の8割近くがスギであったこと，また本殿裏にはケヤキが多かったことがわかる[7]。また，大阪府豊中市の春日神社の森は，今はシイの木が多い林となっているが，江戸時代にはマツ林であったことが文献や絵図からわかる[8]。あるいは，古い絵図類が多く残る京都の八坂神社では，それらの絵図類の考察から，江戸中期から晩期にかけては，マツやスギが中心の植生であり，今日のクスノキを中心とした植生とは，やはり大きく異なっていたものと考えられる[9]。また，さらに時代を遡る鎌倉期などでは，資料は少ないものの，残された絵図などから，スギがその神社の重要な樹木となっていたと考えられる[10]。また，島根県の出雲大社では，同じく鎌倉時代の絵図の描写などから，その時代にケヤキなどの落葉広葉樹が本殿付近の重要な樹木として多く存在していたものと考えられる[11]。

　以上は，1990年代から2006年までに論文などとして出された神社林の植生に関する研究のうち，筆者が把握しているものの要点をまとめたものである。その後，筆者は古写真や絵図類を中心的資料として，より多くの神社林について検討してみたが，やはりかつての神社林で照葉樹林であったところは一般的ではなかったと考えられる[12]。

本章は，神社林の植生の歴史や現状に関する筆者のこれまでの研究を中心にまとめるものであるが，最後に，明治以降神社林が大きく変化してきた背景についても述べてみたい。

5.1 『偵察録』に見る明治前期における関東地方の鎮守の森

明治10年代に関東地方を測図した迅速図には，植生も比較的詳しく記されてはいるが，鎮守の森については，その面積がさほど大きくないところが多いこともあり，そこに存在した樹種を確認できないところが多い。また，地形図上に鎮守の森の樹種が記されていたとしても，そこに記された樹種がどれほどの割合あり，他の樹種はどのようなものがどの程度あったのか，あるいはそこにあった木々の大きさについては知ることはできない。

一方，迅速図の作成と併せて，それを補完する目的で作成された記録である『偵察録』[13]は，本書第Ⅰ部第2章でも述べたように，それぞれの地の人々のくらしや森林の樹高など，地形図では読み取ることができない情報が多く記されている。神社林についても，そこに存在した木々の樹種やその大きさなどが具体的に記載されているものがいくつもある。『偵察録』の記述の詳しさは，測図区域により大きな違いがあり，そのような記述があるところは限られているが，それでもそれは明治前期における関東地方の神社林の植生景観を考えるうえで大いに参考になるものである。

表1は，そうした『偵察録』に記された神社林についての記述をまとめたものである。そこにまとめたものは，筆者が1990年代に関東地方の明治前期の植生景観を考えていたときに，『偵察録』から神社林について記されたものを拾い出したものである。若干の漏れはあるかもしれないが，恣意的に，たとえばある種の樹木が多い神社林の記述を集めたようなものでは全くない。

表中の記述には，「官林」の文字が散見されるが，『偵察録』が作成された明治10年代の頃，神社林には，明治初期の上地令で官林となったばかりのところが多く存在した。そのこともあり，『偵察録』の記録者にとっては，神社所有の神社林と旧神社林の官林との区別が容易でない場合も多かったものと思われる。No.6の「（官林或ハ社付）」《8・F》の記述は，そうした状況を反映したものと思われる。なお，表の各記述の最後にある《》記号は，第2章と同様，対象区域内の位置を示すものである（p.86参照）。

第5章 鎮守の森の歴史

表1 『偵察録』に記された明治10年代における関東地方の神社林

No.	神社林に関する『偵察録』の記述
1	「浅間社ノ森林ハ廣袤甚夕大ナラサルモ樹木隠蔽シ近隣開敞セルヲ以テ…」《2・C》
2	「府中六所社境内ニハ杉木ノ良木繁茂シ蓋シ大樹林ノ名称ヲ付与スルモ可ナラン然レトモ甚廣カラス」《6・I》
3	「江ノ島ハ数百年ノ老木梢ヲ交ヘ遠ク是ヲ望メバ欝トシテ空地無ガ如シ」《6・M》
4	「耕地雑林相混シ…(中略)…雑林繁茂シアルモ重ニ薪用ニ供スル楢樹等ノ樹木タリ又大樹アルモ多ク社寺家ヲ包囲スルモノ或ハ路傍正列樹木ニ過サルノミ」《7・I, 8・I》
5	「高石村熊野社ノ周囲ニ松林アリ中央ニ卓立スル大松アリ…(中略)…其他神社仏閣ノ周囲ニ大樹アリト雖モ皆狭小ニシテ一々記スルヲ要セス」《7・J》
6	「北足立郡川田村近傍神社佛閣ノ周囲ニ存スル立木(官林或ハ社付)ハ杉檜等ニシテ上等ノ木材(周囲五尺上ノ杉多シ)多シ然リト雖モ其廣サ大底少許ニシテ林中ノ形況ヲ記ス可キモノナシ」《8・F》
7	「各寺院並ニ神社境内ニ僅カノ杉林或ハ松木アリト雖モ誠ニ僅少ニ過ス」《8・H》
8	「下練馬村氷川社境内並ニ上板橋氷川社境内僅カニ大木ヲ存ス太サ三米突ヨリ三米突五十二至ル松杉アリ」《9・H》
9	「樹林ハ著シキ者無シ…(中略)…森ハ神社佛閣ノ周辺ニアリ大ナル者久伊豆神社ノ松森ヲ最大トス其他大小異ニシテ著シキ森ナシ」《10・G》
10	「(一二ノ社寺中松樹林ノ有ルモ)森林ト称スベキ者一モ無シ」《10・H》
11	「大日社ハ一凸所ニ在リ(此社ノ松樹国道ヨリ見ルヲ得ヘシ)」《13・F》
12	「此地方大概私林多シテ官林少シ即チ大鹿村琴平神社所有ノ地数丁間官林ニシテ大松樹繁茂シ数小林道アリ交通ニ便ナリ」《13・G》
13	「森林…(中略)…大樹アルハ社寺ノ境内等ニシテ又面積ハ最少ナシ」《13・K》
14	「官林　概ネ狭少…(中略)…他ハ皆神社仏閣ニ属シ悉ク風致林ナリ」《15・K》
15	「香取村香取神社々内ニ数百年ヲ経タル古杉林アリ」《17・G, 18・G》
16	「官林　長者町北端ニ天神社アリ境内廣ク松樹林アリ羅列ス而シテ殆ンド百年生位ナリ」《17・M》
17	「社閣ノ周囲ニ松杉檜等ノ喬木林アリ就中南中村ノ日本寺飯高村ノ飯高寺ノ森林ノ如キハ其大ナルモノナリ」《18・H》
18	「官林ハ神社ノ側ニアル小林ノミ而シテ樹種ハ概ネ杉松等ノ喬木ナリ」《18・I》
19	「鹿嶋神社ノ周囲ニ松杉ノ大ナル者少シク植生シ其他稚樹ノミ」《19・F, 20・F》

《・》は位置を示す。p.86 参照。

表1にまとめた『偵察録』の記述から，明治10年代の頃，関東地方の神社には，「良木」《6・I》，「大樹林」《6・I》，「老木」《6・M》，「大樹」《7・I, 8・I》《13・K》，「上等ノ木材」《8・F》，「大木」《9・H》，「喬木」《18・I》などと表現されるような大きな樹木が存在する場合が多かったことがわかる。その具体的な樹齢としては，「数百年」《6・M》《17・G, 18・G》，「殆ンド百年生位」《17・M》といった記述も見られる。

ただ，「浅間社ノ森林ハ廣袤甚夕大ナラサル」《2・C》，「其他神社仏閣ノ周囲ニ大樹アリト雖モ皆狭小」《7・J》，「其廣サ大底少許」《8・F》，「各寺院並ニ神社境内ニ僅カノ杉林或ハ松木アリト雖モ誠ニ僅少ニ過ス」《8・H》，「森林ト称スベキ者一モ無シ」《10・H》，「大樹アルハ社寺ノ境内等ニシテ又面積ハ最少ナシ」《13・K》，

「官林ハ神社ノ側ニアル小林ノミ」《18・I》といった記述に見られるように，神社林の面積は，旧神社林の官林を含めても大きなものは少なく，一般に樹木数もさほど多くはなかったものと考えられる。

また，神社林の樹種については，「杉木」《6・I》,「松林」《7・J》,「杉檜等」《8・F》,「杉林或ハ松木」《8・H》,「松杉」《9・H》,「松森」《10・G》,「大松樹」《13・G》,「古杉林」《17・G，18・G》,「松樹林」《17・M》,「松杉檜等」《18・H》,「概ネ杉松等」《18・I》,「松杉」《19・F，20・F》との記述から，その主な樹種はマツとスギが中心であったことがわかる。また，マツとスギの他には具体的な樹種としてはヒノキの名前しか見られない。

こうして，明治10年代の頃，関東地方の社寺林の樹種はマツやスギやヒノキといった針葉樹が中心であり，そこにはそれらの老大木が見られることが多かったと考えられる。それは，今日のようにシイやクスノキなどの照葉樹の茂ることの多いものとは大きく異なるものである。

5.2　八坂(やさか)神社境内の植生景観の変遷

京都の四条通りを東に突きあたったところに位置する八坂神社は，旧官幣大社で，元は祇園社(ぎおんしゃ)あるいは祇園感神院(ぎおんかんしんいん)と称し，明治維新に伴う神仏分離後，現在の名称に改称された[14]。その神社の歴史は，少なくとも平安時代に溯り，神社には古文書や古絵図なども多く残っている。また，同神社は，京都の重要な名所でもあったことから，名所図会などでは欠かせない対象であり，そこを描いた絵図類や明治期などの古い写真も少なくない。そうした史資料から，八坂神社境内の植生景観の変遷を知ることができる。

5.2.1　植生景観の現状とその特徴

八坂神社のかつての植生景観を考える前に，その近年の状況を確認しておきたい。2001年に行った八坂神社境内における植生調査によると，対象とした胸高直径10 cm以上の樹木の総数は470本，樹種は51種であった。その概要は，八坂神社の樹木分布図（図1），樹種別個体数（図2），樹種別平均直径（図3）に示す通りである。そのうち図1の八坂神社の樹木分布図は，色などで樹種を示し，またそれぞれの樹木の大きさを5段階の円などで示したものである。近年における八坂神社の植生の主な特徴として，次のような点を挙げることができる。

第 5 章 鎮守の森の歴史

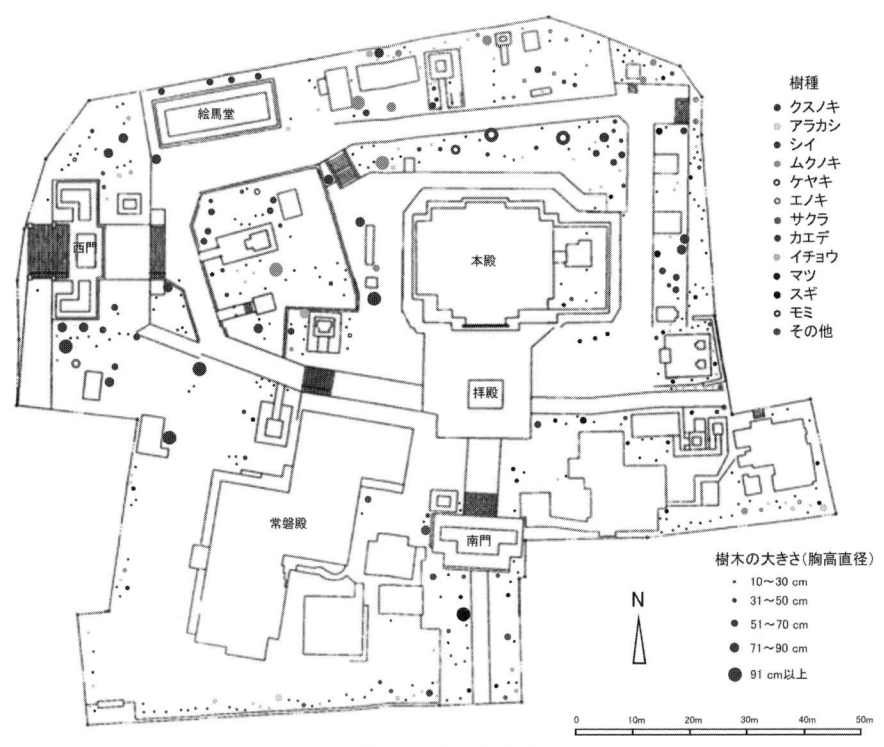

図1 八坂神社の樹木分布（2001 年）
カバー裏のカラー図も参照。

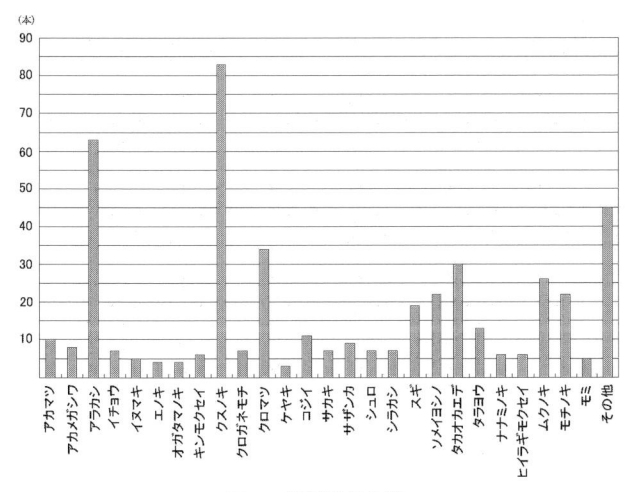

図2 樹種別個体数

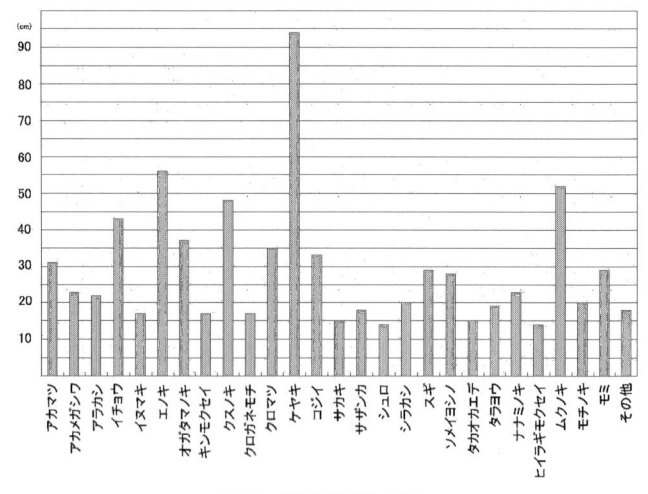

図 3　樹種別平均直径

1）クスノキなどの常緑広葉樹中心の森

八坂神社境内では，近年ではクスノキなどの常緑広葉樹の割合がかなり大きく，総樹木数の約 6 割を占める。そのうちクスノキはとくに多く，本殿の西側では胸高直径が 50 cm を超えるものが多く見られ，また胸高直径が 90 cm 以上のものも 3 本ある。クスノキは境内西方に多く見られる他，本殿の北側や東側にも少なくない。こうして，クスノキは境内の南部を除き，八坂神社境内の主要な樹種となってきている。

また，クスノキに次いで多いアラカシもクスノキと同様に常緑広葉樹であり，その 2 種だけを合わせても総樹木数の約 3 割を占める。境内には他にもコジイ，サカキ，シラカシ，タブノキなどの常緑広葉樹が見られる。

2）大幅に減少したマツ

一方，後述のように，かつて八坂神社境内には針葉樹のマツが多かったが，近年ではクロマツとアカマツを合わせても，境内の総樹木数の 1 割にも満たない。ただ，マツは南方の参道付近や本殿の南東側などの人目につきやすいところにあるため，境内ではその数字以上に存在感は残っている。また，針葉樹中に占めるマツの割合は高く，境内の針葉樹の約 7 割がマツである。ただ，マツの胸高直径

は50 cmまでのものがほとんどであり，樹齢100年を超える古木は少ないものと思われる。

なお，スギはマツに次いで多い針葉樹で，総針葉樹の約4分の1を占める。その他の針葉樹としては，モミ，イヌマキ，ヒノキなどがある。

3）少ない落葉広葉樹（なかには境内で最大の樹木，ムクノキなども）

今日の八坂神社境内の植生のなかで，落葉広葉樹の占める割合は小さい。境内の落葉広葉樹としては，アカメガシワ，イチョウ，ウメ，エノキ，ケヤキ，ソメイヨシノ，タカオカエデ，ムクノキ，ヤマザクラなどがある。それらのなかには，ソメイヨシノやウメなどのように明らかに植樹されたと思われるものが多い。

一方，ケヤキやムクノキなど，自生の可能性も考えられる落葉広葉樹もある。そのうちケヤキは本殿のすぐ北側の樹林地に大木が3本あり，そのあたりの主要な樹木となっている。また，本殿の西方，疫神社と大国社の間の斜面上にあるムクノキは，境内で最大の樹木である。ムクノキは落葉広葉樹のなかでは数が比較的多く，境内の北側にはやや高い密度で見られるところもある。また，エノキは数が少ないが，西門の南にはムクノキに次いで大きな樹木がある。

このように，落葉広葉樹は，境内中の樹木に占める割合は小さいものの，境内で最大級の樹木が何本か存在するなど，境内の植生のなかで重要な要素となっているものがある。

5.2.2 幕末・明治初期における八坂神社の植生景観

今から140年前後前，幕末から明治初期における八坂神社の植生景観は写真や絵図から知ることができる。

1）明治初期の写真から

明治初期における八坂神社の植生景観を知るうえで貴重な資料となる写真が何枚かある。たとえば，写真1は明治9（1876）年に撮影された写真で，西門付近をその西側から撮影したものである。その写真には，西門両側の塀の手前とその向こう側の境内に計10本余りの樹木を見ることができるが，樹形などからそのほとんどがマツであることがわかる。また，写真2は大鳥居の南方からその鳥居や本殿を写した明治初頭頃の写真であるが，その写真に見える大きな樹木は，ほ

写真1　明治初期の八坂神社西門付近

写真2　明治初頭頃の大鳥居付近

写真3　明治前期の本殿南側付近

とんどがマツと思われる。また，写真3は本殿の南東から西方を写した明治前期の写真である。その写真では，本殿の背後などに広葉樹と思われる樹木も少し見られるが，マツやスギかと思われる針葉樹が目立っている。

第 5 章 鎮守の森の歴史

写真 4 近年の八坂神社西門付近

写真 5 近年の八坂神社本殿の南東から西方付近

なお，写真 4 は近年の八坂神社西門付近の光景である。西門の背後にはクスノキを中心とした木立が広がり，明治初期とは全く異なる植生景観となっている。また，写真 5 は，近年本殿の南東から西方を写した写真である。明治前期とは異なり，常緑広葉樹の多い植生となっている。

2) 幕末の絵図から

一方，京都の名所図会の一つである「再撰花洛名勝図会」には幕末の八坂神社境内を描いた挿図がある（図 4）。元治元（1864）年に刊行されたその名所図会は，1700 年代後期の「都名所図会」をはじめとする一連の京都の名所図会の一つで，挿図は横山華渓，松川半山らによるものである。挿図が綿密に描かれていること

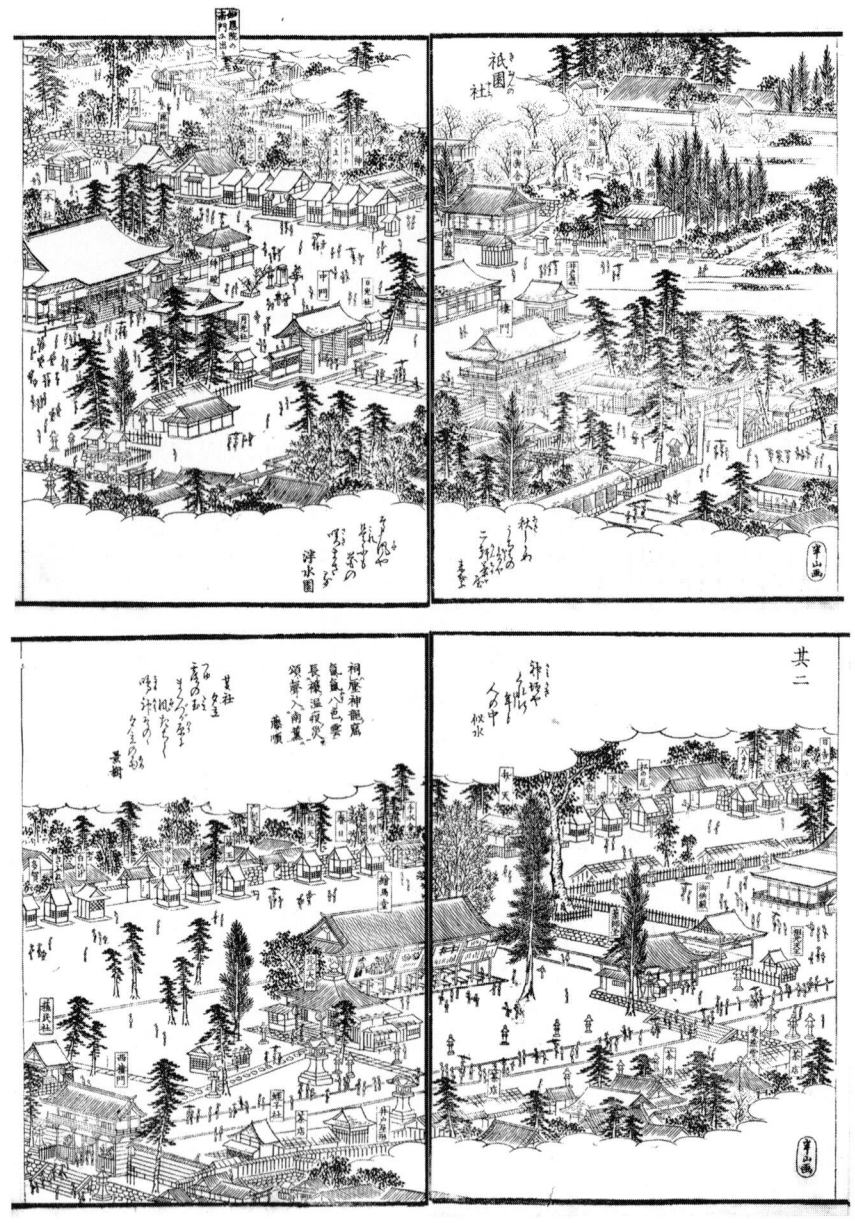

図 4　江戸末期の八坂神社
「再撰花洛名勝図会」より；上が東方，下が西方部分。

第5章 鎮守の森の歴史

図5 祇園大鳥居付近の図
「再撰花洛名勝図会」より。

は一見すればわかるが，その序では安永年間に秋里籬島が刊行した「都名所図会」の図が写実的でないものが多いことを批判するなど，挿図の写実性を高めることが意図的になされたことがわかる。

とはいえ，各挿図がどれほど写実的かどうかはすぐにはわからない。しかし，「再撰花洛名勝図会」には，同一場所を異なる視点から描いた挿図がいくつもあり，そうした図を比較検討することにより，図の植生描写の写実性を確認することができるものが少なくない。たとえば，図5は図4と同様に松川半山が描いた祇園大鳥居付近の図であり，そこには視点は異なるものの図4の一部と同じ場所が描かれている。両図を詳細に比較すれば，そこに描かれた樹木の種類，樹形，樹高，位置は概してかなりよく一致していることがわかることから，図4，図5に描かれている植生の状況は概ね実態をよく反映したものであると考えられる。

ただ，八坂神社の西門付近については，その描写の写実性は比較的時代が近い写真1との比較からも考えられる。それによると西門に近い境内には図4の描写よりも多くのマツがあったものと考えられる。おそらく，その付近のマツは，図では建物などを描くためにある程度省略されているものと思われる。

そのような省略は図にはよくあることであるが，以上のように，写真や絵図の考察から，幕末・明治初期の八坂神社境内の植生としてはマツが中心であり，一部にスギやサクラやクスノキなどの樹木があったものと考えられる。

5.2.3 江戸中期における八坂神社の植生景観

江戸中期における八坂神社の植生景観は，いくつかの絵図類からその概要を知ることができる。図6は円山応挙筆の「京名所図屏風」(右隻・東山図：18世紀後期)の一部である。

応挙は，江戸時代を代表する写実主義的な画家である。その風景画については，応挙が若い頃に多く描いた眼鏡絵のように，一見するとその写実性が疑われるようなものもあるが，そうした図も複数の写生画をもとに巧みに合成されたものが多いと考えられる[15]。

図6に描かれた八坂神社境内には，一部に広葉樹の描写も見られるが，マツとともにスギなどの針葉樹と思われる樹木が多く描かれている。それとよく似た植生の状況は，その図よりも少し時代は早いが，延享2 (1745) 年の年号が記された八坂神社境内を描いた大絵馬 (八坂神社所蔵) からも読み取ることができる。このことから，18世紀中期から後期の頃，それらの図に描かれているような樹木が八坂神社境内に，実際に多く見られたものと考えられる。

図6　八坂神社付近
「京名所図屏風」(MIHO MUSEUM 蔵) より。

第5章 鎮守の森の歴史

5.2.4 鎌倉時代における八坂神社の植生景観

　鎌倉時代における八坂神社境内の植生景観を考えることのできる資料は少ない。「祇園社絵図」は，そうした数少ない鎌倉時代の貴重な資料である。その図の写実性を比較検討することのできる同時代の他の絵図はないが，その図で境内に描かれている樹木の大部分は落葉広葉樹と思われる広葉樹である。ただ，本殿の背後にはスギと思われる大きな木が3本描かれている（図7）。

　そのスギと思われる樹木については，平安後期の『梁塵秘抄』に「祇園精舎のうしろにはよもよも知られぬ杉立てり　昔より山の根なれば生いたるか杉　神のしるしと見せんとて」との歌があることからも，実際に梁塵秘抄の歌にあるスギが，鎌倉時代においても本殿の背後に重要な樹木として存在していたことが考えられる。

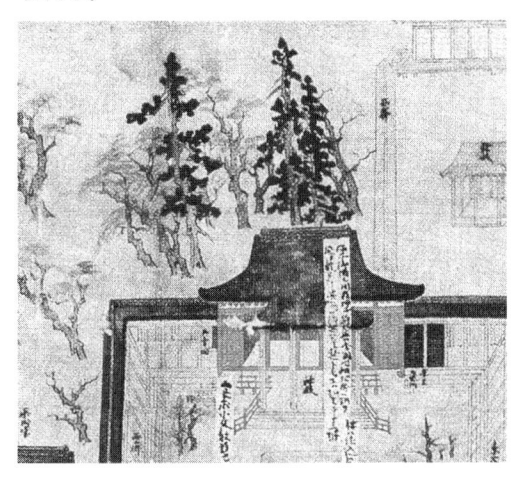

図7　本殿の背後に描かれたスギと思われる樹木
「祇園社絵図」より。

5.3　出雲大社境内とその周辺の植生景観の変遷

　今日の出雲大社境内には，常緑針葉樹のスギとクロマツが多く見られる。また，本殿近くには，他にクスノキ，シラカシ，スダジイなどの常緑広葉樹，エノキなどの落葉広葉樹も一部に見られる。一方，本殿裏手の八雲山には，モミ，ツガなどの常緑針葉樹とスダジイ，アラカシ，クスノキなどの常緑広葉樹が多く見られ，ケヤキなどの落葉樹はわずかしかない（写真6）。その他の大社周辺の山は，ところにより主体となる樹種は異なるとはいえ，スダジイやマツやコナラなど，その大部分が何らかの高木の木々で覆われた森林となっている。

写真6　出雲大社
やや左方中央に本殿があり，その背後に八雲山がある。

　そのような出雲大社境内とその周辺の植生景観は，かつてはどうだったのだろうか。ここでは，出雲大社とその周辺のかつての植生景観を知ることができる可能性のある絵図類のうち，「出雲大社幷神郷図」（鎌倉時代）と「杵築大社幷近郷図」（江戸初期）を中心に，かつての大社とその周辺の植生景観について少し考えてみたい。

5.3.1　「出雲大社幷神郷図」に見る鎌倉時代の植生景観

　「出雲大社幷神郷図」は，本書第3章でも記したように，宝治2（1248）年遷宮の大社を描いていると見られる図で，一見してかなり写実的な描写が多く見られる。とはいえ，図には省略されている山川や民家等も少なくない。また，図には一部に絵の具の剥落があり，元の描写を確認できないところもある。しかし，先にも記したように，図に描かれている山の地形と今日のそれを比較することなどから，その図で描かれたところは，かなり写実的に描かれているところが多いものと考えられる。

　その図の中心的部分である出雲大社から稲佐浜近辺にかけては，主な樹木がすべて描かれているかのような植生の細かな描写が見られる。そのうち大社本殿のすぐ後ろのあたりや，塀を隔ててすぐの本殿の左方や上部のあたりには，赤みがかった彩色で紅葉の様子を描いていると思われる大きな落葉広葉樹らしき木々の描写が多く見られる（図8）。マツは大社付近にはわずかしか見られないが，その西方の稲佐浜近くにはとくに多く描かれている（図9）。なお，マツは葉の顔料が剥落していると思われるが，その特徴ある樹形から，マツと判断できる。

　一方，出雲大社の背後にある蛇山（八雲山）については，本書第3章で記したように，山の地形描写の考察から，全体的に山には高木の樹木が少なかったもの

第5章 鎮守の森の歴史

と考えられる。ただ，その山の一部には高木のマツの樹幹と見られるものがやや多く描かれている。

図に描かれた樹木の種類や大きさが，どの程度写実的なものかどうかを断定的に述べることは難しいとはいえ，「出雲大社并神郷図」には，その図の地形描写の考察などから，きわめて写実的描写が多く，出雲大社付近は，その図の中心的部分であること，また樹種の描き分けもしっかりとなされていると見られることから，そこに描かれた樹木の種類や大きさは，概して写実的なものである可能性が大きいように思われる。

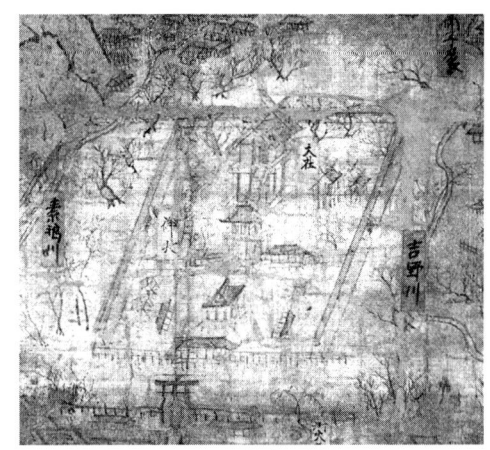

図8 大社本殿付近
「出雲大社并神郷図」より。

また，平成12（2000）年に発掘された宝治2（1248）年遷宮の本殿心御柱下から，大量の木の葉が見つかったが，筆者はそれを見せていただいて，それがすべてケヤキの葉であることを確認した（写真7）。それは，鎌倉時代の頃，出雲大社境内付近には，「出雲大社并神郷図」に描かれているように，大木の落葉広葉樹が実際に多かった可能性を支持するものであるように思われる。

図9 稲佐浜付近
「出雲大社并神郷図」より。

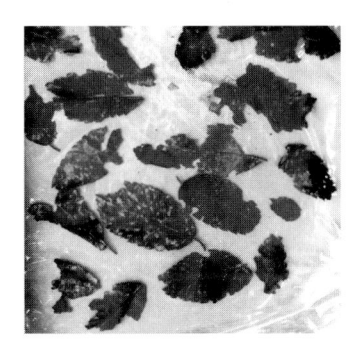

写真7 心御柱下から見つかったケヤキの葉

これらのことから,「出雲大社幷神郷図」が描かれた鎌倉時代の頃,大社周辺の主な樹木はケヤキなどの落葉広葉樹であり,また,その背後の八雲山には一部にマツの高木もあったが,全体的には高木の樹木は少なかったものと考えられる。

5.3.2 「杵築大社幷近郷図」を中心に見た江戸初期の植生景観

慶長14 (1609) 年の遷宮により建てられた本殿が描かれている「杵築大社幷近郷図」(図10：部分) は,北島国造家所蔵の絵図 (「杵築大社近郷絵図」) を元にしたものとの見方もあるが,細かく比較するといくつもの相違点が見られる。たとえば,北島国造家所蔵の図では,出雲大社本殿の背後にある八雲山には岩的な描写も少なからず見られるが,「杵築大社幷近郷図」のその部分に岩的な描写を明確に確認することはできない。あるいは,出雲大社本殿の少し下方に描かれている三重の塔付近には,北島国造家所蔵の図では,比較的多くのマツが描かれ,三重の塔の下方はマツで隠れているが,「杵築大社幷近郷図」のそのあたりにはマツが少なく,三重の塔の下部まではっきりと描かれている。また,描かれている建物の向きが明らかに異なるものも複数見られる。これらのことから,「杵築大社幷近郷図」は,北島国造家所蔵の絵図とほぼ同一の構図ではあるものの,その模写ではなく,独自に描かれた可能性が高いように思われる。

この見方が正しければ,寛文7 (1667) 年の遷宮の前に制作された[16]北島国造家所蔵の絵図に描かれている植生と「杵築大社幷近郷図」の植生描写がよく似ているところが多いことから,「杵築大社幷近郷図」は寛文年間初期頃に制作されたものである可能性が高いように思われる。「杵築大社幷近郷図」には,今日の状況などと比較することのできる道や川の位置,また弥山の山の形などについては,概ね写実的に描かれているように見える部分が少なくない。「出雲大社幷神郷図」と比べると,描かれた範囲はかなり限られたものとなっているが,道や人家の様子なども細かく描かれている。

「杵築大社幷近郷図」の大社本殿付近の植生については,本殿前方 (南方) の鳥居のあたりまでは樹木は少ししか描かれていないが,そこに描かれている樹木の多くはマツである。また,その鳥居のさらに前方 (南方) の参道の両側などにはきれいなマツの並木が見られる。一方,本殿の後方,また本殿の右手や左下方の大きな屋敷や建物の周囲には,比較的大きな広葉樹やマツが多く見られる。このような植生描写は,北島国造家所蔵の絵図のそれとほぼ同じであることから,

第 5 章 鎮守の森の歴史

図 10　大社本殿付近
「杵築大社并近郷図」より。

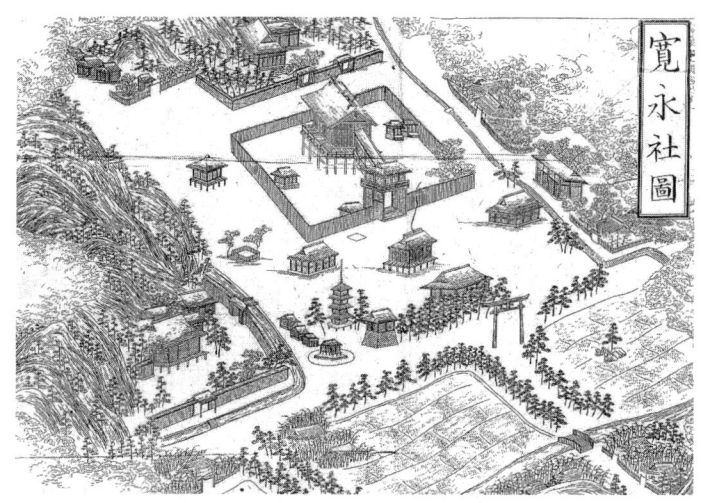

図 11　寛永社図

　ほぼ同じ時代に描かれたと考えられる両図が，それぞれ独自に描かれたものであれば，互いに植生までもかなり写実的に描いているということになる。
　筆者はその可能性が充分あるように思うが，描かれた範囲は狭いものの，同じ構図で比較的近い景観年代と考えられる別の図もある。その図は「寛永社図」（図11，

個人蔵）と記された一枚刷りのもので，図10の範囲に近い部分を描いたものである。その図について出雲大社に問い合わせたところ，その図版が作成されたのは明治期で，明治11（1878）年に「出雲大社造営沿革図辨」というものが作られ，それに納められた図版とのことであった[17]。出雲大社によると，「寛永社図」は「杵築大社并近郷図」を元に作られたと思われるとのことであるが，互いに比較すると，多くの点が異なっていることがわかる。

たとえば，「寛永社図」では，三重の塔の少し手前に，中心に建物がある円形の池が見えるが，「杵築大社并近郷図」では，その池は方形に描かれている。また，「寛永社図」では，鳥居の少し右手の農地のなかにある小丘のようなところに，鳥居の半分ほどの高さの1本のマツと小さな落葉樹らしき樹木が1本描かれているが，「杵築大社并近郷図」のその部分には，鳥居の高さの3分の1ほどのマツなどの樹木が4本描かれているように見える。あるいは，大社本殿の右手，川を渡ったところにある建物の一部の描写は，両図では大きく異なっている。

このような相違点から考えると，「寛永社図」は「杵築大社并近郷図」の構図とよく似てはいるものの，その元図はやはり独自に描かれたものである可能性が高いように思われる。「寛永社図」は，明治11（1878）年に「出雲大社造営沿革図辨」に納められた図版というが，その図の元になった図は「杵築大社并近郷図」ではなく，寛永の頃に描かれた別の図であったのではないかと思われる。

「寛永社図」に描かれた植生の状況は，「杵築大社并近郷図」のそれと一見よく似ているが，よく見ると，「寛永社図」に描かれた樹木の方が「杵築大社并近郷図」に描かれたものよりも全般的にやや小さかったり数が少なかったりするところが多い。たとえば，図の左方の山のあたりには，「寛永社図」ではマツらしき樹木はまばらにしか描かれていないが，「杵築大社并近郷図」では，マツと思われる樹木が山のほとんどを覆っている。また，三重の塔の両側に見えるマツは，「杵築大社并近郷図」に描かれているものの方が，「寛永社図」に描かれているものよりも，明らかに高くなっている。あるいは，大社本殿の背後や図の左下方に見える大きな屋敷周辺の庭の木々は，「寛永社図」の方が「杵築大社并近郷図」に比べ，全般的に小さく混み合っていないように描かれている。

「寛永社図」の元図が実際に寛永年間（1624〜1644）に描かれたものであれば，「杵築大社并近郷図」とは20年前後かそれ以上制作年代が早いことになるが，以上のような「寛永社図」と「杵築大社并近郷図」の植生描写の相違点は，実際に「寛

永社図」に描かれた景観の方がより早い時代の状況を描いていることを強く示唆しているように思われる。なお，「寛永社図」に描かれている鳥居右手の農地中のマツなどの植生の変化は，そのマツが伐られた後に新たなマツなどが育っている変化と見れば，とくに矛盾はない。

いずれにしても，「杵築大社并近郷図」と「寛永社図」との植生描写の比較からも，それらの植生描写は概ね写実的である可能性が高いと考えられる。そして，それらの図から読み取れる植生の状況が，当時の出雲大社付近にあったものと思われる。

なお，「杵築大社并近郷図」，北島国造家所蔵の絵図，「寛永社図」の構図がよく似ている理由としては，寛永あるいはそれより前のある時期に，三重の塔などから大社本殿などを見た視点をベースとした鳥瞰図風の図が作成され，それ以後，それが雛形となった可能性が考えられる[18]。

ところで，大社本殿の後ろにある八雲山のあたりは，「寛永社図」にはほとんど描かれていないが，「杵築大社并近郷図」では，八雲山に大きなマツがやや疎林の状態で描かれている（図12）。また，八雲山の周辺には大きな木が描かれているところは少ない。また，本殿西側（左手）の鶴山は大きなマツのやや密な林として描かれているのに対し，本殿東側（右手）の亀山には一部に大きなマツの木立が描かれているだけで，全体的には大きな木が少ない描写となっている（図13）。また，弥山や出雲大

↑図12　八雲山付近
「杵築大社并近郷図」より。

←図13　亀山付近
「杵築大社并近郷図」より。

社の北から北西にかけての山には大きな木々はわずかにしか描かれていない。

そのような「杵築大社并近郷図」に描かれた植生は，もしそれが独自に描かれているものであれば，北島国造家所蔵の絵図との比較から，「寛永社図」との比較可能部分以外でもかなり写実的であることになるが，仮にそうでなくても，江戸初期の植生の状態をうかがえる描写がいくつもある。たとえば，大社東方の亀山や大社の北西山地などには道がはっきりと描かれているが，それはその付近の植生が実際に低いものであった可能性が高いことを示唆している。また，八雲山の左手（西側）の谷には滝が描かれているが，それもその付近の植生が低いものであった可能性が高いことを示している（図12）。なお，全般に高い木々の森林で覆われている近年では，そうした道や滝は図のように見える状況ではなく，滝はその存在さえほとんど忘れられつつある。

あるいは，大社の北西方向の海岸に近い山地に細かな襞が多く描かれているが，その描写も山地の植生が低く，細かな谷の様子が遠くからもよく見えていたことの反映である可能性が高い（図14）。それは，当時の農業技術として施肥のために大量の柴草が利用されていたこととともに，その付近の海岸に近い山では製塩用の燃料需要が大きかったこととも矛盾しない。

図14 大社北西の山地
「杵築大社并近郷図」より。

5.4 過去の神社林の一般的な植生を考える

以上は2006年までの筆者の神社林に関する研究の一端を，少し加筆修正しながら紹介しながら述べたものであるが，かつての神社林が一般的にどのような植生であったかを述べるには，さらに多くの事例を見る必要がある。そこで，ここでは，かつての神社の森の植生について，古い写真や絵図類を主要な資料として，より多くの事例を検討し，かつての神社林が一般的にどのような植生であったかを明らかにしたい。

5.4.1 古写真からの考察

　神社を撮影した古い写真があれば，それが撮影された時代における神社の森の植生を知る貴重な資料となる。ただ，かつて写真は貴重なものであり，数十年以上前の写真が多く残されているわけではない。それでも，よく知られた神社については，いろいろな目的で撮影された古い写真が比較的多く残されている。

　ここでは，大正 4（1915）年に発行された『京都府誌』[19]，また明治 45（1912）年に発行された『日本写真帖』[20] に収められた神社の写真を，主に現況との比較を中心に検討してみたい。

1）『京都府誌』に収められた神社写真からの考察

　大正初期に発行された『京都府誌』（1915）には，京都府の沿革や地誌など，さまざまなことがまとめられているが，そのなかには神社についての項目もあり，京都府内の主な神社の写真が収められている。それらの写真の撮影年は定かではないが，その本が発行される少し前に撮影されたものが多いと思われる。ここでは，そこに写真が掲載された神社のうち，現在の京都市域に位置し，本が発行された大正初期の神社周辺の植生を知る手がかりになると思われる14の神社の写真を検討する。また，比較のために，近況を観察し，古い写真が撮影された地点，またはそれに近い視点からの近況写真を撮影した。なお，そうした近況写真との比較から，古い写真に写った樹木の大きさなどがわかることも少なくない。一方，大正初期における神社の森の植生を考えるうえで参考となると思われる明治中期の 2 万分 1 地形図（仮製地形図[21]）と『京都府地誌』[22] の記述も適宜示す。

①建勲神社
　『京都府誌』の写真（写真 8）では，建勲神社の社殿周辺の木々は全般に樹高がさほど高くないように見える。またそのなかで比較的樹高の高い木々はマツが多いように見える。本殿裏の木々もマツが中心で，樹高は高いものでも本殿よりも少し高い程度と思われる。

　また，写真 9 は，2005 年の晩秋に写真 8 とほぼ同じ視点から撮影したものである。近況では，手前のシダレザクラなどのために先が見えにくくなっているが，晩秋で葉が少ないため，本殿付近の様子もある程度見ることができる。別の視点から見ると，その本殿周辺にはクスノキ，アラカシ，コジイなどの常緑広葉樹が多く，

写真8　建勲神社（『京都府誌』より）

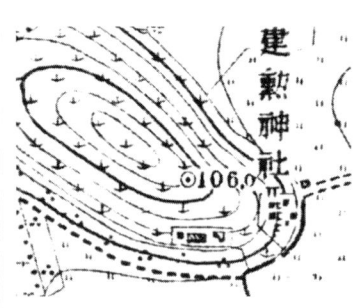

図15　建勲神社付近
仮製地形図を部分拡大したもの。

写真9　建勲神社
（2005年11月撮影）

写真10　建勲神社
（2005年11月撮影）

第 5 章 鎮守の森の歴史　　　　　　　　　279

落葉広葉樹はわずかしかない（写真10）。また，一部に針葉樹のヒノキやツガも見られる。樹木は，大正初期と比べると全般に密度が高く，また高木化している。

　このように，建勲神社付近の植生は，ここ90年余りでたいへん大きく変化している。なお，明治中期の仮製地形図では，この神社付近には「松林〈小〉」[23]の記号が多く見られ，また一部に茶畑の記号も見られる（図15）。一方，明治10年代の『京都府地誌』には，この神社がある舟岡山について「舩岡山　山ノ七分松樹茂生シ三分ハ櫟(くぬぎ)桃茶林園ナリ」と記されている。これらの資料からも，かつて建勲神社周辺には小さなマツが多かったものと考えられる。

　②北野天神
　『京都府誌』の写真（写真11）では，社殿の右手にはマツ，左手にはウメと思われる樹木が見える。また，左上方には，わずかに広葉樹の一部が見える。
　写真12は，2005年の晩秋に写真11とほぼ同じ視点から撮影したものである。近況でも，その社殿の右手にマツ，左手にはウメがある。ただ，その大きさなどから，それらは大正の写真に見えるものとは別のものであると思われる。一方，

写真11　北野天神
（『京都府誌』より）

写真12　北野天神
（2005年11月撮影）

社殿背後左側上方にはクスノキなどの広葉樹がだいぶ頭をのぞかせた状態となっている。写真ではほとんど見えないが，その社殿の背後には，クスノキの他にイチョウ，エノキ，オガタマノキ，スギ，ヒノキなどの樹木がある。

　北野天神については，ここ90年あまりで植生は一見さほど大きく変化していないようにも見えるが，写真で見える本殿背後の樹木は，大正初期と比べると，だいぶ大きくなっている。なお，『京都府地誌』には，北野天神の植生に関して「境内地古樹大木アリ梅とくに多ク…」と記されている。

③平野神社

　『京都府誌』の写真（写真13）では，社殿の背後には広葉樹中心かと思われる高木が多い。その樹幹は概して細長く，林は比較的明るい状態のところが多いよう見える。ただ，写真の左上方には，1本だけかなり太く通直な樹幹らしきものが見える。その上部が見えないため，はっきりとはわからないが，おそらくマツなどの針葉樹と思われる。

写真13　平野神社
（『京都府誌』より）

写真14　平野神社
（2005年11月撮影）

第5章 鎮守の森の歴史

写真14は，2005年の晩秋に写真13に近い視点から撮影したものである。近況では，社殿の背後はシイやクスノキを中心とした照葉樹の林となっている。また，その一部にムクノキなどの落葉広葉樹もある。また，写真では見えない右方（北側）には，モウソウチク林もある。

樹林は，大正初期と比べると全般に常緑広葉樹林化が進んでいると思われる。その一方で，樹木数は少し減少しているように見える。なお，『京都府地誌』には，この神社について「現今社地桜樹数十株ヲ列植ス」との記述が見られる。

④ 梅宮神社

『京都府誌』の写真（写真15）では，本殿の背後には一部に広葉樹らしき樹木も見えるが，そのほとんどはスギかと思われる針葉樹である。また，写真の左上方にはマツが少し見える。

写真16は，2005年の晩秋に写真15とほぼ同じ視点から撮影したものである。

写真15　梅宮神社
（『京都府誌』より）

写真16　梅宮神社
（2005年11月撮影）

近況では，社殿の背後には，ヒノキやスギの間にクスノキやオガタマノキなどの常緑広葉樹が見える。大正初期と比べると，常緑広葉樹の割合が大きくなっている。なお，本殿背後の樹林には，クスノキとともにケヤキなどの落葉広葉樹も少なくない。また，本殿手前の2本の常緑樹はクロマツ，右手下方の落葉広葉樹はウメである。

⑤大原野神社

『京都府誌』の写真17では，本殿の背後はヒノキかと思われる針葉樹が多い林となっている。それらの樹木は，全般にさほど太い幹のものはない。

今日では，そこには社殿が増築されているため，写真17と近い視点での撮影が難しい。写真18は，2005年の晩秋に本殿の門の手前から，本殿上方を撮影し

写真17　大原野神社
（『京都府誌』より）

写真18　大原野神社
（2005年11月撮影）

たものである。今では，本殿裏は樹齢50年程度かと思われるシイ中心の林となっており，この写真でも本殿裏にはシイが多く見える。ただ，その林中に分け入ってみるとヒノキも少なくない（写真19）。

このように，大原野神社では，ここ90年あまりの間に植生はかなり大きく変化している。なお，本殿から離れた境内には，モミやシラカシなどの古木が見られるところがある。また，『京都府地誌』には，この神社について「境内老樹鬱然松檜殊ニ多シ」との記述が見られる。

写真19　大原野神社本殿裏の杜
（2005年11月撮影）

⑥豊国神社

『京都府誌』の写真20では，唐門の両側にはマツが見える。奥にはマツの他にさまざまな広葉樹も見えるが，全般に樹高は低い。

写真21は，2005年の晩秋に写真20とほぼ同じ視点から撮影したものである。近況では，唐門の両側には，やや大きなクロマツがある。また，その奥にある森では，クスノキが増えつつあるように見える。一方，そこには枯れマツが1本見られた。

豊国神社の場合，ここ90年あまりで植生景観は大きく変化している。写真で

写真20　豊国神社
（『京都府誌』より）

写真21 豊国神社
（2005年11月撮影）

見える部分については，樹木が大きく成長し，また奥の部分では常緑広葉樹林化が進む兆しが見られる。

⑦吉田神社

『京都府誌』の写真22では，手前に見えるスギかと思われる針葉樹の高木が目立つ。その背後には，広葉樹が中心と思われる樹林が見える。

写真23は，2005年の晩秋に写真22と近い視点から撮影したものである。近況でも手前に直立的針葉樹であるスギ，ヒノキが目立つ。ただ，奥に見える広葉樹は大正初期よりも全般に樹高が高くなり，またボリュームが大きくなっているように見える。手前の樹木に隠れた奥の部分にも，スギやヒノキもあるが，そこにはシイやクスノキなどの常緑広葉樹が多く，一部にムクノキなどの落葉広葉樹

写真22 吉田神社
（『京都府誌』より）

第 5 章 鎮守の森の歴史

写真 23 吉田神社
(2005 年 11 月撮影)

写真 24 吉田神社
(鳥居近くより奥を見る・
2005 年 11 月撮影)

もある(写真 24)。

このように,ここ 90 年あまりの植生の変化は,一見さほど大きくないようにも見えるが,奥の広葉樹林は,大正初期と比べると全般に高木化している。また,古い写真では樹種構成がよくわからないが,近年では樹林中のシイの割合がずいぶん増えてきているものと思われる。なお,明治中期の仮製地形図では,吉田神社の近くには「松林〈小〉」と「杉林〈小〉」の記号が記されている。

⑧梨木神社
　『京都府誌』の写真 25 では,鳥居の両側にはマツの高木が見える。また,奥には一部にマツや落葉広葉樹も見えるが,常緑広葉樹が多いように見える。なお,『京

写真 25　梨木神社
(『京都府誌』より)

写真 26　梨木神社
(2005 年 11 月撮影)

都府誌』の写真には，すっかり落葉してしまった樹木が見える場合が多く，冬期に撮影されたものが多いと思われる。

　一方，今日の梨木神社は，大正初期には鳥居があったと思われるところに門ができているなど，鳥居から本殿にかけての状況が大きく変わっている。写真26は，そのかつてはなかった門から2005年の晩秋に撮影したものである。本殿付近は，今ではクスノキ中心の林となり，大正初期の写真に写っていたマツや落葉広葉樹はない。ただ，本殿近くには，カツラが1本ある。カツラは境内に別の場所で御神木とされているものがある。本殿近くには，神社で見かけることがよくある常緑広葉樹のオガタマノキもある。

　梨木神社の森も，ここ90年あまりの間にだいぶ大きく変化しているようである。樹木は，この間に全般に高木化し，常緑広葉樹が占める割合が増えてきてい

るように思われる。なお、仮製地形図では、この神社の境内には「雑樹林〈大〉」の記号が見られる。

⑨護王神社

『京都府誌』の写真27では、写真に見える木々のほとんどは明らかにマツとわかるものである。一方、写真28は、2005年の晩秋に写真27とほぼ同じ視点から撮影したものである。近況では、拝殿の後方、本殿前方左右にオガタマノキがある。また、本殿裏はクスノキ中心の林となっている。境内には他にイチョウ、スギなども見られるが、かつて多く見られたマツは、ごくわずかにしか見られない。

このように、ここ90年あまりの間に、護王神社では森の樹種がかなり大きく変化してきている。

写真27 護王神社
（『京都府誌』より）

写真28 護王神社
（2005年11月撮影）

⑩白峰神宮

『京都府誌』の写真29では，最も左手にはカイズカイブキかと思われる樹木，右手上方にはマツと思われる樹木が見える。また，それらの木々の近くには，何らかの広葉樹らしき木々も見える。

一方，写真30は，2005年の晩秋に写真29とほぼ同じ視点から撮影したものである。近況では，鳥居・門の左上方にはやや大きなクスノキが，また右手にはモチノキが見える。また，かつてカイズカイブキやマツと思われる針葉樹があったところは，常緑広葉樹に変わっている。写真では見えないが，境内には他にクロマツ，モミ，オガタマノキなどがある。

このように，白峰神宮の鳥居・門の付近については，ここ90年あまりの間に，植生景観は樹種の変化などによりかなり大きく変化している。ただ，鳥居・門の右手のモチノキだけは今も残っていると見られ，大正初期よりも少し大きくなってはいるものの，かつての神社の植生景観の面影を部分的に残している。

写真29　白峰神宮
（『京都府誌』より）

写真30　白峰神宮
（2005年11月撮影）

⑪貴船神社

『京都府誌』の写真31では，社殿の背後に，スギかと思われる通直で太い幹の樹木が何本か見える。写真の左上に見える落葉広葉樹は，小さなものと思われる。

写真32は，2005年の晩秋に近年再建された社殿の手前から，その山側と社殿背後の樹木がわかるように撮影したものである。近況では，社殿の後方には一部にスギもあるが落葉広葉樹のモミジが目立つ。また，その社殿の近くにはカゴノキ，カツラなどの広葉樹もある。そのうち，カツラは境内で御神木となっているものがある。

このように，貴船神社本殿付近の植生景観は，ここ90年あまりの間に大きく変化している。ただ，かつて本殿近くに多くあったスギは，本殿近くにこそ少なくなってはいるが，少し離れた道沿いなどには古木をまだ多く見ることができる。

写真31　貴船神社
(『京都府誌』より)

写真32　貴船神社
(2005年11月撮影)

なお，明治10年代の『京都府地誌』には，貴船神社について「境内老樹鬱蒼タリ」と記されている。明治中期の仮製地形図の記載などから，その「老樹」にはスギが多かったものと思われる。

⑫伏見稲荷

『京都府誌』の写真33では，本殿の背後は，一見広葉樹が中心の森のようにも見える。ただ，写真の上部がかすんでいて見えにくいが，よく見ると頂上部が円錐形の樹木が少し見えること，また後述のように，かつて幕末の頃などの伏見稲荷には，本殿裏も含めてスギが多くあったことから，そこには大きなスギが何本かあったことも考えられる。

一方，新しい建物ができているために，今は写真33と同じ視点からの撮影は難しい。写真34は2005年の晩秋に撮影した本殿背後の森が垣間見られる写真である。また，写真35は本殿裏の森を近くから撮影したものである。今は，本殿

写真33　伏見稲荷
（『京都府誌』より）

写真34　伏見稲荷
（本殿斜め前方より・
2005年11月撮影）

第5章 鎮守の森の歴史

写真35 伏見稲荷
（本殿横より・2005年11月撮影）

の裏手はクスノキ，コジイ，ナナミノキなどからなる照葉樹林となり，スギなどの針葉樹は見られない。

こうして，伏見稲荷についても，ここ90年あまりの間に，本殿裏の植生が少なからず変わっている可能性がある。なお，明治中期の仮製地形図では，伏見稲荷の社殿裏手には，一部に「雑樹林〈大〉」の記号が見えるところもあるが，全般に「松林〈小〉」，「茶畑」，「松林〈大〉」の記号が多く見られる。

⑬上賀茂神社

『京都府誌』では，上賀茂神社（正式名は賀茂別雷神社）の楼門付近が写されている（写真36）。その楼門の右手には広葉樹と思われる木々が多く見えるが，1本の樹高の高い木は比較的通直で，スギなどの針葉樹かと思われる。また，左

写真36 上賀茂神社
（『京都府誌』より）

写真37　上賀茂神社
（2005年11月撮影）

写真38　上賀茂神社
（2005年11月撮影）

上方にも広葉樹の枝が少し見えている。

　一方，写真37は，2005年の晩秋に写真36と近い視点から撮影したものである。近年では，手前左方にタラヨウ，右手にモミジ，サクラなどがあり，楼門やその付近の樹林を見ることは難しい。写真38は楼門付近を撮影するために，少し近くから撮影したものである。その写真で，楼門の右方手前には，比較的小さなスギやサクラが見える。また，その背後の樹林には大きなシイが見える。なお，写真では見えないが，本殿の周辺にはクスノキ，シイ，シラカシなどの常緑広葉樹が多い。

　この上賀茂神社の例では，大正期の写真に写っている植生の部分が少ないため，あまり有効な比較はできないが，それでもここ90年余りの間に，楼門の手前の

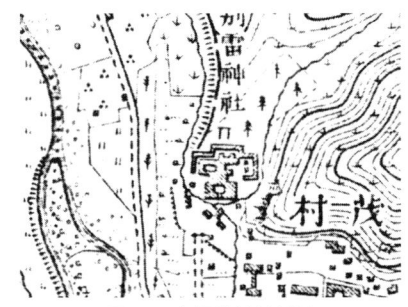

第5章 鎮守の森の歴史

図16 上賀茂神社付近
仮製地形図を部分拡大したもの。

樹木がかなり増えていることがわかる。また，大正期の写真のスギかと思われる樹木を除けば，楼門右方の樹林の樹木は概して高木化しているように見える。ただ，その樹林の樹種の変化などについては，写真からはわかりにくい。

なお，明治中期の仮製地形図では，上賀茂神社の裏手には「檜林〈大〉」の記号が少し見える（図16）。また，上記の写真の樹林付近には「雑樹林〈大〉」の記号が一つ見られる。また，その後ろの山の斜面には土砂崩落記号も見られる。また，その山には「松林〈小〉」の記号が多く見える。一方，『京都府地誌』には，この神社について，「境内老樹数百株アリ近時更ニ桜梅数株ヲ植エ…」との記述が見られる。そこに記されている老樹は，仮製地形図からは，スギとヒノキが多かった可能性が高いように思われる。

⑭下鴨神社

『京都府誌』の写真39では，下鴨神社（正式名は賀茂御祖神社）の社殿の背後の両側に樹林がぼんやりと見えるだけである。

一方，写真40は，2005年の晩秋に写真32とほぼ同じ視点から撮影したものである。大正初期の写真との比較から，背後の植生が今はずいぶん低くなっているところが多いと思われる。その樹林は，今はケヤキ，ムクノキなどの落葉広葉

写真39 下鴨神社（『京都府誌』より） 　　　写真40 下鴨神社（2005年11月撮影）

樹もあるが，クスノキ，シラカシ，ナナミノキなど常緑広葉樹が多い森となっている。

　その森は決して若い樹林ではないにもかかわらず，こうした大きな樹高の変化が起こっているのは，かなり樹高の高いマツやスギなどの針葉樹がなくなり，広葉樹ばかりの林となっているためである可能性がある[24]。そのことは，明治初期の下鴨神社の絵図[25]で，本殿裏付近にスギと見られる描写が少なくないことなどからも考えられるところである。

　なお，明治中期の仮製地形図では，本殿裏付近には雑樹林の記号が記され，マツやスギなどの針葉樹の記号は見られない。ただ，それにより，本殿裏付近にスギやマツなどの針葉樹がなかったことにはならない。それは，たとえば，写真に写っている社殿の南方数十～百数十ｍの参道付近には，明治中期頃スギが多かったことが当時の写真などからわかるが，仮製地形図ではその付近にスギの記号は全く見られないからである。一方，『京都府地誌』には，下鴨神社について「境内喬木多シ」と記されている。

　以上のように，『京都府地誌』の神社の写真からわかる大正初期における神社の森の植生は，北野天神のように，写真に写っている部分だけを見ると，変化が少ないように見えるものもあるが，多くの場合，今日の状態とは大きく異なっている。すなわち，今日では神社の森の植生には，クスノキやシイやカシなどの常緑広葉樹が主要な樹木となっていることが多いが，大正初期にはスギやマツなどの針葉樹が重要な樹木として多く存在する傾向があった。また，神社付近の樹木は，今日よりも少なく，また小さいことが多い傾向があった。

2）『日本写真帖』の神社写真からの考察

　明治45（1912）年に出版された『日本写真帖』[26]には，日本各地の名所などを撮影した写真が多く掲載されており，そのなかには神社の写真も一部含まれている。ここでは，その中から重要な神社や社叢を少し取り上げ，現況と比較しながら考えてみたい。

①氷川神社（埼玉県さいたま市）

　氷川神社は埼玉県さいたま市（旧大宮市）にある元官幣大社で，武蔵国一の宮

写真41　氷川神社（『日本写真帖』より）　　写真42　氷川神社（2006年3月撮影）

である。『日本写真帖』には，その写真が大きく取り上げられている（写真41）。その写真の手前には，少し傾いたマツと思われる大きな木々の幹が見える。また右手のマツと思われる樹木の少し奥には，ややわかりにくいが，やはりマツと思われる高い2本の木が見える。一方，写真のやや左方にある社殿の左後方には，スギかと思われる大きな木が1本見える。また，写真のやや右手の本殿の背後には，スギの古木かと思われる直立した樹木が数本見える。なお，同写真帳には，その境内の植生について，「境内老杉古松鬱然」と記されており，写真に見える大きな樹木は，実際にマツとスギであるものと思われる。

　一方，写真42は2006年3月に，上記の写真の視点に近いところから撮影した近況である。社殿は昭和15（1940）年に建て替えられている[27]というものの，写真左方の2本の大きな樹木は，一見明治の頃と同じようにも見える。しかし，それらの2本の樹木は，ともにクスノキで，明治の頃にそのあたりにあった樹木ではない。また，写真のやや右手の本殿の背後は，シラカシなどの常緑広葉樹中心の森となっている。そこには，かつて目立っていたスギは，比較的小さなものが少しあるだけである。また，マツも付近の森にはわずかしか存在しない。このように，氷川神社の森は，ここ約百年の間にたいへん大きく変わっている。

②弥彦神社（新潟県西蒲原郡弥彦村）

　新潟県西蒲原郡弥彦村にある弥彦神社は，元国幣中社で越後国一の宮である。その神社も『日本写真帖』に，その写真が大きく取り上げられている（写真43）。その写真の社殿後方には，スギとマツと思われる樹木が多く見られる。また，

写真43　弥彦神社（『日本写真帖』より）　　　写真44　弥彦神社（2006年3月撮影）

写真左やや上方には，スギやマツよりも樹高は低いものの，やや大きな常緑と思われる広葉樹も見られる。

　一方，写真44は2006年3月に撮影した弥彦神社の近況である。この神社も社殿が新しくなってはいるが，社殿背後にある主な木々はスギとマツであり，ここ約100年間の植生景観の変化は比較的小さいように見える。ただ，今日の社殿付近に見られるマツは，その木の大きさなどから，古い写真に写っているものではなく，新しく成長してきているものが多いと思われる。

　なお，『日本写真帖』には，この神社について「四境の老幹古樹鬱然として繁茂し風景頗る閑雅なり」と記されている。今日見られる大木にはスギが多いが，スギの林の中などには，ケヤキなどの大木も点々と見られる。一方，『日本写真帖』には，この神社の背後にある神体山である弥彦山について，「弥彦山の半腹以上は兀山にして樹木稀疎」と記されている。近況写真でも少しわかるように，弥彦山は今では上部まで落葉広葉樹などの高木の森林となっている。

③妹山（大名持神社社叢・奈良県吉野郡吉野町）

　奈良県吉野郡吉野町にある妹山は，大名持神社の社叢で，斧鉞を絶つ神聖な山とされ，天然記念物となっている。『日本写真帖』には，その山は小さいながらも写真45のように取り上げられている。写真左手の樹木がほとんどない山とは異なり，妹山は全体を樹木が覆っている。ただ，その樹種は，写真からはわかりにくいが，中腹から下部にかけては広葉樹が多いものと思われる。また，山の上部は，その現況からヒノキが多いものと思われる。

　一方，写真46は明治の写真の視点に近いところから，2006年3月に撮影した

写真45　妹山（『日本写真帖』より）　　　写真46　妹山（2006年3月撮影）

近況である。一見，明治の頃と変わらないようにも見えるが，左手の稜線の形状や樹冠の大きさなどから，山の中腹については，近年の方が大きな樹木が多くなってきているのではないかと思われる。

なお，妹山は立ち入りが禁止されているため，森の樹種などを詳しく見ることができなかったが，山の麓に見える樹木などから，山の中腹から下部にかけての樹木はシイやカシ類が多いと思われる。一方，山の上部にはヒノキが多く見られるが，ヒノキは陰樹性がさほど高くなく，遷移の過程では，より陰樹性の高いアスナロなどの針葉樹やシイなどの広葉樹に負けてゆく樹種である[28]ため，斧鉞が絶たれたのは案外さほど古い時代ではないのかもしれない。その山の上部のヒノキは，かつて植えられたものや，それが母樹となって広がったものである可能性があるように思われる。

5.4.2　絵図類からの考察
1）方法

絵図には実際にはないものが描かれることもある一方，実在するものが描かれないこともある。そうした絵図がもつ性格のため，ある絵図を植生景観に関して重要な資料とするためには，その絵図の資料性をなんらかの方法によって示す必要がある。その一つの方法として，同時代に同一の場所を独自に描いた複数の資料性が高い可能性があると見られる絵図類の比較検討がある。ここでは，幕末の「再撰花洛名勝図会」と室町後期に描かれたいくつかの洛中洛外図について，主にそうした方法により，かつての鎮守の森の姿を明らかにしてゆきたい。

なお，ある絵図の植生景観に関する資料性を考えるにあたり，絵図に描かれた

樹木などの植物は，ふつうその種までも特定することは難しいため，マツタイプ，スギタイプ，サクラタイプ，ウメタイプなどのように「タイプ」に分けて考察をすすめることになるが，ここでは表現簡略化のため，マツ，スギ，サクラ，ウメなどと「タイプ」を省略して記すことにする。

2）「再撰花洛名勝図会」からの考察

「再撰花洛名勝図会」（元治元〈1864〉年）は，京都の東山方面の名所を中心に描いた名所図会である。それは平塚瓢斎の草稿をもとに木村明啓と川喜多真彦が分担して執筆したもので，挿図は松川半山，横山華渓，井上左水，梅川東居らによるものである。挿図が綿密に描かれていることは一見すればわかるが，本図会中，東山名所図会序には「・・・安永のむかし，秋里某があらはした都名所図会の，絵のようの，事そぎすぐして，しちに似ぬが，おほかるをうれへ，音羽山の，おとに聞こえたるすみがきの上手に，かき改めさせ・・・」と，また，例言には「・・・其本原たる都名所の沿革異同あるのみならず，図作の粗漏之を他邦に比すれば恥づる事多し。余是を慨歎するの余り・・・」とあるように，挿図の写実性を高めることが意図的にねらわれていることがわかる。一方，同じ例言のなかには「絵図は其地に画者を招きて真を写すといへども，斜直横肆位置を立つるの遠近に随ふて違ふ所無きことを得ず・・・」とあるように，多少の不正確さのあることも断っている。

ただ，実際にどの程度写実的に描かれているかは，すぐにはわからないが，「再撰花洛名勝図会」には，東山方面の同一場所が複数描かれている挿図がいくつもあるため，それらの比較考察により挿図の写実性が明らかになるものがある。ここでは，熊野権現社，滝尾社，日吉社，伏見稲荷について，挿図の比較考察から幕末におけるそれら神社の植生を明らかにする。

①熊野権現社

熊野権現社は，今日の左京区聖護院にある神社である。図17は井上左水筆の熊野権現社付近の図であり，図18は梅川東居筆の図の一部で，そこにも熊野権現社の森（聖護院の森）が描かれている。図19は，その森の部分を拡大したものである。また，図20は，横山華渓により見開き6ページにわたって描かれた東山全図の中の熊野権現社付近を拡大したものである。

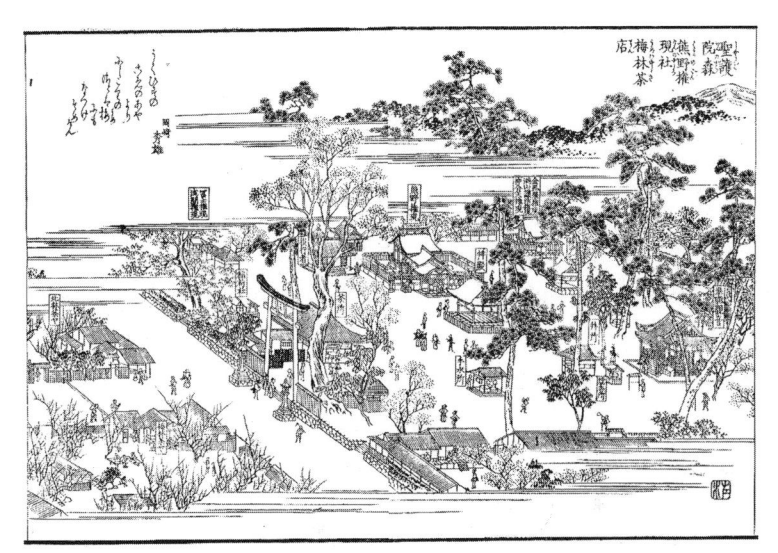

第 5 章 鎮守の森の歴史

↑図 17　熊野権現社
井上左水画『再撰花洛名勝図会』より。

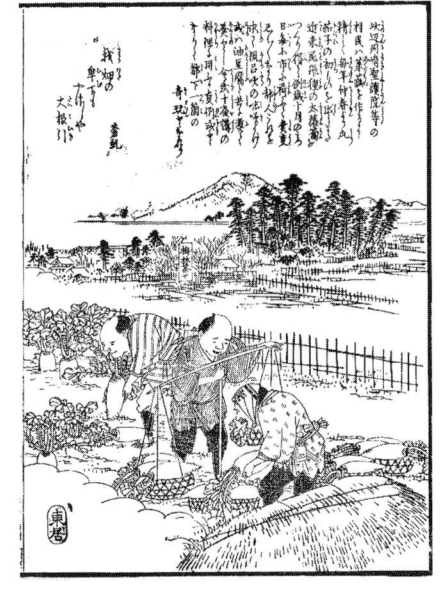

→図 18　聖護院付近
梅川東居画『再撰花洛名勝図会』より。

　3 人の画家により独自に描かれたと考えられるこの 3 種類の図は，熊野権現社付近が決して同じような詳しさで描かれているわけではないが，その付近の大まかな植生景観はよく一致している。すなわち，どの図においても，聖護院の森は主にマツの高木からなる森として描かれているが，鳥居のすぐ近くには 1 本の比較的大きな広葉樹も描かれている。また，そこにはマツの木のようには高くはないが，マツとは異なる樹種も少なくないように見える。また，鳥居の手前の部分には，ウメの林が共通に描かれている。
　このようなことから，これら 3 種類の図は，熊野権現社付近の江戸末期の植生景観を写実的に描いていると考えることができる。そして，当時の熊野権現社の

図19 熊野権現社付近
図18の部分拡大図。
『再撰花洛名勝図会』より。

図20 熊野権現社付近
横山華渓画『再撰花洛名勝図会』より。

主な樹木はマツであったこと，一方，数は少ないものの，広葉樹の比較的大きな木もあったことなどがわかる。

②伏見稲荷
　図21は松川半山の描いた稲荷社（伏見稲荷）付近の図であり，図22もやはり松川半山が稲荷山のあたりを描いた図であり，そこには稲荷社付近も少しではあるが描かれている。
　図21では，稲荷社の本殿のすぐ背後にはスギが多く描かれている。他にもマツや広葉樹も少しあり，なかにはやや大きな常緑広葉樹かと思われる木も1本あるが，全体的にはスギの割合がかなり大きい描写となっている。また，そのさらに背後の山の部分には，マツが多く描かれているが，その一方で，植生が描かれておらず，目立った樹木のなかった可能性の高い場所も少なくない。ただ，そうした部分でも社殿の近くや鳥居が連なる参道付近にはスギが多く描かれている。

第 5 章 鎮守の森の歴史

図 21 伏見稲荷
松川半山画『再撰花洛名勝図会』より。

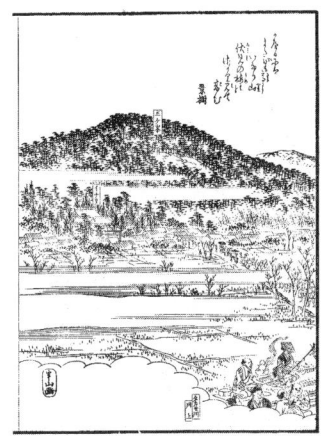

図 22 伏見稲荷付近
松川半山画『再撰花洛名勝図会』より。

図 23 伏見稲荷
図 22 の部分拡大図。『再撰花洛名勝図会』より。

　一方，本殿手前の境内には樹木は多く描かれていないが，描かれている樹木としてはマツが目立つ。
　図 23 は，松川半山の描いた別の稲荷山のあたりを描いた図 22 の稲荷社付近を拡大したものである。これは，図 21 よりもずっと遠方から稲荷社あたりを描い

たものであるが，稲荷社付近にはスギが目立つ。また，その背後の山はマツが中心の植生として描かれている。

両図の比較から，幕末の頃，稲荷社では，本殿のすぐ背後などではスギが主要な樹木として多くあったものと考えられる。一方，背後の山や境内にはマツが目立つところも多かったものと思われる。なお，「再撰花洛名勝図会」には，稲荷社のスギにまつわる話や歌が多く紹介されている。

③滝尾社

滝尾社は，今日の東山区の南部にある神社である。松川半山による近景の図（図24）では，本社の左手にマツの大木が2本描かれ，その周囲には何本もの広葉樹が描かれている。本社のすぐ右手には，マツが5本，街道に面した入口の両側には3本のマツが描かれている。画馬堂の右手（右下方の鳥居の左手）には，やや大きなウメかと思われる木も見える。

一方，横山華渓による東山全図（図25は部分拡大したもの）では，本社の左手にマツの大木が2本描かれ，その下に広葉樹らしき木が描かれている。なお，そのマツの1本は，「く」の字のような形をした樹形で，近景の図のそれとよく似ている。他に描かれているものは，本社右手のマツの木と，その背後の竹林の

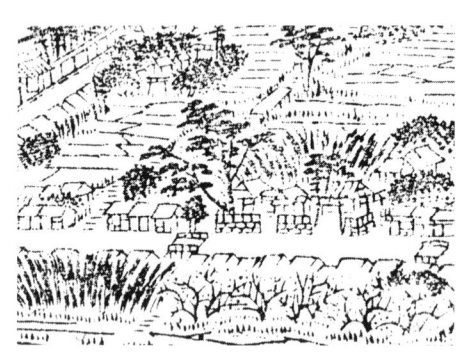

↑図25 滝尾社付近
横山華渓画『再撰花洛名勝図会』より。

←図24 滝尾社
松川半山画『再撰花洛名勝図会』より。

みである。

　図25は，広い範囲を描いた部分図であり，省略も多い図であるとはいえ，両図の比較から，幕末の頃の滝尾社には，マツの大木が2本あり，社の周囲には，ある程度の広葉樹もあったとはいえマツが主体の植生であったものと考えられる。

④日吉社

　図26は，三十三間堂の東方にある日吉社付近を描いた松川半山の図である。図の左下端に近いところから右上に延びるその参道付近には，一部にスギや広葉樹も見られるが，マツが比較的多く見られる。また，図上部の拝殿付近には，サクラが4本描かれている。また，拝殿の左方の通直な大きな樹木は，モミを描いている可能性がある。図上端に近い本殿付近には，マツが多いが，その少し左方には大きな広葉樹が見える。一方，図27は，旧大仏殿付近を描いた松川半山に

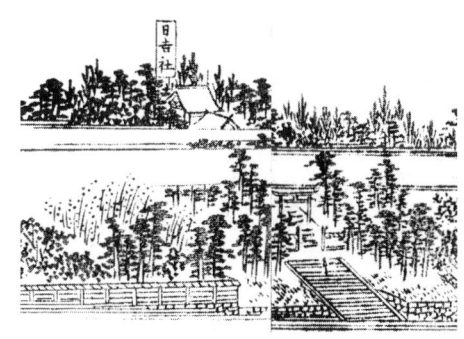

↑図26　日吉社
松川半山画『再撰花洛名勝図会』より。

←図27　日吉社
松川半山画『再撰花洛名勝図会』より。

よる別の絵の一部である。その日吉社のあたりにはマツが多く、また一部にスギも描かれている。

両図は、日吉社付近にマツが多く、また一部にスギがあるという点では大まかに共通していると見ることもできるが、本殿近くの大きな広葉樹や拝殿付近のモミやサクラなどについては、比較できず、その写実性を確認することはできない。

以上のように、「再撰花洛名勝図会」では、比較できる挿図があるものについては、神社周辺の植生は一部の例外を除き、おおむね写実的に描かれていると考えられる。また、その結果、それらの神社では、当時はマツやスギが主要な樹木となっていたところが多かったと考えられる。なお、祇園社（八坂神社）については、相互比較可能な複数の図があるが、それについては先に検討した通りである（5.2.2）。

比較検討できる図で見る限り、「再撰花洛名勝図会」の植生描写は、かなり写実性が高いものが多いことから、他の神社の森も比較的写実的に描かれている可能性があると考えられる。そのことは、「再撰花洛名勝図会」の挿図は、絵図類では写実的に描かれていないことも少なくない山地部の植生描写までも、かなり写実的に描かれているものが多い[29]ことからも考えられる。

図28　粟田天王社
松川半山画『再撰花洛名勝図会』より。

第5章 鎮守の森の歴史

そこで，以下に挿図の比較考察はできないものの，神社付近の植生の描写例を示したい。なお，「再撰花洛名勝図会」には，それぞれの名所の説明も多く記されている。そこには，神社境内の樹木についても少し記されていることもあり，そうした記述は大いに参考になる。

⑤粟田天王社

図28は，現在の東山区粟田口にある粟田天王社を松川半山が描いたものである。本殿の背後などは高木のマツ林として描かれている。一方，参道沿いに，やや大きなスギが2本描かれている。また，「観をん（観音）」，「ふとう（不動）」と記されている建物の近くには，高いマツも少し見えるが，そこには高いもので建物より少し高い程度の広葉樹が比較的多く描かれている。

⑥吉水弁天社

図29は，現在の円山公園の東端付近にあった吉水弁天という神社を松川半山が描いたものである。その社の背後のあたりには多くのスギが描かれている。また，そこには一部マツや広葉樹も見られる。手前の山の斜面に描かれている広葉樹は，小さなものが多い。その社から少し離れた右手の方には，竹林も少し見られる。

図29　吉水弁天社
松川半山画『再撰花洛名勝図会』より。

図30　吉田神社
松川半山画『再撰花洛名勝図会』より。

⑦吉田神社

　図30は，松川半山によるもので，吉田神社を描いたものである。図の中央よりも少し左手には，スギの巨木が1本描かれている。図の左方，本殿の背後にはマツとともに高木の広葉樹が描かれている。図の中央付近には大小の広葉樹が描かれているが，図の右下方の小さな祠のあたりは，スギとマツが多い描写となっている。

⑧春日社，若宮，神海具社ほか

　図31は吉田神社の近くの社寺を描いた図で，これも同じく松川半山によるものである。図の左上方の春日社（図32は拡大図）のあたりでは，社殿の背後は主にスギの林となっており，また広葉樹やマツも少し描かれている。社殿の手前にはマツとともに広葉樹も描かれている。そのうち，1本の広葉樹は，かなり大きな木である。

　また，図31の上部中央付近には若宮と記された社が見える（図33は拡大図）。その近くには大きなスギが1本描かれている。そのスギの近くにはマツが，また参道や社殿の左方には広葉樹が多く描かれている。また，若宮の右手には兼倶具社と記された社も見える。その周辺には，さほど大きくないマツと広葉樹の林が

第 5 章 鎮守の森の歴史　　　　　　　307

図 31　春日社・若宮など
松川半山画『再撰花洛名勝図会』より。

図 32　春日社付近
松川半山画『再撰花洛名勝図会』より。

図 33　若宮・兼倶具社付近
松川半山画『再撰花洛名勝図会』より。

図 34　西天王社付近
松川半山画『再撰花洛名勝図会』より。

描かれている。
　一方、図 31 の中央よりやや左手の西天王社の周辺（図 34 は拡大図）もマツと広葉樹の林が描かれている。その左下方の神海具社の背後は、珍しくマツやスギのない広葉樹林として描かれている。

⑨飯成社

　図35は，聖護院の森の南東にあった飯成社の図である。その井上左水筆の図には木は多く描かれていないが，神木と記された大きなマツが1本と比較的大きいスギが1本描かれている。そのスギの近くには，樹高がスギの半分程度の広葉樹が1本見える。また，図の左下方の鳥居付近には，さほど大きくはないマツやウメ，また比較的小さなスギなどが描かれている。

←図35　飯成社
井上左水画『再撰花洛名勝図会』より。

⑩若王子神社

　図36は，後白河上皇が紀伊熊野権現を勧請したという若王子神社付近を松川半山が描いたものである。図の左方に見える4棟の社殿の手前には大きなスギが1本描かれ，「枕大木」と記されている。その社殿のすぐ背後には広葉樹が多く描かれているが，その近くにはそれらの木々よりも高いマツが何本か描かれている。

　その他の境内付近の主な樹木としては，やや大きなスギが3本，サクラとマツがそれぞれ数本描かれている。そのうち，サクラについては，「再撰花洛名勝図会」に，近年「梅桜楓等数株寄栽し…」との記述も見られる。

←図36　若王子神社付近
松川半山画『再撰花洛名勝図会』より。

第 5 章 鎮守の森の歴史

図 37　日山神明社
松川半山画『再撰花洛名勝図会』より。

⑪日山神明社(ひのやま)

　図 37 は，東岩倉山麓の日山神明社を描いた図である。画者は松川半山である。本殿のすぐ隣にはいくつかの又に分かれた大きなスギの神木があり，「八杉殿」と記されている。また本殿周辺はやや大きなスギの林となっている。なお，神木のスギについては，「再撰花洛名勝図会」にも，「大木の老杉なり」と記されている。

　本殿の手前にある外宮や拝殿の近くでは，図の左手ではマツの多い林，右手では広葉樹の多い林となっている。ただ，鳥居の右手には，上部は雲に隠れた形になっているが，スギの大木が 1 本描かれている。また外宮の背後にも，比較的大きなスギが 1 本描かれている。

⑫三嶋明神

　三嶋明神（現・東山区上馬町）は松川半山により図 38 のように描かれている。その図では，境内の樹木はマツが主体で，サクラと思われる樹木も数本描かれている。本殿後方には，高木のマツとともに樹高のさほど高くない広葉樹が多い木立も見える。その左方には，やや樹高の高いスギも 1 本描かれている。

←図38　三嶋明神
松川半山画『再撰花洛名勝図会』より。

図39　地主権現社
松川半山画『再撰花洛名勝図会』より。

⑬地主権現社
　清水寺に隣接した地主神社は，松川半山により図39のように描かれている。その図では，本殿のすぐ近くから背後のあたりにはスギと概してさほど高くない広葉樹が多く，またその先はマツ林となっている。一方，本殿の手前にはサクラかと思われる木が数本描かれ，その近くにはマツや広葉樹も見られる。

⑭新熊野神社
　新熊野神社（現・東山区今熊野椥ノ森町）は，松川半山により図40のように描かれている。図では右手に大きな御神木の広葉樹が1本描かれている。それは，「再撰花洛名勝図会」の記載からクスノキであることがわかる。ただ，境内付近の樹木としてはスギが圧倒的に多い。それらは，神木のクスノキほどではないが結構大きい木も多いように見える。また，神木のクスノキの近くにはマツも1本ある。他にも広葉樹が少し見えるが，それらは比較的低い木々である。

図40　新熊野神社
松川半山画『再撰花洛名勝図会』より。

第5章 鎮守の森の歴史

図41 剣宮
松川半山画『再撰花洛名勝図会』より。

⑮ 剣　宮
つるぎのみや

　新熊野神社東南の剣宮は，松川半山により図41のように描かれている。その神社付近には，マツやスギも一部描かれてはいるが，広葉樹がその周辺に多く見られる。その広葉樹が常緑樹か落葉樹かはわからないが，樹高が付近のマツやスギと変わらないか，むしろそれよりも高いものが少なくない点は，「再撰花洛名勝図会」で描かれている神社の森のなかでは例外的なものである。

⑯南禅寺裏の祠

　図42は，南禅寺の裏の山道で柴を運ぶ人々などを描いたものであるが，その人々の背後には鳥居と小さな祠も描かれている。その祠の付近には，スギやマツは全く見えず，何らかの広葉樹ばかりが描かれている。その広葉樹が常緑樹か落葉樹かはわからないが，祠付近の植生の様子が詳しく見えないとはいえ，「再撰花洛名勝図会」中，祠の近辺にマツやスギが1本も描かれていない珍しい例である。

図42　南禅寺裏の祠
松川半山画『再撰花洛名勝図会』より。

以上のように，「再撰花洛名勝図会」で挿図の比較検討が難しい神社でも，剣宮や南禅寺裏の祠などのように一部例外はあるものの，大部分の神社でマツとスギが神社の主要な樹木であったと考えられる。ただ，そうした神社でも，新熊野神社のように，数は少ないもののクスノキなどの広葉樹が大木として存在していた場合もあった。

3）初期洛中洛外図からの考察

次に，16世紀初期から中期にかけて制作されたと考えられるいくつかの洛中洛外図をもとに，当時の神社の植生を考えてみたい。

ここで取り上げる初期の洛中洛外図は，国立歴史民俗博物館蔵の歴博甲本洛中洛外図（以下簡略に歴博甲本とする），山形県米沢市蔵の洛中洛外図（上杉家旧蔵，以下簡略に上杉本とする），模本ながら歴博甲本と上杉本の間の景観を描いており史料的価値の高い東京国立博物館所蔵の洛中洛外図（以下簡略に東博模本とする），上杉本に近い時代の景観を描いたものと考えられる国立歴史民俗博物館所蔵の歴博乙本洛中洛外図（以下簡略に歴博乙本とする）の4点である。これらの洛中洛外図は，当時の町並みや風俗などを細かに描いており，植生景観に関しても写実的に描いている可能性があると思われるものである。

なお，現存する洛中洛外図のなかで最古と考えられる歴博甲本の制作年代は，大永5（1525）年に造営された将軍義晴の柳御所とみられる公方邸が描かれていることなどから，1520年代後半から1530年代中期と推測されている[30]。また，ここで取り上げるもののなかでは，歴博乙本とともに遅い時代の作品である上杉本洛中洛外図は，天正2（1574）年に織田信長が上杉謙信に贈ったとされるもので，制作年代には諸説があるものの，景観年代は天文年間（1532～1554）後半と考えられている[31]。一方，東博模本の景観年代は，歴博甲本に次いで古く天文8（1539）年以降，また，歴博乙本の景観年代は上杉本に近い天文年間か，もう少し古いと考えられている[32]。このように，これら4点の洛中洛外図は，十数年から二十数年ほどの期間の景観を描いたものである可能性が高い。

過去の植生景観を明らかにするために絵図の比較考察を行う場合，できる限り近い時代の絵図を使うのが望ましい。それは，樹木の成長や伐採等により，植生景観は短期間に大きく変化することがあるためである。しかし，500年近く前の時代の絵図で，きわめて近い時代に同一場所を描いた複数の絵図類が存在するこ

第5章 鎮守の森の歴史　　　313

とは珍しく，また仮に存在しているとしても，それを探しだすことは容易ではない。一方，筆者がかつて行った歴博甲本と上杉本における山地描写の比較考察は，その時代における京都周辺の山の植生景観を考える上で有効であったと考えられる[33]。そのようなことから，ここでは初期の4点の洛中洛外図を比較検討することにより，その時代における鎮守の森の状態を考えることにしたい。もちろん，その際には，十数年から二十数年ほどの期間における樹木の成長や伐採などによる消失等の景観変化がありうることも考慮しなければならない。

なお，ここでは寺院内などにある鎮守社，神社の御旅所，小さな祠は対象外とした。また，洛中洛外図は，きわめて広範囲を描いたものであるため，それぞれの神社の植生は充分詳しくは描かれていないはずである。そのため，そこに描かれている樹木などの植物は，シンボル的に描かれている場合が多いと考えられる。そのため，図が写実的なものであっても，描かれた樹木などの植物種は，特別な御神木などを除けば，実際は描かれているよりもずっと多く存在していたものと考えられる。

①上賀茂神社

上賀茂神社は，歴博甲本には図43のように描かれている。右手上方の朱塗りの社殿の背後には，スギが多く描かれている。また，この付近は冬の様子が描かれているため，スギとともにあるのは，常緑広葉樹と思われる。その他の部分でもスギがしばしば見られる。また，図の右手中央から下方にはマツが多く見られる。また，落葉広葉樹もある程度見られるが，常緑広葉樹はわずかしか描かれていない。なお，鳥居上方の小さな丘の上の樹木は，上部が金雲に隠れているもの

図43　上賀茂神社
歴博甲本洛中洛外図より。

が多いが，下部の通直な幹の描写などから，そのほとんどはスギと思われる。

一方，東博模本でもスギがやや多く描かれている（図44）。他にマツ，常緑広葉樹，落葉広葉樹もある程度描かれている。そのうち，落葉広葉樹はやや少ない。

図44 上賀茂神社
東博模本洛中洛外図より。

図45 上賀茂神社
上杉本洛中洛外図より。

本殿付近では，スギ，常緑広葉樹，落葉広葉樹が描かれ，そのうち常緑広葉樹の割合がやや大きい。

また，上杉本では，本殿付近は主にスギの林として描かれており，一部に広葉樹も見られる（図45）。また，図の下方ではマツが多く描かれており，一部に広葉樹の描写も見られる。なお，上杉本では，この付近に描かれている広葉樹が，常緑か落葉かはわかりにくい。

以上3点の洛中洛外図の比較から，当時，上賀茂神社では，スギが重要な樹木となっていたものと考えられる。また，本殿の近く以外ではマツも比較的多く見られたものと思われる。また，常緑広葉樹，落葉広葉樹もある程度あったものと考えられる。

第 5 章 鎮守の森の歴史　　　　　　　　　　　315

図 46　下鴨神社
東博模本洛中洛外図より。

図 47　下鴨神社
上杉本洛中洛外図より。

②下鴨神社

　下鴨神社は，東博模本には，その鳥居の両側にスギが，また鳥居の上方に広葉樹が描かれている。その広葉樹は，常緑広葉樹と落葉広葉樹を描き分けているように見える（図46）。

　一方，上杉本では，同じく鳥居付近を中心に描かれており，白黒の図ではわかりにくいが，鳥居の両側はスギが多く，鳥居と奥の社殿の間は広葉樹が多い描写となっている（図47）。また，図の左上には高いマツが1本見える。なお，鳥居左手のスギの描写は，白黒の図ではとくにわかりにくい。

　両図を比較すると，鳥居の両側にスギが多く，その奥には広葉樹が多いという点では一致する。

③今宮神社

　今宮神社は，歴博甲本では，図48のように，雪をかぶったスギと常緑広葉樹らしき木々が多く描かれている。また，図の上部には，少し落葉広葉樹も見える。また，東博模本でも，今宮神社付近にはスギと常緑広葉樹が同じくらい描かれている（図49）。一方，上杉本では，神社周辺は，ほとんどスギばかりの林として描かれており，一部に落葉広葉樹も見られる（図50）。

　これら，3点の図の比較から，当時，今宮神社ではスギが多く見られたものと

図 48　今宮神社
歴博甲本洛中洛外図より。

図 49　今宮神社
東博模本洛中洛外図より。

図 50　今宮神社
上杉本洛中洛外図より。

考えられる。また，上杉本の描写は異なるものの，常緑広葉樹を中心とした広葉樹も少なからずあった可能性が高いように思われる。

④愛宕神社

愛宕山の上にある愛宕神社付近は，歴博甲本では図 51 のように描かれている。図の上部が切れた形となっているが，そこにはスギの林が描かれていると思われる。また，東博模本でも，愛宕神社付近には多くのスギが描かれている（図 52）。また，スギ林の両側には落葉広葉樹も少し見える。また，上杉本でも，その神社付近はスギのみの林として描かれている（図 53）。

以上 3 点の図の比較から，当時，愛宕神社付近には高木のスギの樹林があり，それは遠方からも目立つ存在となっていたものと考えられる。なお，愛宕神社付近にのみ樹林が描かれているのは，絵画的手法ではなく，愛宕山上部では実際にその神社付近にしか高木の樹林がなかったためと考えられる[34]。

第 5 章 鎮守の森の歴史　　　　　　　　　　　　　　317

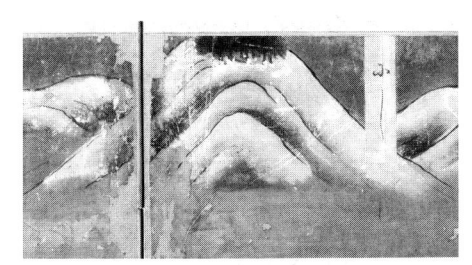

図 51　愛宕神社
歴博甲本洛中洛外図より。

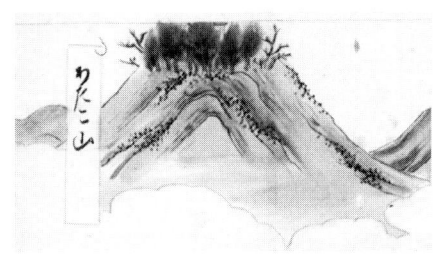

図 52　愛宕神社
東博模本洛中洛外図より。

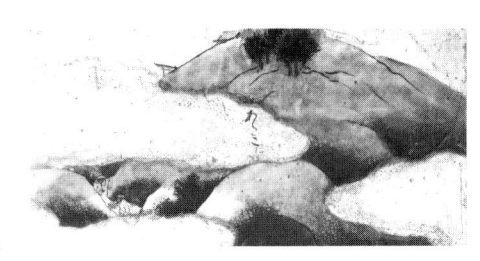

→図 53　愛宕神社
上杉本洛中洛外図より。

⑤平野神社

　平野神社は，歴博甲本ではマツと落葉広葉樹が，一見ほぼ同程度に多く描かれているように見える（図54）。ただ，よく見ると，社殿左手の雪を多くかぶった1本の木は，マツではなく常緑広葉樹かもしれない。しかし，社殿右手の2本の常緑樹は，樹形からマツを描いた可能性が高いと考えられる。一方，上杉本では，その神社の付近にはマツが多く描かれているが，本殿の裏手（右手）にはマツとともに1本の大きな広葉樹が見える（図55）。

図 54　平野神社
歴博甲本洛中洛外図より。

図 55　平野神社
上杉本洛中洛外図より。

両図の比較から，当時の平野神社には，マツとともになんらかの広葉樹も少なからずあったものと考えられる。ただ，マツと広葉樹の割合を述べることは，2点の図の比較からは難しい。

⑥北野天神

北野天神は，歴博甲本では，鳥居の付近など，図の左手ではマツが多く描かれている。その付近では，一部に落葉広葉樹も見られる（図56）。また，右手下方の鳥居付近にもマツが多く描かれている。一方，本殿の右手から上方にかけては，スギが多く描かれている。なお，本殿上方から右手上方のスギはその上部が金雲で隠れている。また，本殿の周辺には何本かのウメと見られる落葉広葉樹が描かれている。

東博模本でも，図の左手の鳥居付近にはマツが多く，一部に落葉広葉樹も見られる（図57）。また，本殿下方の門の手前付近にもマツが多く描かれているが，

図56　北野天神
歴博甲本洛中洛外図より。

図57　北野天神
東博模本洛中洛外図より。

第 5 章 鎮守の森の歴史

図 58　北野天神
歴博乙本洛中洛外図より。

図 59　北野天神
上杉本洛中洛外図より。

そこには少しスギや常緑広葉樹と思われる広葉樹の描写も見られる。また，本殿の周辺，塀で囲まれた内側の部分でも，マツが目立つ形で多く描かれている。そこには，ウメなどの落葉広葉樹もある程度描かれ，また左手の門の上方には，スギが 2 本，やや目立つ形で描かれている。

　また，歴博乙本でも，図の左手の鳥居付近にはマツが多く，一部に落葉広葉樹が描かれている（図 58）。また，鳥居のやや左下方には，竹林も少し見える。また，本殿の周辺にも，マツが比較的多く描かれているが，そこにはウメかと思われる落葉広葉樹なども描かれている。また，その左手の門の上方には，1 本あるいは 2 本のスギがやや目立つ形で描かれている。

　一方，上杉本では北野天神付近は多くの金雲で見えにくいものの，やはり図の左手の鳥居付近にはマツが多く描かれている（図 59）。また，本殿の周辺にも，マツが比較的多く描かれているが，本殿近くにはウメと思われる落葉広葉樹が数本描かれている。また，本殿左方，門の上方にはスギが 4 本ほど描かれている。

また，その右手上方にもスギが何本か見られる。

　これら4点の図の比較から，当時，北野天神には全体的にマツが多く，また本殿近くにはウメが多く見られ，一部にはスギもあったものと考えられる。

　⑦吉田神社

　歴博甲本では，吉田神社本殿のあたりは，三方を常緑広葉樹林で囲まれているような描写となっている（図60）。また，その樹林の上には，何本か落葉広葉樹がのぞいている。一方，その参道沿いは，きれいなマツ並木となっている。それに対し，歴博乙本では，本殿付近にはマツとスギが多く見られる（図61）。また，樹高がさほど高くない常緑と思われる広葉樹もややまとまって描かれている。また，参道の鳥居付近はマツが多く描かれている。また，上杉本では，本殿周辺にはスギが多く見られ，またマツや広葉樹もそれぞれある程度描かれている（図62）。

　これら3点の図を比較すると，吉田神社本殿付近については，歴博甲本のみが他と大きく異なる描写となっている。その植生の違いは，十数年から二十数年の時間差を考慮しても，やや考えにくい変化であり，歴博甲本か他の2点の図における植生描写の写実性が疑われるところである。ただ，他の2点の図では，吉

↑図60　吉田神社
歴博甲本洛中洛外図より。

←図61　吉田神社
歴博乙本洛中洛外図より。

第 5 章 鎮守の森の歴史　　　　　　　　　　321

図 62　吉田神社
上杉本洛中洛外図より。

田神社付近の植生は，大きな矛盾もなく描かれている。また，参道付近の植生描写は，歴博甲本と同乙本ではよく一致している。

⑧祇園社（八坂神社）

　歴博甲本では，祇園社（八坂神社）の周囲にはマツが多く描かれている（図63）。また，本殿の下方にはスギ，右手にはウメの可能性もあると思われる落葉広葉樹，また，図の右手下方には常緑と思われる広葉樹が描かれている。
　東博模本でも，全体的にマツが多く描かれているが，その図では本殿の右手上方のあたりを中心にスギもやや多く描かれている（図64）。また，数は多くないが，

図 63　祇園社
歴博甲本洛中洛外図より。

図64 祇園社
東博模本洛中洛外図より。

図65 祇園社
歴博乙本洛中洛外図より。

図66 祇園社
上杉本洛中洛外図より。

広葉樹も所々に描かれている。また，本殿の右下方にはシュロが1本見える。また，歴博乙本でも，その境内にはマツが多く描かれており，一部に落葉広葉樹と思われる広葉樹が見える（図65）。

　上杉本でも，全体的にはマツが多く描かれているが，本殿の右手にスギが数本描かれている（図66）。また，本殿近くにシュロが1本見える。また，本殿の背後などには広葉樹も少し描かれているように見える。

第 5 章 鎮守の森の歴史

これら 4 点の図の比較から，当時の祇園社にはマツが多く，またスギや広葉樹もある程度あったものと考えられる。また，本殿近くには 1 本のシュロがあったものと思われる。

⑨松尾神社

　松尾神社は，歴博甲本では図 67 のように描かれている。そこに見える植生は，鳥居付近のマツのみである。また，東博模本でも鳥居付近のマツは，歴博甲本と同様に描かれている（図 68）。また，その右手上方にはスギと常緑性かと思われる広葉樹が見える。一方，歴博乙本では神社の本殿付近が描かれ，その付近にはマツがやや多く見られる（図 69）。また，常緑と思われる広葉樹と落葉性と思われる広葉樹も，それぞれある程度描かれている。また，上杉本では，松尾神社は金雲に隠れながらも鳥居付近から本殿付近まで描かれ，その周辺にはマツ，スギ，常緑広葉樹，紅葉した落葉広葉樹が描かれている（図 70）。それらの樹木のうち，

↑図 67　松尾神社
歴博甲本洛中洛外図より。

←図 68　松尾神社
東博模本洛中洛外図より。

↑図69　松尾神社
歴博乙本洛中洛外図より。

←図70　松尾神社
上杉本洛中洛外図より。

図の中程から下方にかけては，マツが多く見られる。

4点の図の比較から，当時，神社の鳥居付近にはマツがたいへん多かったものと考えられる。本殿付近については，歴博乙本と上杉本との比較から，マツもあったが，常緑広葉樹も少なからずあり，また落葉広葉樹もあった可能性が高いと思われる。ただ，歴博乙本と上杉本とでは，その付近のマツの割合はだいぶ異なる。また，東博模本と上杉本の描写から，一部にスギも見られたものと考えられる。

⑩七野社

歴博甲本では，七野社付近には落葉広葉樹が多く描かれ，また常緑広葉樹の可能性のある樹木の描写も少し見られる（図71）。なお，社殿下方に描かれている少し雪をかぶった1本の常緑樹は，樹形からマツを描いている可能性が高いと思われる。

一方，上杉本には落葉広葉樹も描かれているが，常緑広葉樹の方が多い描写となっている（図72）。その図には，本殿の後ろに1本のマツも描かれている。

両図の比較から，当時，七野社には広葉樹が多かった可能性が高いと考えられ

第 5 章 鎮守の森の歴史

↑図 71　七野社
歴博甲本洛中洛外図より。

→図 72　七野社
上杉本洛中洛外図より。

る。ただ，広葉樹が常緑性のものが多かったのか，落葉性のものが多かったのかについては，歴博甲本と上杉本とでは描写が異なり，定かではない。両図の描写から，マツは少しあったものの，その数はさほど多くなかったものと思われる。

⑪三条の八幡

　歴博甲本では，三条の八幡付近には，大小 3 本のマツと 2 本の常緑と思われる広葉樹が描かれている（図 73）。また，歴博乙本では，鳥居の下方にマツが 2 本，鳥居から本殿あたりにかけて，やや大きい常緑広葉樹が数本とサクラと見られる落葉広葉樹が 3 本，また本殿の背後に樹高の高い落葉広葉樹が 2 本と，そ

図 73　三条の八幡
歴博甲本洛中洛外図より。

図74 三条の八幡
歴博乙本洛中洛外図より。

図75 三条の八幡
上杉本洛中洛外図より。

れよりも少し樹高の低い常緑広葉樹が2本ほど描かれている（図74）。一方，上杉本では，三条の八幡付近にはほとんどが常緑かと思われる広葉樹しか描かれていない（図75）。

　これら3点の植生描写はかなり異なるため，それらの比較から，たとえば本殿付近にマツがあったかどうかなど，その神社付近の室町後期の植生を述べることは難しい。ただ，3点の図の景観年代は十数年から二十数年の開きがあるため，実際にその間に大きな植生景観の変化があった可能性も考えられる。

　以上のように，4点の初期洛中洛外図に描かれた神社の森の植生を比較してみると，一部に例外はあるものの，共通性が大きい場合が多いことがわかる。表2は，その結果を簡略化してまとめたものである。このことは，それらの洛中洛外図では，描かれている樹木などの植物は一般にシンボル的なものであるとはいえ，神社付近の植生は当時の植生の実態をそれなりに反映して描かれている場合が多いことを強く示唆している。

　そこで，図の比較考察ができない神社についても，それらの森がどのように描かれているかを，参考までに見ておきたい。なお，ここで見る神社はすべて上杉本に描かれているものである。また，ここでも寺院内などにある鎮守社，神社の御旅所，小さな祠は対象外とする。

　表3は，上杉本洛中洛外図に描かれたそれら神社付近に描かれた樹木について

第5章 鎮守の森の歴史

表2 初期洛中洛外図に描かれた神社の植生とその共通性

図名 神社名	歴博甲本	東博模本	歴博乙本	上杉本	共通性
上賀茂神社	◎スギ，○マツ，落葉広葉樹，常緑広葉樹	○スギ，マツ，落葉広葉樹，常緑広葉樹		◎スギ，○マツ，広葉樹	大
下鴨神社		スギ，常緑広葉樹，落葉広葉樹		スギ，広葉樹，△マツ	大
今宮神社	○スギ，○常緑広葉樹，落葉広葉樹	○スギ，○常緑広葉樹		◎スギ，△落葉広葉樹	中
愛宕神社	◎スギ	◎スギ，△落葉広葉樹		◎スギ	大
平野神社	○落葉広葉樹，(○)マツ，常緑広葉樹			○マツ，広葉樹	中
北野天神	◎マツ，○スギ，ウメ，落葉広葉樹	◎マツ，スギ，ウメ，落葉広葉樹，常緑広葉樹	◎マツ，ウメ，スギ，落葉広葉樹	◎マツ，○スギ，○ウメ	大
吉田神社	◎常緑広葉樹，落葉広葉樹，(参道沿いはマツ)		スギ，マツ，常緑広葉樹，(参道の鳥居付近はマツ)	◎スギ，マツ，常緑広葉樹，落葉広葉樹	中
祇園社 (八坂神社)	○マツ，スギ，常緑広葉樹，落葉広葉樹	◎マツ，○スギ，広葉樹，△シュロ	◎マツ，落葉広葉樹	◎マツ，○スギ，広葉樹，△シュロ	大
松尾神社	◎マツ(鳥居付近のみ)	○マツ，スギ，常緑広葉樹	○マツ，落葉広葉樹，落葉広葉樹	○マツ，スギ，常緑広葉樹，落葉広葉樹	大
七野社	◎落葉広葉樹，常緑広葉樹			常緑広葉樹，落葉広葉樹，マツ	大
三条の八幡	◎マツ，常緑広葉樹		マツ，常緑広葉樹，サクラ，落葉広葉樹	◎常緑広葉樹	小

樹木の◎はとくに多い，○は多い，△は少ないことを示す。

表3 上杉本洛中洛外図に描かれた神社の森の樹木
(表2記載分をのぞく)

	描かれている樹木
上御霊社	マツ，常緑広葉樹，落葉広葉樹
下御霊社	広葉樹(常緑広葉樹が多い？)
五条の天神	マツ，落葉広葉樹
伏見稲荷	◎スギ
地主神社	○スギ，常緑広葉樹，落葉広葉樹
大将軍社	◎常緑広葉樹，△落葉広葉樹
天満宮	マツ，広葉樹
玉津嶋社	広葉樹(常緑広葉樹が多い？)
神明社	マツ，落葉広葉樹
若宮の八幡	○スギ，マツ，落葉広葉樹
鞠の宮	マツ，広葉樹

樹木の◎はとくに多い，○は多い，△は少ないことを示す。

↑図76　上御霊社
　　　上杉本洛中洛外図より.

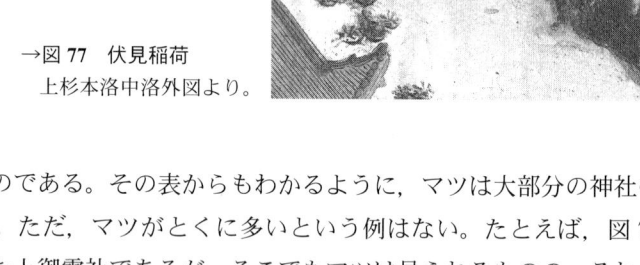

→図77　伏見稲荷
　　　上杉本洛中洛外図より.

簡略にまとめたものである。その表からもわかるように，マツは大部分の神社の森に描かれている。ただ，マツがとくに多いという例はない。たとえば，図76は上杉本に描かれた上御霊社であるが，そこでもマツは見られるものの，それがとくに多く描かれているわけではない。

　一方，スギについては，それが神社の森の多くを占める描写となっているものがいくつかある。たとえば，伏見稲荷は，屏風の端のためわずかな描写しかないが，その社殿はスギのみの木立に囲まれるように描かれている（図77）。

　また，常緑広葉樹が多い描写となっている神社の森もいくつかある。たとえば，大将軍社もその一つである（図78）。その社殿周辺は，1本の紅葉した落葉広葉樹を除き，すべて常緑広葉樹のように見える。ただ，社殿右手（背後）の森の樹幹はすべてかなり通直であり，葉は常緑広葉樹のように見えるものの，実際はスギなどの針葉樹を描いている可能性もある[35]。また，下御霊社と玉津嶋社の広葉樹については，その多くが常緑広葉樹の可能性もある。

　落葉広葉樹は，それがとくに多いところはないものの，多くの神社の森に描かれている。たとえば，五条の天神では，落葉広葉樹と見られる広葉樹がマツとともに多く描かれている（図79）。なお，その図には，ススキかハギと思われる低

第 5 章 鎮守の森の歴史

図 78 大将軍社
上杉本洛中洛外図より。

図 79 五条の天神
上杉本洛中洛外図より。

い植物も多く描かれている。

　以上，図の比較考察ができない神社についても，比較考察が可能であった神社の場合と，その森の植生は概して似た傾向にあるように思われる。こうして，これらの洛中洛外図が描かれた時代における京都の神社林の概観が浮かび上がってくる。すなわち，当時，神社の森の植生は一様ではなく，神社により大きく異なっていたとはいえ，全体的にマツがある程度は見られる場合が多く，北野天神や祇園社のように，その割合が大きかったと思われる神社がある。その一方で，今宮神社や愛宕神社などのように，なかにはマツがないか少なかったと思われる神社もある。また，スギも神社の森の重要な樹種であった場合が多く，中には愛宕神社や伏見稲荷のように図にスギしか描かれておらず，スギがかなり多かったと思われる神社もある。一方，七野社や大将軍など，森に常緑広葉樹の割合が大きかった可能性のある神社もある。

5.5　むすびと補足

　本稿では，大正初期と明治末期の古写真，また幕末と室町後期の絵図類を主な資料として，それぞれの時代における神社の森の植生がどのようなものであったかを考えた。その結果，かつての神社の森の植生景観は，一部に例外的なものもあるが，スギやマツなどの針葉樹が重要な樹木として多く存在する傾向があったと思われる。また，絵図類では樹木がシンボル化されていることが多いために，

わかりにくいが，明治期から大正期の古写真で見ると，かつての神社付近の森は，樹木が今日よりも少ないことなどにより，すっきりとした印象のところが多い傾向があった。このように，ここで検討したかつての神社林の多くは，今日とは大きく異なっていたと考えられる。

こうした傾向は，先述の『偵察録』などからわかる関東の神社の例とも共通するところがある。このように，関東や関西を含む日本南部のかつての神社の森は，一部には常緑広葉樹あるいは落葉広葉樹が主たる樹木であったところもあるとはいえ，今日多く見られる照葉樹中心の森は少なかったと考えられる。京都の神社の例などから考えると，そのような神社の植生景観の起源は，室町後期よりも前に遡る可能性が高い。こうして，照葉樹林が多い近年の神社林の景観は，概して比較的新しい景観であるということがいえるであろう。

ところで，神社林の植生景観の変遷について書き終えるにあたり，少しだけ触れておかなければならないことがある。その一つは，神社林が「入らずの森」という幻想がなぜ生まれたのかということ，もう一つは，ほとんどの神社林が明治期頃より大きく変化してきているが，それはどのような理由によるものかということである。

5.5.1 「入らずの森」幻想の由来

これまで述べてきたことから明らかなように，今日の神社林の植生景観は，ずっと前から同じようにあったものではなく，多くの場合，せいぜいここ140年ほどの間につくられてきたと考えられる。それは，見方によっては比較的新しいともいえるものである。そのように，森林としては決してさほど古くはない植生景観を，これまでずっと昔からあったと見る見方が支配的であったのはなぜなのだろうか。

それにはいくつかの理由があるように思われる。たとえば，その一つの理由として，原生的自然がとくに重視されていた1970年代頃の自然保護の潮流の影響も考えられる。その頃，すでに100年ほどあまり手を加えられなかったために，比較的自然度が高くなっていたところが多い神社の森は，潜在自然植生（それぞれの地域における自然植生と考えられる植生）を考えるうえでたいへん注目されていた[36]。その時代の次の文章も，そのことをよく示している。

第5章 鎮守の森の歴史

　ほとんど開発しつくされた日本の平野部にも鎮守の森だけはよく自然の原形をとどめているものが多い。とくに氏神や，それ以上の広い範囲の多数の氏族の信仰をあつめた大きい社の社叢には面積はそれほどは広くはなくともかなり良い状態で保存されている森林がある。なかには献木などによる針葉樹の植栽で，多分に人工的に改変されたと考えられるものもあるが，こうした自然は，今後とも是非保護されねばならないし，またわが国の平野部の元の植生を再現しうる唯一の手掛りでもある…（以下略）

四手井綱英「社寺林（鎮守の森）の植生」
『社寺林の研究・1』緑地学研究会編，1974より

　あるいは，樹木は数十年から100年ほどの期間でも驚くほど大きくなることもある一方，1～2年ではさほど大きな変化もないことから，今の状態が昔からずっとあったと錯覚してしまいやすいことがある。そのような樹木の成長の特徴が，神社林についての誤った認識を生んできた別の要因の一つかもしれない。
　また，一部とはいえ，神社のなかには，珍しい巨木や樹種があり，早くから天然記念物などに指定される森をもつところもあったことは事実である。たとえば，先に取り上げた奈良県の妹山（大名持神社社叢）もそうしたところで，長く入山を禁止されてきたとされる。しかし，それは上述の通り，どれほど長く「入らずの森」であったのか疑問に思われるところがある。
　なお，神社の森の変遷について考えるために，2005～2006年にかけて，妹山の他にも天然記念物などに指定されている立派な森を持つ神社をいくつか訪ねる機会があったが，それらの森でも同じように，どれほど長く手つかずの状態が続いていたのかと感じることが多かった。
　たとえば，新潟県柏崎市にある宮川神社には，その裏山にシロダモなどの大木があるため，国指定の天然記念物となっている社叢（写真47）がある。その裏山は海岸に近い低い山で，シイやカシの北限に近いとはいえ，もし長く手がつけられていなければ常緑広葉樹がかなり多いはずのところである。しかし，特別大きくもないケヤキなどの落葉広葉樹やスギがかなり多く，100年から200年ほど前までは，少なからず人の影響があったのではないかと思われた。
　あるいは，同じ新潟県の糸魚川市にある能生白山神社にも，その付近では珍し

写真 47　宮川神社裏山の社叢
（2006 年 3 月撮影）

写真 48　能生白山神社社叢のフジ蔓
（2006 年 3 月撮影）

いアカガシなどがあり，昭和 12（1937）年に国指定の天然記念物に指定された社叢がある。しかし，そこではアカガシはさほど多く見られず，またケヤキなどの落葉樹が目立つところもある。さらに，林内にはちょうどその森が天然記念物に指定された頃から生育したかと思われるほどの太さのフジが多く見られるところもある（写真 48）[37]。それらのことから，その社叢もかつて実際には人手がある程度入っていた山である可能性が高いように思われる。

また，大木があり南方熊楠がたいへん喜んだという闘雞神社（和歌山県田辺市）も訪れる機会があった。そこには確かに今もクスノキの巨木が何本か境内にあるものの，今の社叢にそうした巨樹が占める割合はさほど大きくはない。その現状からは，熊楠の時代にそこに巨樹がその森の多くを占めていたことは考えにくい。いずれにしても，一部に例外はあるかもしれないが，ほとんどの鎮守の森は，これまでしばしばいわれてきたような「入らずの森」でないことは明らかと思われる。

ところで，筆者の知る明治初期に上地された京都周辺の旧神社林の例を考えると，明治初期の上地の後，森林の管理が厳しくなり，それまでのように柴草等の採取などに「入れぬ森」が増えていったと考えられる[38]。「入らずの森」（"人々の意思により長期間人が入らなかった森"と理解されることが多い）とされてきた社叢の中には，江戸時代の頃から人手の加わり方は比較的少なかったにせよ，明治初期の上地後管理が厳しくなり「入れぬ森」（規制により入れない森）となったところが少なくないのかもしれない。

5.5.2 神社林が大きく変化した背景

　明治期の植生景観変化の背景について調べていると，神社林に関する文書もいくつも見ることができる。たとえば，次に示すのは，明治15（1882）年9月15日付の京都府布令である。

　　社寺境内樹木ノ義ハ元来修繕等ノ為培植候モノニ無之候処近来多分ノ伐木願出数百年来ノ古木一朝地ヲ拂ヒ遂ニ風致ヲ毀損スル向モ不少候條自今社ハ本殿拝殿寺ハ本堂庫裡等造修ノ為不得止モノニ限リ風致木ヲ除クノ外目通リ壹丈以下五尺以上ハ総数十分ノ一五尺以下一尺以上ハ同シク十分ノ二以内壹尺以下ハ生立ノ為抜伐ニ限リ別紙ノ廉々取調可願出右其区郡内社寺ヘ告示可致此旨相達候事
　　　（別紙）
　　一　造修ノ旨趣並ニ仕様書ノコト
　　一　境内官有地又ハ民有地ノ別
　　一　同寸尺樹木ノ総数
　　一　伐採スヘキ樹木ノ位置

《『京都府布達要約』より》

　このように，この文書では，明治初期頃に社寺境内の樹木の伐採が多く，樹齢数百年の古木も一朝にして消え，風致を損なうことが少なくなかったため，今後社寺の造修のためやむを得ない場合に限り，風致木を除き目通り周囲1丈以下5尺以上（直径約1m以下約50cm以上）は総数の10分の1以内，同5尺以下1尺以上（直径約50cm以下約10cm以上）は5分の1以内，同1尺以下（直径約10cm以下）については抜き伐りに限って樹木の伐採を願い出ることができるとしている。ただし，造修の目的，樹木の大きさと数，伐採予定の樹木の位置などを添えて提出する必要がある。

　また，明治18年3月には，明治15年のものを少し改める形で，次のような社寺境内木竹伐採心得が出されている。

　　社寺境内立木竹ノ義ハ妄リニ伐採スヘキモノニ無之候得共不得止伐採願出

候節ハ詳細其事情ヲ具シ自今別紙之通取調可差出此旨布達候事
　　　明治一八年三月二日　　　京都府知事　北垣國道
　　（別紙）
　　社寺境内木竹伐採心得
　一　社寺境内（官民有地）木竹ヲ分テ左ノ四類トス
　　　　第壹類　木竹（目通寸尺ニ不拘渾テ境内風致ニ関スルモノ及目通
　　　　　　　　壹丈廻以上ノ樹木）
　　　　第貳類　木（目通壹丈廻以下五尺廻以上）　竹（目通壹尺廻以上）
　　　　第三類　木（目通五尺廻以下壹尺廻以上）　竹（目通壹尺廻以下三
　　　　　　　　寸廻以上）
　　　　第四類　木（目通壹尺廻未満）　竹　（目通三寸廻未満）
　一　第壹類ハ渾テ伐採ヲ許サス第四類ハ生立ノ為抜伐ノ外伐採ヲ許
　　　サヽルモノトス
　　　但第壹類風致ニ属スル竹林及第四類ノ樹木ニシテ其木竹育生ノ為透
　　　伐ヲ要スルトキハ其理由ヲ明記シ左ノ雛形ニ拠リ内書ニ其抜伐ヲ要
　　　スル員数ヲ掲クヘシ
　一　第貳類第三類以下ノ立木竹伐採ヲ要スルトキハ現境内総図建物
　　　　及伐採ヲ要スル木竹ノ位置等精細ナル図面ヲ添ヘ願出ヘシ
　　　但伐木願ノトキハ立竹ヲ取調ニ不及伐竹願ノ節ハ立木ハ掲クルヲ
　　　不要
　一　社堂造修ノ為伐採ヲ願出ルトキハ其目論見仕様書ヲ付スヘシ
　　　但社堂造修トハ社ハ本殿拝殿等寺ハ本堂庫裡等ニ限ルヘシ
　　　　　　　　（雛形略）

《『京都府布令書』より》

　これらは，明治10年代の京都府布令であるが，その10年前後前には，次のような太政官布告や内務省達が出されている。

　　明治6（1873）年7月：太政官第235号布告「社寺境内ノ樹木ハ仮令其社寺
　　　　　　　　修繕等ニ相用ヒ候共猥ニ伐木不相成候若シ難止事情
　　　　　　　　有之節ハ其地方庁ヘ願出許可ヲ可受事」

第5章 鎮守の森の歴史

明治7（1874）年12月：内務省達乙第75号「社寺現境内上地ノ山林及境内地ノ樹木伐採セサル様注意セシム」

　明治6（1873）年の太政官布告は，「社寺境内の樹木は社寺修繕などに用いる場合であっても勝手に伐採することは許されず，やむを得ない事情がある場合には地方庁の許可を得る必要がある」というものである。また，明治7（1874）年の内務省達は，「社寺の上地された山林と境内地の樹木を伐採しないよう注意する」というものである。ともに簡単な文面ではあるが，明治政府の社寺林の扱いに対する強い意向を表している。これらは，神道国教化政策により神社の重要性が大幅に増したことによる対応と考えられる。上記の明治10年代の京都府布令は，これらの国の布告や達しを受けたもので，確実にその内容を実施するためのものであろう。

　また，明治30（1897）年4月に公布された森林法により，「社寺，名所又ハ旧跡ノ風致ニ必要ナル箇所」の森林は，樹木の伐採などが厳しく制限される保安林に編入されることになった（同法：第3章 保安林 第8条）。

　こうして，明治期に神社林の樹木がかなり伐採しにくい状況がつくられたことにより，神社林の植生の遷移が進み，それによりマツなどの陽樹は早く消えてゆくことになったと考えられる。一方，スギも関東地方などでは大気汚染や都市化による地下水の変動で枯れてゆくものが少なくなかったと考えられる[39]。

　また，常緑広葉樹があえて多く植樹されるようになったことも，鎮守の森に常緑広葉樹が増える原因となったと思われる。たとえば，東京の明治神宮は，明治天皇の没後，大正初期に創建された比較的新しい神社であるが，その植樹に際しては，当初スギ・ヒノキなどの針葉樹中心の案であったが，それらの樹種はよい環境下では最適の樹種と考えられたものの，大気汚染に弱いため，東京の風土・気候に適し，各種危害に抵抗強く，また人手による補植を必要としないなどの理由から，カシやシイやクスノキなどの常緑広葉樹を森の中心的樹種とする案になったという[40]。

　以上のようないくつかの理由により，ここ百数十年の間に，神社林は大きく変化してきたものと考えられる。

註

1) ここでは，比較的小さな神社の森から諸国の一宮などの大きな神社の森林まで含めて「鎮守の森」とする。
2) 小椋純一『植生からよむ日本人のくらし』雄山閣出版，1996
3) 前記註2
4) 原田洋・磯谷達宏『マツとシイ』岩波書店，2000
5) 国立歴史民俗博物館編『日本の神々と祭り ―神社とは何か？―』国立歴史民俗博物館，2006
6) 鳴海邦匡・小林茂「近世以降の神社林の景観変化」『歴史地理学』48 (1)，1-17，2006
7) 大内規行・中村克哉『大国魂神社社叢の研究』府中市教育委員会，1993
8) 上記註6
9) 上記註5
10) 上記註5
11) 上記註5
12) 小椋純一「古写真と絵図類の考察からみた鎮守の杜の歴史」『国立歴史民俗博物館研究報告』第148集，379-412，2008
13) 『偵察録』は『明治前期民情調査報告「偵察録」』としてマイクロフィルム化され，柏書房より1986年に発行されている。
14) 平凡社編『京都市の地名』平凡社，1979
15) 小椋純一『絵図から読み解く人と景観の歴史』雄山閣出版，1992
16) 千家和比古「出雲大社の，いわゆる神仏習合を伝える絵図の検討」『古代文化研究』(4)，1-76，1996
17) 出雲大社総務課，沖津世育氏による回答。
18) 江戸幕府の畿内大工頭であった中井家が制作した一連の洛中洛外の大絵図（慶応大学，京都大学など所蔵：第2章註49の文献参照）などで，絵図の雛形使用の例が見られる。
19) 京都府編『京都府誌』京都府，1915
20) 田山宗堯編『日本写真帖』ともゑ商会，1912
21) 近年の地形図とは異なり，植生が詳しく記されている。京都周辺の大部分は，明治22 (1889) 年に測図されている。
22) 明治10年代にまとめられた『皇国地誌』の副本。京都府立総合資料館蔵。
23) 仮製地形図の樹木の記号は大と小に分けられている。大小の区分は，『京都府地誌』など，当時の文献との比較から，5m程度の高さがその境であったものと考えられる。そのことは，下記註29に詳しい。
24) たとえば鎌倉大仏の背後の樹林では，かつて樹高の高いマツが目立っていたが，近年はマツが消え，マツ林に代わった照葉樹林の高さは，かつてのマツの高さよりかなり低くなっている。上記註2など参照のこと。
25) 鴨社絵図および賀茂御祖神社境内全図。両図とも，財団法人糺の森顕彰会編『鴨社古絵図展』

財団法人糺の森顕彰会，1985，に図が掲載されている．
26) 上記註20
27) 氷川神社での聞き取りによる．
28) こうしたヒノキの性質は，たとえば，木曽のヒノキ林，あるいは京都東山中央部のヒノキ林でも観察することができる．
29) 小椋純一『絵図から読み解く人と景観の歴史』雄山閣出版，1992
30) 京都国立博物館編『洛中洛外図』淡交社，1997
31) 上記註30
32) 上記註30
33) 上記註29
34) 上記註29
35) こうした大きな屏風の制作には何人もの画工がかかわっていると考えられることから，同じ樹種でも屏風の部分によってやや異なった描法で描かれることもあるものと思われる．
36) この頃，『社寺林の研究』（第1-12号　緑地研究会編）に代表されるように，全国的に多くの社寺林が調査され，その報告書が作成された．
37) フジは，山に人手が入らなくなると増えることがよくある蔓性の樹木である．そのため，フジの樹齢は，人が森林に手を加えなくなった時期を知る手がかりになる．
38) 現在の京都市北部の山にあった「い」の字の送り火が明治後期に消えることになったのも，そのような旧神社林の植生の変化によるものと考えられる．（上記註2）
39) 東京都府中市の大国魂神社でも，昭和30年代頃までに多くのスギが枯れていった．上記註7参照．
40) 明治神宮境内総合調査委員会編『明治神宮境内総合調査報告書』明治神宮社務所，1980

おわりに

　本書発行の 1 年ほど前，東日本大震災が発生し，地震や津波による大被害とともに，それを引き金にした原発の大事故も起き，さらなる大災害が加わることになった。その大地震や原発事故が発生した頃，筆者は在外研究でニュージーランドに滞在していたため，南半球からそれらのニュースやインターネット情報を見ることになった。日本から遠く離れたところからであっても，故国の大地震や大津波による被害の惨状には言葉を失い，進行する原発事故については，その情報収集などに追われ，心配で夜もあまり眠れなくなってしまった。
　ニュージーランドでの在外研究は，15 年ほど前の英国に次いで 2 度目であったが，ニュージーランドを在外研究先にしていた一つの理由は，その国は日本と同じ地震や火山の国でありながら，日本とは異なり原発がなく，そのことによる安心感が大きな魅力だったからである。しかし，そのような国から日本の原発の大事故を見ることになるとは，まったく思ってもみなかった。

　原発のことは本書の内容とは関係ないように思われるかもしれないが，それは本書ともかかわるところもあるので，もう少しそれについて述べておきたい。
　筆者が原発に対する問題意識をはっきりと持ち始めたのは，本書の内容に直接かかわる研究などを始めるよりも少し早く，京都で大学生活を送るようになってかなり早い時期からであった。その頃，いくつもの大新聞が原発推進の論調記事を載せていたのに憤ったりしていた記憶がある。また，大学のクラブ活動ではスキー競技部に属し，ジャンプなどをやっていたが，そのヘルメットのフェースガードには "NO NUKES" と大きく書いてジャンプを飛んだりもしていた。"NO NUKES" とは，「核（原発や核兵器など）はいらない」という意味で，最近では知っている人も多いと思うが，おそらく当時はその意味がわかる日本人はほとんどいなかったと思う。そのような人がわからない言葉を商標代わりのように書いて，かすかに原発に対する問題意識をアピールしたりもしていた。

しかし，人があまり集まらないデモに参加するなど，より明確に原発についての問題意識を表明するようになったのは，大学を卒業し，創設されて間もない短大に勤務するようになってからのことであった。その頃は，本書の関係の研究も緒につきはじめたばかりの時期であったが，実際のところ，原発問題への関心の方がだいぶ大きかった。今から 30 年ほど前の 1980 年代のはじめの頃には，きわめて問題の多い原発がなぜ存在し，また増えつつあるのかを自分の目で見て考えるために，国内で原発が既にできていた地と予定地，またその関連施設があるところなどを，夏休みの時期などに九州から北海道まで自転車ですべて回ったりもした。移動に自転車を利用したのは，自転車が好きだったこともあるが，自転車は石油や電気を使わずにすむ交通手段で，原発を問題視する立場からは適していると考えたためであった。

原発が既に立地していたところの一部では，地元の人の声を聞くためにアンケートをとったりもした。福島第一原発に近い民家におじゃましてアンケートをとった際には，あるお爺さんの少し震える手が，原発の賛否を問う項目で「賛」の方にいったり「否」の方にいったり，何度も繰り返していたのが印象的で忘れられない。

原発の問題について筆者が書いたものは多くはないが，大学を卒業してから数年のうちに書いた小論などの数は本書の関係のものよりもその関係の方が多いくらいであった。たまたま本書刊行に少し先がけて，四半世紀前にチェルノブイリ原発事故に関連して書いた小論が，『「技術と人間」論文選　問いつづけた原子力 1972-2005』（大月書店）に収録されて出版される予定であるが，それもその一つである。

しかし，ちょうどその小論を書き終えた頃より，筆者は原発問題について積極的に発言したり，かかわったりすることが少なくなっていった。その最大の理由は，転勤して今も勤めている大学の組織改組であった。その頃，大学の改組に伴う文部相（現・文部科学省）の教員審査が厳しく，大学の学部卒で大学教員となりまだ若かった筆者は，そうした評価に耐えうる充分な研究業績を持っていなかったため，より専門とする分野での業績を増やしてゆく必要があり，そちらの方に力を注いでゆかなければならない状況があった。一方，チェルノブイリ原発事故後における世間の原発問題に対する反応を眺めながら，原発問題を訴える自らの力に限界を感じつつあったことも重なっていた。

本書の前書きでは，本書に至る表向きの経緯を記したが，もう一方での本書に至る初期の経緯としては上記のようなこともあった。こうして，四半世紀前頃より，筆者は原発に対する問題意識を直接的に表現することは少なくなっていったのだが，それでも研究のバックにはその問題意識が常にあった。そして，森林や草原などの植生景観の変遷を考えることは，直接的に原発の問題を考えたり訴えたりするものではないが，それは人間と自然との関係の歴史や現状を考えることでもあり，ひいては原発や石油に大きく依存するこの文明の問題や，今後の望ましい社会や文化・文明について考える一つの基礎となるとも考えてきた。もちろん，植生景観の変遷についての正しい認識は，それぞれの時代の自然や社会・文化など，その他のさまざまなことを考えるベースとなるものでもあることは言うまでもない。

　なお，本書には，おそらく原発の問題を自らの大きなテーマとしていなければできなかったと思われる考察も含まれている。それは，アカマツ古木の樹幹解析から，京都近郊の里山の歴史を考えたものである（第2章2.4）。その樹幹解析に使った樹木があったところは筆者の自宅の裏山で，筆者はその所有者の許可を得て，枯れマツやコナラなどの樹木を冬の暖房用の薪として，ここ10年あまり採らせていただいてきた。その枯れマツに樹齢100年を超えるものが何本もあることに気づき，そうした枯れマツを研究の試料とさせていただくことになったのだが，冬の暖房用に薪を使うようになったのは，原発に対する問題意識からであり，できるだけ電気や石油に頼らない暮らしを実践するためであった。また，樹齢100年を超えるアカマツを伐倒し，数多くの樹幹解析用ディスクを採取するのは，チェーンソーを使っても結構大変な作業であるが，ふだんから薪作りをしていなければ，そのような大きな樹木の樹幹解析をするようなことは思いつかなかったであろう。

　薪ストーブは使い始めてから30年近くになるが，薪作りの作業が結構たいへんとはいえ，それが電気や石油への依存を少なくするだけでなく，暖房としてなかなか快適なものであることから，おそらく体が動く限り使い続けることになるのではないかと思っている。

　ところで，近年，筆者の住む京都近郊などでは，長年続くマツ枯れに加え，コナラなどのブナ科樹木が枯死するナラ枯れが多発しているが，「フクシマ」後も

相変わらず，それらの枯れ木のほとんどは，林内から持ち出されることなく，山林内に放置されている。また，スギやヒノキなどの人工林の間伐材も同様である。それらをエネルギー源として使えば，相当なエネルギー量になるが，そうしたものが有効に活用されないままに放置され，しだいに朽ちてゆくのはもったいないことであり，何とかならないものかと思う。全国的には，そのような木材をエネルギー源とする取り組みも少しずつ広がりを見せてきているようではあるが，石油などのさらなる価格高騰を待たずに，そうした取り組みが大きく広がってゆくことを期待したい。

　植生景観はそれぞれの時代の社会状況や人々のくらしを映す鏡のようなものでもあるため，やがてエネルギー源としての活用を目的とした適度な森林利用が増えたり，あるいは有機農業のための草地確保などのために草原も増えたりしてくれば，この国の植生景観はそれを反映して今日とは大きく変わったものとなることであろう。そうした変化は森林至上，あるいは原生的森林至上の考え方からは問題と思われるのかもしれないが，この国の植生景観の歴史，そしてその背後にあった社会状況や人々のくらしなどの正しい認識があれば，それは何も問題はなく，むしろより望ましい変化ということになるはずである。もちろん，それは人が古くから利用してきた里山を中心とした林野についての話であり，特別な天然林など，人手を加えずに守るべきところまでを含めた話でないことは言うまでもない。

　さて，このあたりで本書の執筆を終えるにあたり，これまでに本書の関係で多くの方々や公的機関などのお世話になったので，そのことについて少し記しておきたい。
　まず，筆者は1998年以降，国立歴史民俗博物館のいくつもの研究会に共同研究員として参加させていただいてきたが，それらの研究会に参加することなしに，神社林の変遷，高度経済成長期以降における植生景観の変遷，あるいは明治期における植生景観変化の背景を詳しく考察することはなかったのではないかと思う。それらの考察は，本書の重要な柱となっているものである。また，考古学の研究会では，その分野の最前線の研究状況を知ることができ，先史時代における植生景観について考えるうえで大いに参考になった。それらの研究会にお誘いいただき，また多大なご支援をいただいてきた新谷尚紀教授（前国立歴史民俗博

物館・現國學院大学），関沢まゆみ教授（国立歴史民俗博物館），篠原徹館長（前国立歴史民俗博物館教授／副館長・現滋賀県立琵琶湖博物館），藤尾慎一郎教授（国立歴史民俗博物館）にはとくにお世話になった。また，それら研究会の共同研究者の方々からは，多くの貴重な情報やアドバイスをいただき，その一部は本書に反映させることができた。

　また，国立歴史民俗博物館での研究会に参加したことにより，出雲大社やその周辺地域の植生景観の変遷を考えることにもなり，その関係で出雲大社，島根県古代文化センター，井上寛司名誉教授（島根大学）には，調査・研究に際してたいへんお世話になった。

　一方，微粒炭分析による研究については，京都精華大学のほか，高原光教授（京都府立大学），湯本貴和教授（総合地球環境学研究所），中堀謙二講師（信州大学），竹門康弘準教授（京都大学），山本進一教授（名古屋大学）からも研究費や施設利用などで多大なご支援をいただくことができた。

　また樹幹解析をもとにした考察については，枯古木などの調査を快くお許しいただいた金田光雄氏（山林所有者）のご協力なしにできなかったことは言うまでもない。京都近郊の山で，100年生以上のアカマツの古木がまとまって生育しているところは，マツ枯れでマツが大幅に減った現在，もはやほとんど存在しないと思われるが，たまたま筆者が使わせていただいている金田氏所有の山にそのような樹木が何本も残っていたのは幸いであった。その研究にも高原光教授（京都府立大学）のほか，安藤信準教授（京都大学），宮浦富保教授（龍谷大学）から共同研究へお誘いいただき，科学研究費などの研究費支援を受けることができた。さらに，その研究ではSDAという樹幹解析図も描いてくれるソフトウェアを使用したが，多くの樹幹解析図の作成などは，そのソフトウェアなしに行うことはできなかった。そのソフトウェアの開発者である野堀嘉裕教授（山形大学）からは，それをフリーソフトとして提供していただくことができた。

　また，本書では，中世の絵図など多くの貴重な図や写真を使用した。それに関しては，出雲大社，国土地理院，国立歴史民俗博物館，東京国立博物館，農業環境技術研究所，MIHO MUSEUM，八坂神社，米沢市上杉博物館，龍谷大学（五十音順）には，それぞれの所有する図や写真の利用を快く許可していただくことができた。

　ほかにも，筆者の拙い論文を査読していただいた方々，聞き取り調査にご協力

いただいた各地の古老の方々，また樹幹解析や微粒炭分析でデータ入力や顕微鏡写真撮影等でお手伝いいただいた方々など，お名前は割愛させていただくが，たいへん多くの方々のお世話になった。

　さらに，本書の出版に際しては，京都精華大学より出版助成金をいただくことができた。それにより，本書の価格が抑えられるとともに，年度内での出版が要求されたため，あまり遅れることなく本書を発行することができた。もし，年度内という出版期限がなければ，本書の出版はもっと遅くなっていたのではないかと思われる。

　以上のように，本書はたいへん多くの方々や公的機関などのご協力，ご支援によりまとまったものである。ここにそれらすべての方々，公的機関などに深くお礼申し上げたい。

　最後に，古今書院編集部の関秀明氏には，本書出版について，最初から最後まで全面的にお世話になることになった。ここに心よりお礼申し上げる次第である。

2012年2月

著者略歴

小椋 純一　おぐら　じゅんいち

- 1954 年　岡山県生まれ
- 1979 年　京都大学農学部卒業
- 1979 年　京都芸術短期大学助手
- 1984 年より京都精華大学教員（美術学部専任講師，助教授などを経て 1999 年より人文学部教授，現在に至る）
- 1992 年　博士（農学）京都大学

主な著書
『絵図から読み解く人と景観の歴史』（雄山閣出版，1992 年）
『植生からよむ日本人のくらし』（雄山閣出版，1996 年）

編著書
『日本列島の原風景を探る』（京都精華大学創造研究所，2001 年）

主な共編著書
『深泥池の自然と暮らし』（サンライズ出版，2008 年）
『全国植樹祭 60 周年記念写真集』（国土緑化推進機構，2009 年）

最近の主な共著書
『地球環境史からの問い』（池谷和信編，岩波書店，2009 年）
『里と林の環境史』（湯本貴和編；大住克博，湯本貴和責任編集，文一総合出版，2011 年）

書　名	森と草原の歴史 ―― 日本の植生景観はどのように移り変わってきたのか ――
コード	ISBN978-4-7722-8111-9
発行日	2012 年（平成 24）4 月 14 日　初版第 1 刷発行 2014 年（平成 26）3 月 16 日　初版第 2 刷発行
著　者	小椋 純一 　　Copyright　©2012 Jun-ichi OGURA
発行者	株式会社 古今書院　橋本寿資
印刷所	三美印刷 株式会社
製本所	渡辺製本 株式会社
発行所	古今書院 　〒 101-0062　東京都千代田区神田駿河台 2-10
TEL/FAX	03-3291-2757 ／ 03-3233-0303
振　替	00100-8-35340
ホームページ	http://www.kokon.co.jp/

検印省略・Printed in Japan